精品课程新形态教材
创新型人才培养精品教材
21世纪应用型人才培养系列教材

电工电子技术实训教程

主编　付海燕　刘延春　胡宾鑫

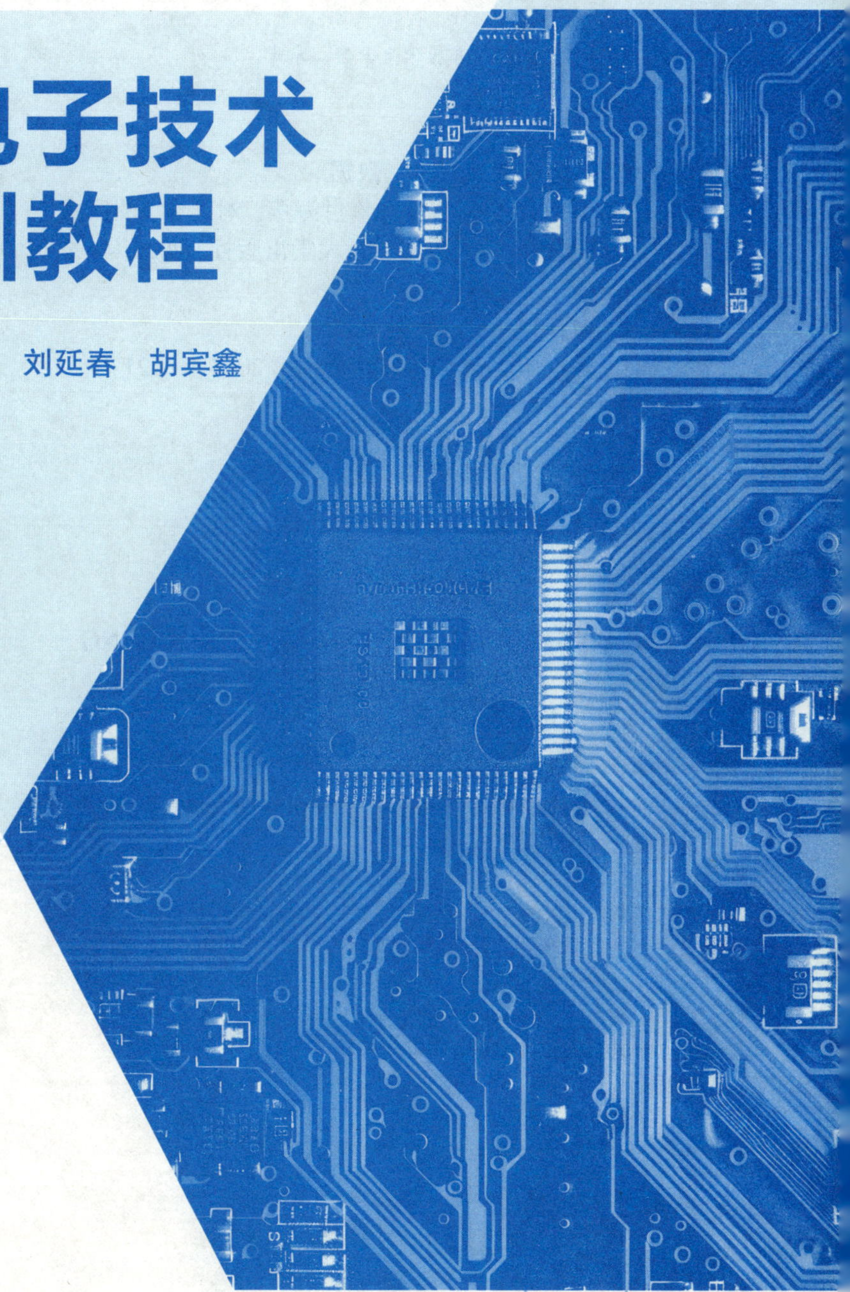

哈尔滨工程大学出版社
Harbin Engineering University Press

内 容 简 介

本书分为电工学及电子技术实验项目、电子技术课程设计、Multisim 电路设计与仿真 3 部分内容，包含了工学、模拟电子技术、数字电子技术方面的 30 个实验项目和 17 个电子技术课程设计。本书整体系统性较强，实践内容由浅入深，能够使学生循序渐进地掌握课程设计的全过程。

本书可供机械机电专业学生学习、参考。

图书在版编目（CIP）数据

电工电子技术实训教程 / 付海燕，刘延春，胡宾鑫主编. -- 哈尔滨 ：哈尔滨工程大学出版社，2025. 4.
ISBN 978-7-5661-4771-4

Ⅰ. TM；TN

中国国家版本馆 CIP 数据核字第 2025FX3621 号

电工电子技术实训教程
DIANGONG DIANZI JISHU SHIXUN JIAOCHENG

责任编辑 于海燕
封面设计 尤岛设计

出版发行 哈尔滨工程大学出版社
社　　址 哈尔滨市南岗区南通大街 145 号
邮政编码 150001
电　　话 0451-82519989
经　　销 新华书店
印　　刷 北京俊林印刷有限公司
开　　本 787 mm×1 092 mm　1/16
印　　张 19
字　　数 426 千字
版　　次 2025 年 4 月第 1 版
印　　次 2025 年 4 月第 1 次印刷
书　　号 ISBN 978-7-5661-4771-4
定　　价 49.00 元

http://www.hrbeupress.com
E-mail:heupress@hrbeu.edu.cn

编写委员会

主　编：付海燕　刘延春　胡宾鑫

副主编：王　香　王迎勋　邱　满　黄　振
王　倩　林瑞静

前　言 PREFACE

本书的编写以电路设计和仿真应用为指导思想，建立在掌握电路基础、电工技术、电子技术等基本知识和原理的基础上，综合运用理论知识进行相关实验项目和课题的设计、安装和调试。通过实验项目和课程设计的实践训练，学生能够进一步掌握电工基础、电子技术理论知识和电子仪器仪表、仿真软件的使用方法，培养他们独立分析和解决问题的能力。党的二十大报告提出，教育、科技、人才是全面建设社会主义现代化国家的基础性、战略性支撑。

本书具有如下主要特色。

(1)因材施教，实用性强。本书具有较强的实用性，实验部分既有实验要求，又有实验原理介绍；课程设计部分充分考虑培养学生的创新性，明确设计要求的同时又留出了足够的创作空间，不仅有利于不同层次的学生进行选题和设计，也有利于教师根据不同的教学要求安排教学内容。

(2)软硬结合，注重能力培养。本书增加了 Multisim 仿真软件应用的详细介绍，帮助学生利用仿真软件进行电路设计，加深他们对电路原理、信号传输、元器件参数等对电路性能影响的了解。实验项目部分也可以利用软件对电路进行辅助设计，通过实验操作和硬件安装、调试，促进和提高学生的动手能力，使他们明晰工程应用。

(3)结构灵活，系统性强。各章的编排既相互独立，又相互联系，有利于电工电子技术实践教学的组织和学生工程实践能力的训练。本书整体系统性较强，实践内容由浅入深，能够使学生循序渐进地掌握课程设计的全过程。

本书具体分工如下：第 3、7、8、9 章由刘延春编写，第 1、2 章由邱满、黄振、王倩、林瑞静编写，第 4 章由王迎勋编写，第 5 章由付海燕编写，第 6 章由王香编写，附录由黄振编写。全书由刘延春和王香统编。

由于编者水平有限及知识迭代更新很快，书中可能有错误和不妥之处，敬请广大专家和读者批评指正。

编　者

目　录 CONTENTS

第一部分　电工及电子技术实验项目

第三部分 Multisim电路设计与仿真

第一部分

电工及电子技术实验项目

第1章 电工及电子技术实验基础知识

培养目标

1. 知识目标

(1)学习有关电工电子测量的基本知识、测量方法。

(2)掌握常用元器件的类别、识别方法、主要性能参数以及正确使用方法。

(3)了解示波器、函数信号发生器和万用表的操作方法和正确使用方法。

2. 能力目标

(1)能对常用电子元器件进行正确读取、测量与评价。

(2)具有对常用电子测量仪器独立操作和调试的能力。

(3)培养学生严谨的科学实验态度以及善于发现问题、分析问题和独立解决问题的能力。

3. 思政目标

(1)培养学生善于思考、勤于动手、主动解决问题的思维习惯。

(2)使学生养成爱钻研、举一反三的科学思维和良好的职业道德。

(3)使学生具有合作交流能力，能够深刻理解工程实践中个人的主体作用，以及完成实践过程中的环境与道德约束。

课程思政引例 做人有方圆，做事有尺度

司马迁在《史记》中写到大禹治水时有这样一段话：“(禹)陆行乘车，水行乘舟，泥行乘橇，山行乘撵。左准绳，右规矩，载四行，以开九州，通九道”。在这

里，司马迁给我们展现了禹带领测量队治水的生动画卷。禹带着测量人员，肩扛测量仪器，准、绳、规、矩样样具备。他们有时在陆地坐车行进，有时在水上乘船破浪，有时在泥泞的沼泽地里坐着木橇，有时穿着带铁钉的鞋登山。由此可见，“准、规、矩”是古代使用的测量工具。“准”是古代用的水准器。这在《汉书》上就有记载。“绳”是一种测量距离、引画直线和定平用的工具，是最早的长度度量和定平工具之一。禹治水时，“左准绳”就是用“准”和“绳”来测量地势的高低，比较地势之间高低的差别。“规”是校正圆形的用具。“矩”是古代画方形的用具，也就是曲尺。古人总结了“矩”的多种测绘功能，既可以定水平、测高、测深、测远，还可以画圆画方。一个结构简单的“矩”，由于使用时安放的位置不同，便能测定物体的高低、远近及大小，它的广泛用途，体现了古代中国人民的无穷智慧。

然而，“准、绳、规、矩”还不是最早的测量工具。1952 年，人们在陕西省西安市半坡村发现了一处距今约六七千年的氏族村落遗址。在这个遗址中，有完整的住宅区，其中有 46 座圆形的或方形的房子，门都是朝南开的。由此可以断定，氏族人是能准确地辨别方向的。那么他们用什么办法来辨认方向呢？据推测，他们是观察太阳、星星来辨别方向的。一般的物体，如树木、房屋等，在太阳光的照耀下都会投射出影子来，人们在生产和生活实践中常常观察这些影子，慢慢地，人们发现这些影子不仅随着时间的推移而变化，而且这些影子的变化是有规律的。“立竿见影”便是我国古老的测量工作。古人们用“立竿见影”来确立方向、测定时刻，或者测定节气乃至回归年的长度等。由此可以说，中国最古老、最简单的测量工具是“表”，也就是普通的竹竿、木竿或者石柱等。人们从远古研究“竿影”不知有多少千万年了。经过长期的生产实践，人们通过“竿影”的丈量和推导创造出一套“测量高远术”，“立竿见影”成了汉语中的一句成语。

电工及电子技术实验是电气工程及自动化、自动化、智能制造工程等专业学生必修的专业基础技术课程。在完成各项实验之前，学生必须掌握对各主要元器件的认识、辨别，以及基本的使用方法，掌握一定的实验基础技能。本章将对一些常用的基本元器件进行介绍。

1.1　常用元器件的认识与使用

1.1.1　电阻器

1.1.1.1　电阻器的分类

①按使用功能，电阻器可分为固定电阻器、可变电阻器和特殊电阻器。

②按制造工艺和材料，电阻器可分为合金型电阻器、薄膜型电阻器和合成型电阻器。其中，薄膜型电阻器又分为碳膜电阻器、金属膜电阻器和金属氧化膜电阻器等。

③按用途，电阻器可分为通用型电阻器、精密型电阻器、高阻型电阻器、高压型电阻器、高频无感型电阻器和特殊电阻器。其中，特殊电阻器又分为光敏电阻器、热敏电阻器、压敏电阻器等。

1.1.1.2 电阻器的外形与符号

电阻器的外形与符号如图 1.1.1 所示。

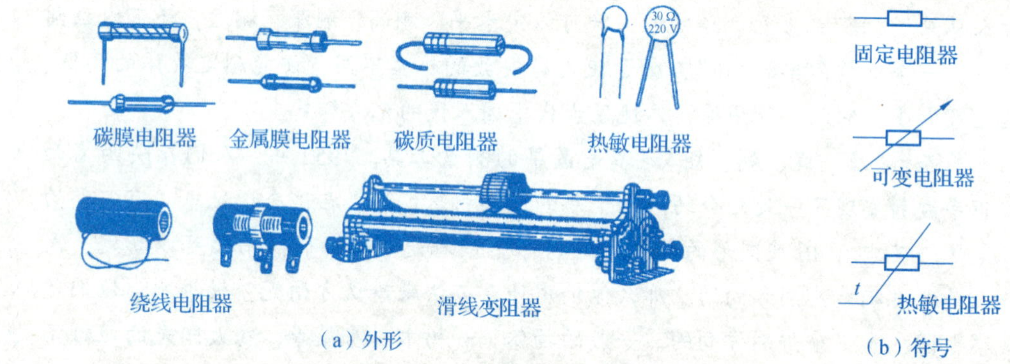

图 1.1.1 电阻器的外形与符号

1.1.1.3 电阻器的主要参数

(1) 标称值

电阻器外表面所标的阻值称为标称值。标称值是按国家规定标准化了的电阻值系列值，不同精度等级的电阻器有不同的阻值系列，如表 1.1.1 所示。

表 1.1.1 电阻器标称值系列

标称电阻值系列	精度	精度等级	电阻器标称值
E24	±5%	Ⅰ	1.0、1.1、1.2、1.3、1.5、1.6、1.8、2.0、2.2、2.4、2.7、3.0、3.3、3.6、3.9、4.3、4.7、5.1、5.6、6.2、6.8、7.5、8.2、9.1
E12	±10%	Ⅱ	1.0、1.2、1.5、1.8、2.2、2.7、3.3、3.9、4.7、5.6、6.8、8.2
E6	±20%	Ⅲ	1.0、1.5、2.2、3.3、4.7、6.8

(2) 额定功率

电阻器的额定功率是指在规定的环境温度和湿度下，假定周围空气不流通，在长期连续负载而不损坏或基本不改变性能的情况下，电阻器上允许消耗的最大功率。电阻器额定功率表示如图 1.1.2 所示。当超过额定功率时，电阻器的阻值将发生变化，甚至发热烧毁。为保证安全使用，一般选择额定功率比在电路中消耗的功率高 1.5~2 倍的电阻器。

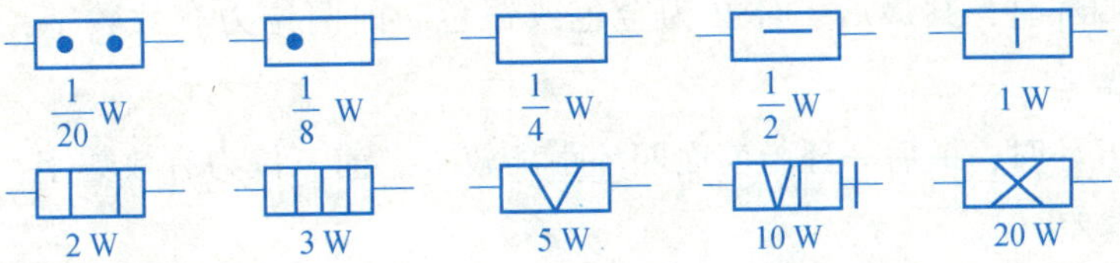

图 1.1.2　电阻器额定功率表示

1.1.1.4　电阻器的标注方法

电阻器的标注一般采用文字符号直接标注和色码标注两种方法。

(1)文字符号直接标注法

在电阻器的表面，将材料类型和主要参数直接以数字或字母标出的方法叫作文字符号直接标注法。在文字符号直接标注法中，可以用单位符号代替小数点，如 5.1 kΩ 可标注为 5kl。对于额定功率在 2 W 以下的电阻器，不标注功率和材料，只标注标称值和精度。

(2)色码标注法

现在大量的电阻器是用色码来标注的。色码标注的电阻器表面有不同颜色的色环，每一种颜色对应一个数字；色环位置不同，所表示的意义也不同，它可表示有效数字、乘数或允许误差。电阻色环的各种颜色所对应的数值如图 1.1.3 所示。

数值的读取方法

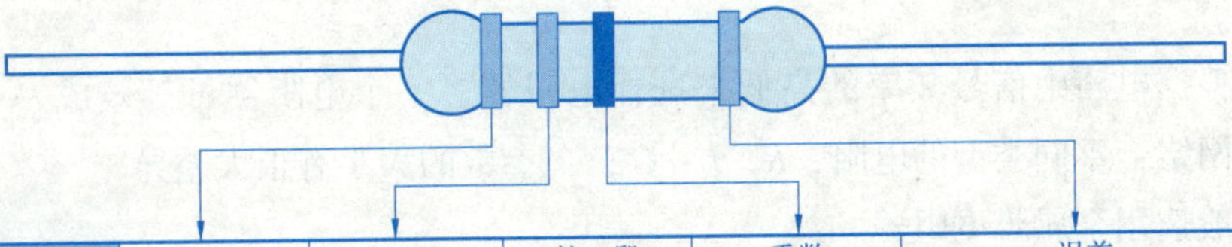

颜色	第一段	第二段	第三段	乘数	误差	
黑色	0	0	0	1		
棕色	1	1	1	10	±1%	F
红色	2	2	2	100	±2%	G
橙色	3	3	3	1 k		
黄色	4	4	4	10 k		
绿色	5	5	5	100 k	±0.5%	D
蓝色	6	6	6	1 M	±0.25%	C
紫色	7	7	7	10 M	±0.10%	B
灰色	8	8	8		±0.05%	A
白色	9	9	9			
金色				0.1	±5%	J
银色				0.01	±10%	K
无					±20%	M

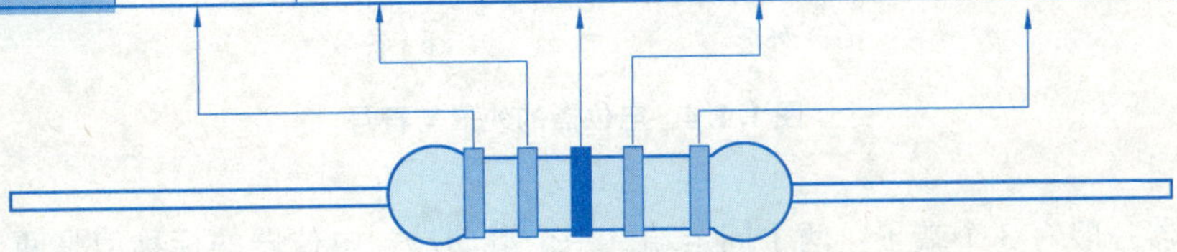

图 1.1.3　电阻色环的各种颜色所对应的数值

当电阻为四环时，其最后一环必为金色或银色。前两位为有效数字，第三位为乘方数，第四位为偏差。

当电阻为五环时，最后一环与前面四环距离较大。前三位为有效数字，第四位为乘方数，第五位为偏差。

1.1.1.5 电阻器的简单测试

测量电阻的方法有很多，可用欧姆表、电阻电桥和数字欧姆表直接测量，也可根据欧姆定律 $R=U/I$，通过测量流过电阻的电流 I 及电阻上的压降 U 来间接测量电阻值。

当测量精度要求较高时，可采用电阻电桥测量电阻。当测量精度要求不高时，可直接用欧姆表测量电阻。

用数字万用表测量电阻(见数字万用表的使用)的注意事项：

①在测量电阻时，不能用双手同时捏住电阻或测试笔，因为那样会将人体电阻与被测电阻并联在一起，表头上指示的数值就不单纯是被测电阻的阻值了。

②不能带电测电阻。

1.1.1.6 电阻器的选用常识

①根据电子设备的技术指标和电路的具体要求选用电阻器的型号和误差等级。

②为提高设备的可靠性，延长使用寿命，应选用额定功率大于实际消耗功率 1.5~2 倍的电阻器。

③应根据电路中信号频率的高低来选择电阻器。一个电阻器可等效成一个 R、L、C 二端线性网络；不同类型的电阻，R、L、C 三个参数的大小有很大差异。

④一般选用金属膜电阻器。

1.1.2 电位器

1.1.2.1 电位器的表示方法

电位器用字母 R_P 表示，其电路符号如图 1.1.4 所示。

(a) 外形　　(b) 符号

图 1.1.4 电位器的外形与符号

电位器一般有 3 个端子：两个固定端、一个滑动端。电位器的标称值是两个固定端的电阻值，滑动端可在两个固定端之间的电阻体上滑动，使滑动端与固定端之间的电阻值在标称值范围内变化。

电位器常用作可变电阻或用于调节电位。

1.1.2.2　电位器的分类

电位器的种类有很多，其用途各不相同，通常可按其材料、调节机构的运动方式、阻值变化规律等进行分类。

①按电阻材料，电位器可分为薄膜电位器和线绕电位器两种。其中，薄膜电位器又分为小型碳膜电位器、合成碳膜电位器、有机实芯电位器、精密合成膜电位器和多圈合成膜电位器等。

②按调节机构的运动方式，电位器可分为旋转式电位器和滑动式电位器。

③按阻值变化规律，电位器可分为线性电位器和非线性电位器等。

1.1.2.3　电位器的主要参数

电位器的参数主要有3个：标称值、额定功率和阻值变化规律。

(1)标称值

电位器的标称值与电阻器的系列相同，其常用允许误差范围为：±20%、±10%、±5%、±2%、±1%等。

(2)额定功率

电位器的额定功率是指两个固定端之间允许耗散的最大功率。滑动头与固定端之间所承受的功率要小于额定功率。

(3)阻值变化规律

电位器的阻值变化规律是指当旋转滑动片触点时，阻值随之变化的关系。常用的电位器有直线式(X)、对数式(D)和指数式(Z)，如图1.1.5所示。

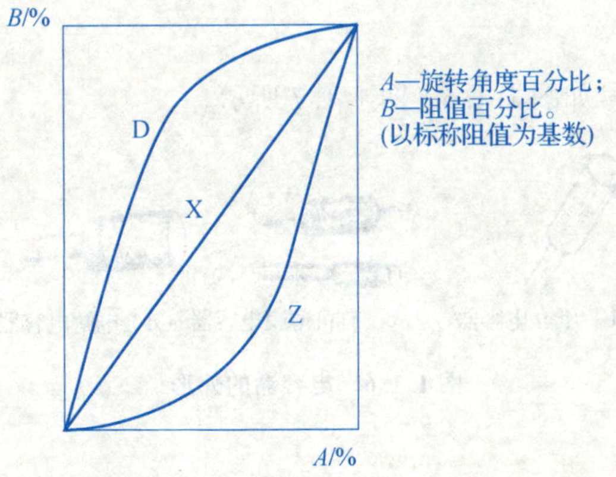

图1.1.5　阻值变化规律

①直线式电位器：常用于精密仪器、示波器、万用表等，其常用线性精度为±2%、±1%、±0.3%、±0.1%、±0.05%。

②对数式电位器：特点是先粗调后细调，常用于对比度调节。

③指数式电位器：特点是先细调后粗调，常用于收音机的音量调节。

1.1.3 电容器

电容器是由两个金属板中间夹有绝缘材料(绝缘介质)构成的。绝缘材料不同，其构成的电容器的种类也不同。

电容器在电路中具有隔断直流电、通过交流电的作用，常用于级间耦合、滤波、去耦、旁路及信号调谐(选择电台)等。它是电子设备中不可缺少的基本元件。

1.1.3.1 电容器的种类、外形与符号

(1)种类

电容器的种类如表1.1.2所示。

表1.1.2 电容器的种类

固定电容器				可变电容器		
有机介质	无机介质	气体介质	电解质	空气介质	固体介质	微调电容
纸介电容器、纸膜复合介质电容器、薄膜复合介质电容器	云母电容器、玻璃釉电容器、陶瓷电容器	空气电容器、真空电容器、充气式电容器	铝电解电容器、钽电解电容器、铌电解电容器	线性电容式可变电容器、对数电容式可变电容器、线性波长式可变电容器、线性频率式可变电容器	云母膜型可变电容器、塑料薄膜型可变电容器	拉线型微调电容器、瓷介型可变电容器、薄膜介质型可变电容器、玻璃介质型可变电容器、空气介质型可变电容器

(2)外形与符号

电容器的外形与符号如图1.1.6、图1.1.7所示。

(a)瓷介电容器 (b)纸介电容器 (c)有机薄膜电容器 (d)电解电容器 (e)微调电容器

图1.1.6 电容器的外形

(a)无极性电容器 (b)有极性电容器 (c)微调电容器 (d)可变电容器 (e)双连可变电容器

图1.1.7 电容器的符号

1.1.3.2　电容器的主要性能参数

(1)标称容量及允许误差

标称容量是电容器外表面所标注的电容量，是标准化了的电容值，其数值同电阻器一样，也采用 E24、E12、E6 标称系列。

常用的容量单位是法(F)、微法(μF)和皮法(pF)。三者的关系为 1 pF = 10^{-6} μF = 10^{-12} F。

不同类型的电容器采用不同的精度等级，精密电容器的允许误差较小，而电解电容器的允许误差较大。一般常用电容器的精度等级分为三级：Ⅰ级为±5%，Ⅱ级为±10%，Ⅲ级为±20%。

(2)额定工作电压

电容器在规定的温度下长期可靠工作时所能承受的最高直流电压称为电容器的额定工作电压，又称耐压值。耐压值的大小与电容器的介质材料及厚度有关。另外，温度对电容器的耐压值也有很大的影响。

(3)绝缘电阻

绝缘电阻是指加到电容器上的直流电压与漏电流之比。不同种类、不同容量的电容器，其绝缘电阻各不相同。绝缘电阻越大，电容器的漏电流越小，性能就越好。

(4)介质损耗

理想的电容器不应有能量损耗，但实际上，电容器在电场的作用下总有一部分电能转换成热能，所损耗的能量称为电容器的损耗，它包括金属极板的损耗和介质损耗两部分。小功率电容器主要因介质极化和介质电导等而产生介质损耗。

1.1.3.3　电容器的标注方法

(1)直接标注法

直接标注法是指用字母或数字将与电容器有关的参数标注在电容器表面上的方法。

例如，CD1116 V 220 μF，表示额定工作电压为 16 V、标称电容量为 220 μF 的铝电解电容器。

(2)用数字标注容量法

①只标数字，如 4 700、300、0.22、0.01，此时指电容器的容量分别是 4 700 pF、300 pF、0.22 μF、0.01 μF。

②以 n 为单位，如 10 n、100 n、4 n7，它们的容量分别是 0.01 μF、0.1 μF、4 700 pF。

③用 3 位数码表示电容器的容量大小，单位是 pF，前两位是有效数字，后一位是零的个数。

1.1.3.4　电容器的正确选用

(1)类型选择

电容器的类型一般由它在电路中的作用及工作环境来决定。

例如，应用在高频电路中的电容器，要求其高频特性好；应用在高压环境下的电容器，要求他具有较高的耐压性能；在电源滤波、去耦、低频级间耦合等电路中，要求电容器的容量大。

(2)容量及精度选择

电容器容量的数值必须按规定的标称值来选择。但需要注意的是，不同类型的电容器，其标称系列的分布规律是不同的。

电容器的误差等级有多种，但除振荡、延时、选频等网络对电容器的精度要求较高之外，大多数情况下对电容器的精度要求并不高。例如，在低频耦合、去耦、电源滤波等电路中，其电容器选择±5%、±10%、±20%、±30%的误差等级都可以。

(3)耐压值的选择

为保证电容器正常工作，被选用的电容器的耐压值不仅要大于其实际工作电压，而且要有足够的余地。一般选择的电容器的耐压值为其实际工作电压的 2 倍以上。

1.1.3.5 电容器的实验测试

一般通过万用表的欧姆挡就可以粗略地测量出电容器的优劣情况，粗略地辨别其漏电、容量大小或失效的情况。具体方法是(与测量电阻方法类似)：根据阻值的变化情况可估判电容器的质量。阻值变化快，容量小；阻值变化慢，容量大；阻值为零，电容短路；阻值为无穷大，电容可能失效或容量很小。

1.1.3.6 使用电容器的注意事项

有极性电容在使用时必须注意极性，正极接高电位端，负极接低电位端。

1.1.4 电感器

1.1.4.1 电感器的分类

①按电感量是否可调，电感器可分为固定电感器、可变电感器和微调电感器。

②按结构，电感器可分为单层线圈电感器、多层线圈电感器、峰房线圈电感器、带磁芯电感器、带铁芯电感器和磁芯有间隙的电感器等。它们的符号如图 1.1.8 所示。

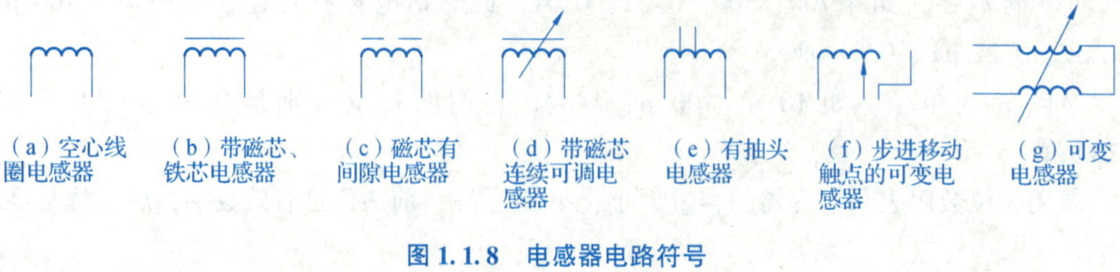

图 1.1.8 电感器电路符号

除此之外，还有一些小型电感器，如色码电感器、平面电感器和集成电感器，可满足电子设备小型化的需要。

1.1.4.2　电感器的主要性能参数

(1)电感量

电感量用 L 表示；电感量的常用单位为 H(亨利)、mH(毫亨)、μH(微亨)，1 H= 10^3 mH= 10^6 μH。

(2)品质因数

品质因数是反映线圈质量的一个参数，用 Q 表示。Q 值越大，损耗越小。

(3)分布电容及额定电流

线圈的匝与匝之间具有电容，线圈与地、与屏蔽盒之间也具有电容，这些电容称为分布电容。分布电容的存在不仅降低了线圈的稳定性，也降低了线圈的品质因数，因此一般希望线圈的分布电容尽可能地小。

额定电流主要针对高频电感器和大功率调谐电感器而言。通过电感器的电流超过额定值时，电感器将发热，严重时会烧坏。

1.1.4.3　电感器的性能测试

①电感量 L、品质因数 Q 及分布电容可用 Q 表测试。

②可用万用表电阻挡测试电感线圈的直流电阻。正常电感线圈的直流电阻很小，若测量出的直流电阻很大，则说明电感线圈已断路。

1.2　常用电子测量仪器的使用

电工仪表是在电磁测量过程中所需技术工具的总称。电路中各个物理量(如电压、电流、功率、电能及电路参数等)的大小，除了用分析方法计算外，还常用电子测量仪器去测量。

1.2.1　示波器

示波器是一种用途十分广泛的电子测量仪器，它能把肉眼看不见的电信号变换成看得见的图像，便于人们研究各种电现象的变化过程。示波器利用狭窄的、由高速电子组成的电子束，打在涂有荧光物质的屏幕上，就可产生细小的光点。在被测信号的作用下，电子束就好像一支笔的笔尖，可以在屏幕上描绘出被测信号瞬时值的变化曲线。利用示波器能观察各种不同信号的幅度随时间变化的波形曲线，还可以用它测试各种不同的电量，如电压、电流、频率、相位差、调幅度等。下面以本校实验室现有的麦创 MATRIX 20 MHz 双踪模拟示波器 MOS-620 为例，介绍其操作使用方法，如图 1.2.1 所示。

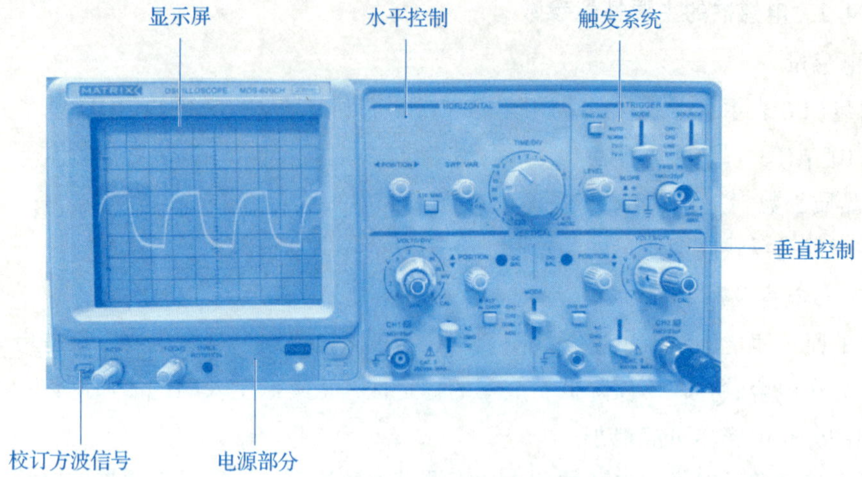

图 1.2.1　MOS-620 双踪示波器

1.2.1.1　电源部分

①POWER：电源开关，接通电源后需先预热几分钟，再调整各旋钮。

②INTENSITY：亮度旋钮，用于调理波形的亮度。注意：亮度不可以开得过大，且亮点不可以长久逗留在一个点上，以免缩短示波器的使用寿命。

③FOCUS：聚焦旋钮，用于调理波形的清晰度。

④TRACEROTATION：光迹旋转，用于调理光迹与水平刻度线的平行。

1.2.1.2　垂直控制部分

①CH1[X]、CH2[Y]：接探头，用于探测被测信号，一般带有衰减器。

②AC-GND-DC：垂直信号输入方式。

Ⅰ. AC：电容耦合，用于察看沟通信号。

Ⅱ. GND：输入端接地，表示输入信号被断开。

Ⅲ. DC：直接耦合，用于观察直流或观察频次变化极慢的信号。

③VOLT/DIV：衰减开关(如使用 10∶1 探头，计算时应将幅度×10)。

④VARIBLE：垂直微调，当该旋钮拉出后(×5 MAG 状态)放大器灵敏度乘以 5。

⑤DCBAL：衰减器均衡调试。

⑥POSITION：用于调理光迹在垂直方向的位移。

⑦VERTICAL MODE：垂直方式工作按钮。

Ⅰ. CH1：用于显示通道 1。

Ⅱ. CH2：用于显示通道 2。

Ⅲ. DUAL：双踪选择，用于两通道同时显示。

Ⅳ. ADD：两通道代数和。按下 CH2INV 则为两通道代数差。

⑧CH2INV：表示通道 2 信号反向。

⑨ALT/CHOP：通道 1、2 交替显示。按下此键则通道 1、2 同时断续显示。

1.2.1.3　水平控制部分

①TIME/DIV：水平扫描速度开关。

②SWP. VAR.：水平微调。

③POSITION：用于调理光迹的水平位移。

④×10 MAG：用于扫描扩充开关(按下此键则扫描速度扩展 10 倍)。

1.2.1.4　触发系统部分

①SOURCE：触发源开关选择。

Ⅰ. CH1、CH2：垂直方式中为 DUAL 或 ADD 时，选择通道 1、2 作为内部触发源。

Ⅱ. LINE：用于沟通电源作为触发信号。

Ⅲ. EXT：外面触发信号，接 TRIG IN(1M∥25PF)为触发源。

②TRIG ALT：交替触发(触发信号来自 CH1、CH2)。

③TRIG MODE：触发方式。

Ⅰ. AUTO：自动扫描(无信号输入时仍可显示扫描基线)。

Ⅱ. NORM：有触发信号才有扫描。

Ⅲ. TV-V：用于观察电视信号的场信号波形。

Ⅳ. TV-H：用于观察电视信号的行信号波形。

④SLOPE：触发极性，用于选择触发信号上升沿或下降沿触发。

⑤LEVEL：触发电平。

Ⅰ. +：触发电平上移。

Ⅱ. -：触发电平下移。

⑥LOCK：触发电平锁定。将 LEVEL 顺时针旋至“咔嗒”一声响，则触发电平被锁定在一个固定电平上。

1.2.1.5　其余部分

①频次数码显示。

②CAL2VP-P1 kHz：校订方波信号。

1.2.2　函数信号发生器

函数信号发生器是一种新型的以单片机为核心的数控式信号源，它可以输出正弦波、三角波、锯齿波、矩形波、四脉方列和八脉方列等 6 种信号波形。通过面板上键盘的简单操作，就可以很方便地连续调节输出信号的频率，并用绿色 LED 数码管直接显示出输出信号的频率值、矩形波的占空比及内部基准幅值。另外，函数信号发生器还兼有频率计的功能，可精确测定各种周期信号的频率。函数信号发生器的面板如图 1.2.2 所示。

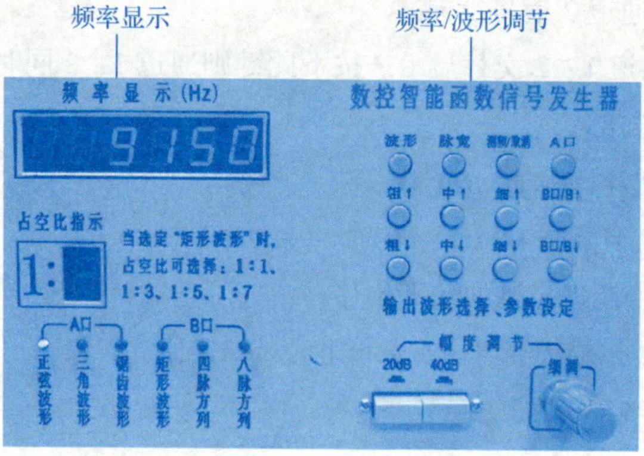

图 1.2.2　数控智能函数信号发生器面板

(1)开机后的初始状态

选定为正弦波形，相应的红色 LED 指示灯亮；输出频率显示为 1 kHz；内部基准幅度显示为 5 V。

(2)信号输入、输出接口

模拟信号(包括正弦波、三角波和锯齿波)从 A 口输出；脉冲信号(包括矩形波、四脉方列和八脉方列)从 B 口输出。

①从 A 口与 B 口输出的波形通过信号线连接至双踪示波器的通道 1 或通道 2，用于观察或调节波形的频率和幅值。

②从 A 口与 B 口输出的波形也通过信号线的连接为实验台中的各电路提供激励信号。

(3)频率/波形调节

①按 A 口或 B 口进行输出波形的调节，在频率显示的下方，A 口与 B 口的哪个波形灯亮起即输出哪种波形。

②频率调节：B 口/B↑、B 口/B↓可进行频率的加减，↑为加，↓为减，粗↑/↓调节频率的最高位，中↑/↓调节频率的中间位，细↑/↓调节频率的最低位。例如，频率为 2 500 Hz，按键粗↑/↓，频率分别显示为 3 500 Hz、1 500 Hz；按键中↑/↓，频率分别显示为 2 600 Hz、2 400 Hz；按键细↑/↓，频率分别显示为 2 510 Hz、2 490 Hz。

(4)输出幅度的调节

①A 口幅度调节：顺时针旋转面板上的幅度调节旋钮，将连续增大输出幅度；逆时针旋转面板上的幅度调节旋钮，将连续减小输出幅度。幅度调节精度为 1 mV。

②B 口幅度调节：按 B 口/B↑键将连续增大输出口幅度，按 B 口/B↓键将连续减小输出口幅度。

(5)频率显示部分

用以显示频率的大小。

1.2.3　数字万用表

数字万用表是一种多用途电子测量仪器，一般包含安培计、电压表、欧姆计等功能，有时也称为万用计、多用计、多用电表或三用电表。测量电流、电压和电阻是其基本功能之一，相对来说，数字万用表是比较简单的测量仪器。现以实验室常用的 DT9205A 数字万用表为例，介绍其操作使用方法，如图 1.2.3 所示。

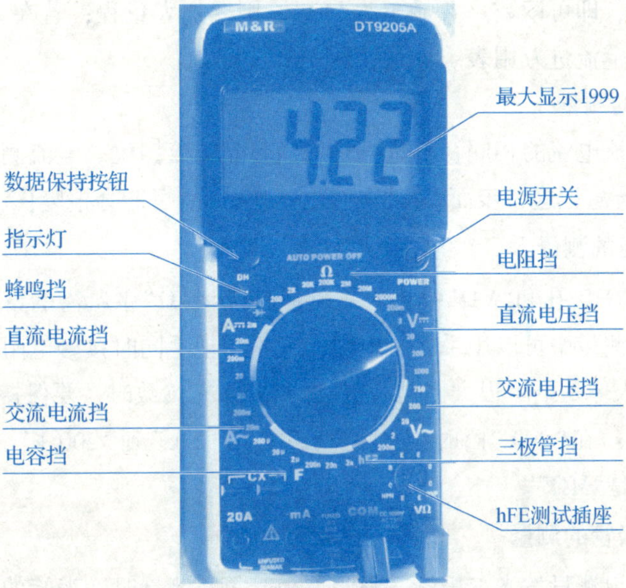

图 1.2.3　DT9205A 数字万用表

1.2.3.1　电压的测量

(1) 直流电压的测量

测量如电池、随身听电源等，先将黑表笔插进“COM”孔，红表笔插进“VΩ”，把旋钮选到比估计值大的量程（注意：表盘上的数值均为最大量程，“V-”表示直流电压挡，“V~”表示交流电压挡，“A”是电流挡）。接着把表笔接电源或电池两端，保持接触稳定。数值可以直接从显示屏上读取，若显示为“1.”，则表明量程太小，就要加大量程后再测量；若在数值左边出现“-”，则表明表笔极性与实际电源极性相反，此时红表笔接的是负极。

注意：新电池电压偏高，一般超过所标定电压，为正常现象。

(2) 交流电压的测量

表笔插孔与直流电压的测量一样，不过应该将旋钮打到交流挡“V~”处所需的量程。交流电压无正负之分，测量方法跟前面相同。

无论是测交流电压还是直流电压，都要注意人身安全，不要随便用手触摸表笔的金属部分。

1.2.3.2 电流的测量

(1)直流电流的测量

先将黑表笔插入“COM”孔。若测量大于200 mA的电流，则要将红表笔插入“10 A”插孔并将旋钮打到直流“10 A”挡；若测量小于200 mA的电流，则将红表笔插入“200 mA”插孔，将旋钮打到直流200 mA以内的合适量程。调整好后，就可以测量了。将万用表串进电路中，保持稳定，即可读数。若显示为“1.”，则要加大量程；若在数值左边出现“-”，则表明电流从黑表笔流进万用表。

(2)交流电流的测量

测量方法与直流电流的相同，不过挡位应该打到交流挡位。电流测量完毕后应将红表笔插回“VΩ”孔，若忘记这一步而直接测电压，则万用表可能会报废！

1.2.3.3 电阻的测量

将表笔插进“COM”孔和“VΩ”孔中，把旋钮打旋到“Ω”中所需的量程，将表笔接在电阻两端金属部位，测量中可以用手接触电阻，但不要把手同时接触电阻两端，这样会影响测量精确度(因为人体是电阻很大但是有限大的导体)。读数时，要保持表笔和电阻有良好的接触；注意单位：在“200”挡时单位是“Ω”，在“2 k”到“200 k”挡时单位为“kΩ”，“2 M”以上的单位是“MΩ”。

1.2.3.4 二极管的测量

数字万用表可以测量发光二极管、整流二极管等。测量时，表笔的位置与测量电压时一样，将旋钮旋到“蜂鸣挡”；用红表笔接二极管的正极，黑表笔接二极管的负极，这时会显示二极管的正向压降。肖特基二极管的压降是0.2 V左右，普通硅整流管(1N4000、1N5400系列等)约为0.7 V，发光二极管为1.8~2.3 V。调换表笔，显示屏显示“1.”则为正常，因为二极管的反向电阻很大，否则此管已被击穿。

1.2.3.5 三极管的测量

表笔插位同上，其原理同二极管。先假定A脚为基极，将黑表笔与该脚相接，红表笔与其他两脚分别接触其他两脚；若两次读数均为0.7 V左右，则再用红表笔接A脚，黑表笔接触其他两脚，若均显示“1”，则A脚为基极，否则需要重新测量，且此管为PNP管。那么集电极和发射极如何判断呢？可以利用“hFE”挡来判断：先将挡位打到“hFE”挡，可以看到挡位旁有一排小插孔，分为PNP和NPN管的测量。前面已经判断出管型，将基极插入对应管型“b”孔，其余两脚分别插入“c”“e”孔，此时可以读取数值，即β值；再固定基极，其余两脚对调；比较两次读数，读数较大的管脚位置与表面“c”“e”相对应。

第 2 章 电工学实验

培养目标

1. 知识目标

(1) 了解和掌握常用电工测量仪器仪表的使用方法和常用基本电路的调试测量方法。

(2) 运用电路学的基本知识，了解电路的基本概念、相关理论、定理，并用实验建立电路模型，用以验证理论的真实性。

(3) 利用实验，将理论与实际应用结合起来，通过虚拟实验以及验证性、综合性、设计性和研究性等多层次实验提高专业素养。

2. 能力目标

(1) 掌握电工学基本知识，培养学生建立电路模型分析问题的能力。

(2) 能够对实验原理进行研究，制订合理的实验方案，搭建实验系统，具有规范并熟练操作实验设备的能力。

(3) 加强对学生动手能力的培养，注重对学生综合设计能力的培养。

3. 思政目标

(1) 培养学生主动参与、积极进取、崇尚科学、探究科学的学习态度和思想意识。

(2) 养成理论联系实际、科学严谨、认真细致、实事求是的科学态度和职业道德。

(3) 具备团队合作能力，理解工程实践对社会、环境等因素的影响，遵守工程职业道德和规范，履行社会责任。

课程思政引例　小身板大能量

“持索捕风几时得，将刀斫水几时断。”说明要提高做事效率，必须采取巧妙和正确的方法。现代飞机战术技术水平在迅速发展，需要装配大量先进综合的航电系统。航电系统是现代化战斗机的一个重要组成部分，主要负责飞机的姿态控制和导航功能，如各种航空仪器仪表、导航雷达设备、智能通信设备、飞行控制系统、火力控制系统等。

以中国战斗机 FC-1“枭龙”为例。该战斗机包括雷达、通信导航与识别、大气数据等系统，这些设备运行得好坏，直接关系到能否完成复杂飞行和作战任务并保证飞行安全，因此更加注重精度和可靠性。机载电子设备的每一个系统都包含许多复杂电路，从简单飞机照明电路，到复杂飞机供电系统，都是由电路元器件构成的，如电源电阻、电容、电感、集成电路等。但是无论系统多么复杂，其基本分析和计算方法都源于基本电路定理。

2.1　基础实验——基本电工仪表测量误差的计算

【预习要求】

①提前预习电路中常用的电工仪表以及所需测量的物理量。

②掌握常用电工仪表的分类与测量。

③掌握电压表、电流表在电路中的接入形式，预习测量误差的一般方法。

2.1.1　实验目的

①熟悉实验台上各类电源及各类测量仪表的布局和使用方法。

②掌握电压表、电流表内阻的测量方法。

③熟悉电工仪表测量误差的计算方法。

2.1.2　原理说明

为了准确测量电路中实际的电压和电流，必须保证仪表接入电路后不会改变被测电路的工作状态。这就要求电压表的内阻为无穷大、电流表的内阻为零。而实际使用的指针式电工仪表都不能满足上述要求。因此，测量仪表一旦接入电路，就会改变电路原有的工作状态，这就导致仪表的读数值与电路原有的实际值之间出现误差。误差的大小与仪表本身内阻的大小密切相关。只要测出仪表的内阻，就可计算出由其产生的测量误差。以下介绍几种测量指针式仪表内阻的方法。

2.1.2.1　用“分流法”测量电流表的内阻

如图 2.1.1 所示，A 为被测直流电流表，测量其内阻（R_A）时要先断开开关 S，调节电流源的输出电流 I，使 A 表指针满偏转。然后合上开关 S，并保持 I 值不变，调节电阻箱 R_B 的阻值，使电流表的指针指在 1/2 满偏转位置。此时有

$$I_A = I_S = I/2$$

$$R_A = R_B \mathbin{/\!/} R_1$$

式中，R_1 为固定电阻器的电阻值；R_B 可由电阻箱的刻度盘上读得。

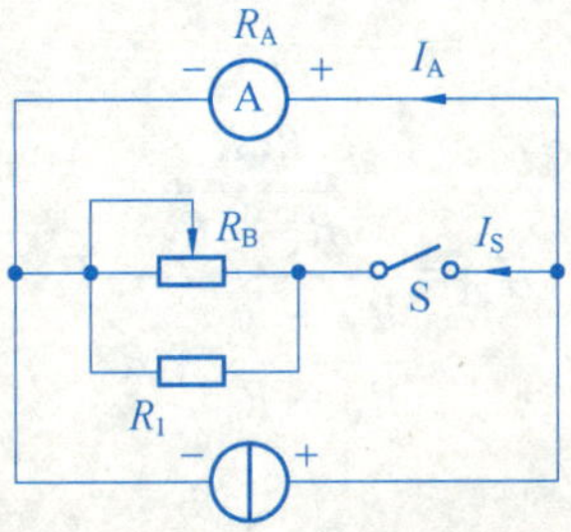

图 2.1.1　可调电流源

2.1.2.2　用分压法测量电压表的内阻

如图 2.1.2 所示，V 为被测电压表，测量其内阻（R_V）时要先将开关 S 闭合，调节直流稳压电源的输出电压，使电压表 V 的指针为满偏转。然后断开开关 S，调节 R_B 使电压表 V 的指示值减半。此时有

$$R_V = R_B + R_1$$

电压表的灵敏度为

$$S = R_V / U(\Omega/V)$$

式中，U 为电压表满偏时的电压值。

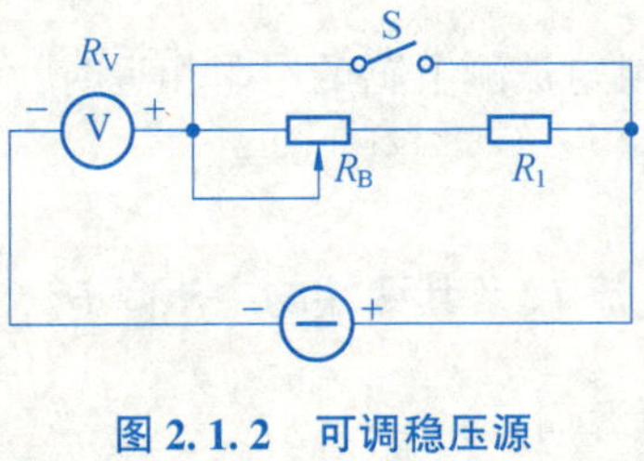

图 2.1.2　可调稳压源

2.1.2.3　仪表内阻引起的测量误差的计算

仪表内阻引起的测量误差通常被称为方法误差，而仪表本身结构引起的误差被称为仪

表基本误差。

(1)误差的测量

以图 2.1.3 所示电路为例，R_1 上的电压为 $U_{R1}=\frac{R_1}{R_1+R_2}U$，若 $R_1=R_2$，则 $U_{R1}=\frac{1}{2}U$。

现用一内阻为 R_V 的电压表来测量 U_{R1} 值，当 V 与 R_1 并联后，$R_{AB}=\frac{R_VR_1}{R_V+R_1}$，以此来替代上式中的 R_1，得

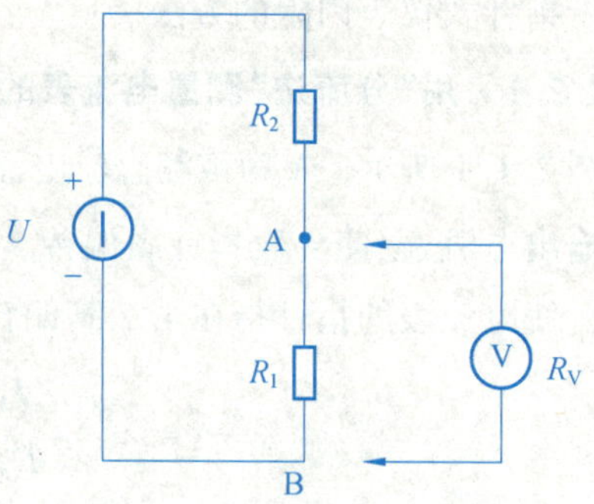

图 2.1.3　分压电路

$$U'_{R1}=\frac{\frac{R_VR_1}{R_V+R_1}}{\frac{R_V+R_1}{R_V+R_1}+R_2}U$$

绝对误差为

$$\Delta U=U'_{R1}-U_{R1}=U\left(\frac{\frac{R_VR_1}{R_V+R_1}}{\frac{R_V+R_1}{R_V+R_1}+R_2}-\frac{R_1}{R_1+R_2}\right)$$

化简后得

$$\Delta U=\frac{-R_1^2R_2U}{R_V(R_1^2+2R_1R_2+R_2^2)+R_1R_2(R_1+R_2)}$$

若 $R_1=R_2=R_V$，则得 $\Delta U=-\frac{U}{6}$。

相对误差：$\Delta U=\frac{U'_{R1}-U_{R1}}{U_{R1}}\times100\%=\frac{-U/6}{U/2}\times100\%=-33.3\%$。

由此可见，当电压表的内阻与被测电路的电阻相近时，测量的误差是非常大的。

(2)伏安法测量电阻的原理

测出流过被测电阻 R_X 的电流 I_R 及其两端的电压降 U_R，则其阻值 $R_X=\frac{U_R}{I_R}$。实际测量时，有两种测量线路(相对于电源而言)：

①电流表 A(内阻为 R_A)接在电压表 V(内阻为 R_V)的内侧；

②A 接在 V 的外侧。

两种线路分别如图 2.1.4(a)(b)所示。

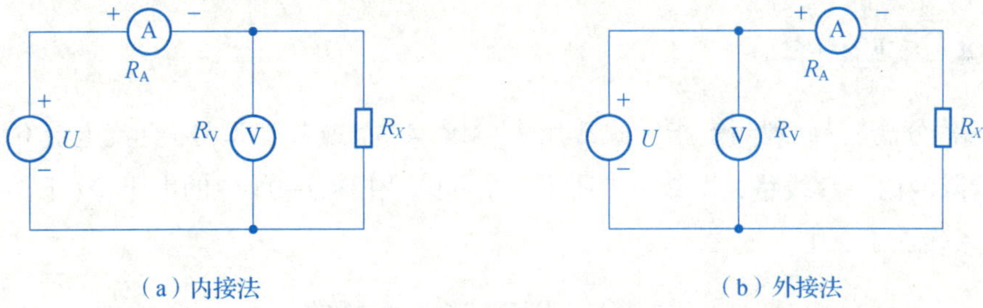

图 2.1.4 电流表的接法

由图 2.1.4(a)可知，只有当 $R_X \ll R_V$ 时，R_V 的分流作用才可忽略不计，A 的读数接近于实际流过 R_X 的电流值。图 2.1.4（a)的接法称为电流表的内接法。

由图 2.1.4(b)可知，只有当 $R_X \ll R_A$ 时，R_A 的分压作用才可忽略不计，V 的读数接近于 R_X 两端的电压值。图 2.1.4（b)的接法称为电流表的外接法。

实际应用时，应根据不同情况选用合适的测量线路，才能获得较准确的测量结果。下面以一个实例进行介绍。

在图 2.1.4 中，设 $U=20$ V，$R_A=100\ \Omega$，$R_V=20\ \text{k}\Omega$，假定 R_X 的实际值为 10 kΩ。

如果采用图 2.1.4(a)进行测量，那么经计算，A、V 的读数分别为 2.96 mA 和 19.73 V，故

$$R_X=19.73\div2.96=6.667\ \text{k}\Omega$$

相对误差为

$$(6.667-10)\div10\times100=-33.3\%$$

如果采用图 2.1.4(b)测量，那么经计算，A、V 的读数分别为 1.98 mA 和 20 V，故

$$R_X=20\div1.98=10.1\ \text{k}\Omega$$

相对误差为

$$(10.1-10)\div10\times100=1\%$$

2.1.3 实验设备

本实验所使用的实验设备如表 2.1.1 所示。

表 2.1.1 实验设备明细表

序号	名称	型号与规格	数量	备注
1	可调直流稳压电源	0~30 V	二路	
2	可调恒流源	0~200 mA	1	
3	指针式万用表	MF-47 或其他	1	自备
4	可调电阻箱	0~9 999.9 Ω	1	DGJ-05
5	电阻器	按需选择		DGJ-05

2.1.4 实验内容

①根据“分流法”原理测定指针式万用表(MF-47 型或其他型号)直流电流 0.5 mA 和 5 mA 挡量限的内阻。线路如图 2.1.1 所示。R_B 可选用 DGJ-05 中的电阻箱(下同)。将所测数据填入表 2.1.2 中。

表 2.1.2 “分流法”原理测试数据

被测电流表量限/mA	S 断开时的表读数/mA	S 闭合时的表读数/mA	R_B/Ω	R_1/Ω	计算内阻 R_A/Ω
0.5					
5					

②根据“分压法”原理，按图 2.1.2 接线，测定指针式万用表直流电压 2.5 V 和 10 V 挡量限的内阻。将所测数据填入表 2.1.3 中。

表 2.1.3 “分压法”原理数据测量记录表

被测电压表量限/V	S 闭合时表读数/V	S 断开时表读数/V	R_B/kΩ	R_1/kΩ	计算内阻 R_V/kΩ	S/(Ω·V^{-1})
2.5						
10						

③用指针式万用表直流电压 10 V 挡量程测量图 2.1.3 电路中 R_1 上的电压 U'_{R1} 之值，并计算测量的绝对误差与相对误差。将所测数据填入表 2.1.4 中。

表 2.1.4 测量误差记录表

U/V	R_2/kΩ	R_1/kΩ	$R_{10\,V}$/kΩ	计算值 U_{R1}/V	实测值 U'_{R1}/V	绝对误差 ΔU/V	相对误差 $(\Delta U/U)\times100\%$
12	10	50					

2.1.5 实验注意事项

①在开启直流稳压电源的开关前，应将两路电压源的输出调节旋钮调至最小(逆时针旋到底)，并将恒流源的输出粗调旋钮拨到 2 mA 挡，输出细调旋钮应调至最小。接通电源后，再根据需要缓慢调节。

②当恒流源输出端接有负载时，若需要将其粗调旋钮由低挡位向高挡位切换，则必须先将其细调旋钮调至最小。否则输出电流会突增，可能会损坏外接器件。

③电压表应与被测电路并接，电流表应与被测电路串接，并且都要注意正、负极性与

量程的合理选择。

④实验内容①②中，R_1 的取值应与 R_B 相近。

⑤本实验仅测试指针式仪表的内阻。由于所选指针仪表的型号不同，因此本实验中所列的电流、电压量程及选用的 R_B、R_1 等均会不同。实验时应按选定的表型自行确定。

2.1.6　思考题

①根据实验内容①和②，若已求出 0.5 mA 挡和 2.5 V 挡的内阻，则可否直接计算得出 5 mA 挡和 10 V 挡的内阻？

②用量程为 10 A 的电流表测实际值为 8 A 的电流时，实际读数为 8.1 A，求测量的绝对误差和相对误差。

2.1.7　实验报告

①列表记录实验数据，并计算各被测仪表的内阻值。

②分析实验结果，总结应用场合。

③对思考题的计算。

④其他(包括实验的心得、体会及意见等)。

2.2　基础实验——基尔霍夫定律的验证

【预习要求】

①掌握基尔霍夫定律，理解电位的相对性和电压的绝对性，明白电流、电压及电位正负的含义。

②提前预习基尔霍夫电流定律与基尔霍夫电压定律。

③掌握直流电流表的使用，掌握用电流插头、插座测量各支路电流的方法，掌握直流电压表的使用，学会用电压插头测量各支路电压的方法。

2.2.1　实验目的

①验证基尔霍夫定律的正确性，加深对基尔霍夫定律的理解。

②学会用电流插头、插座测量各支路电流。

2.2.2　实验原理

基尔霍夫定律是电路的基本定律。测量某电路的各支路电流及每个元件两端的电压，应能分别满足基尔霍夫电流定律(KCL)和基尔霍夫电压定律(KVL)，即对电路中的任一个节点而言，应有 $\Sigma I=0$；对任何一个闭合回路而言，应有 $\Sigma U=0$。

运用上述定律时必须注意各支路或闭合回路中电流的正方向，此方向可预先任意设定。

2.2.3 实验设备

本实验所使用的实验设备如表 2.2.1 所示。

表 2.2.1 实验设备明细表

序号	名称	型号与规格	数量	备注
1	直流可调稳压电源	0~30 V	二路	
2	万用表		1	自备
3	直流数字电压表	0~200 V	1	
4	电位、电压测定实验电路板		1	DGJ-03

2.2.4 实验内容

实验线路如图 2.2.1 所示，为用 DGJ-03 挂箱的“基尔霍夫[电路]定律/叠加原理”线路。

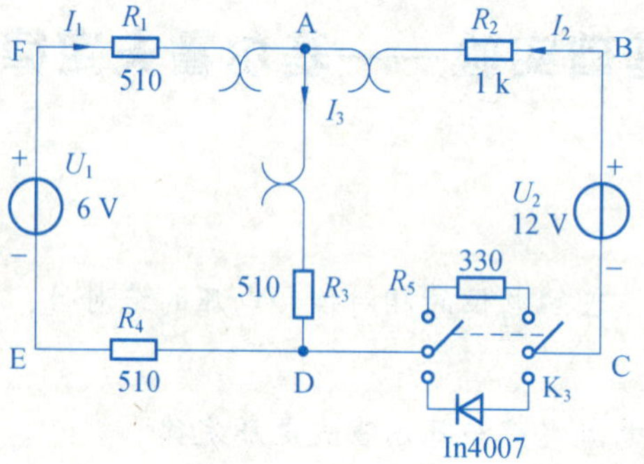

图 2.2.1 “基尔霍夫[电路]定律/叠加原理”线路图

将测量数据记入表 2.2.2 中。

表 2.2.2 电压与电流测试数据

被测量	计算值	测量值	相对误差
I_1/mA			
I_2/mA			
I_3/mA			
U_1/V			

续表

被测量	计算值	测量值	相对误差
U_2/V			
U_{FA}/V			
U_{AB}/V			
U_{AD}/V			
U_{CD}/V			
U_{DE}/V			

2.2.5 实验注意事项

①DGJ-03 上的 K_3 应拨向 330 Ω 侧，3 个故障按键均不得按下，但需用到电流插座。

②所有需要测量的电压值，均以电压表测量的读数为准。U_1、U_2 也需测量，不应取电源本身的显示值。

③防止稳压电源的两个输出端碰线短路。

④用指针式电压表或电流表测量电压或电流时，若仪表指针反偏，则必须调换仪表极性，重新测量。此时指针正偏，可读得电压或电流值。若用数字电压表或电流表测量，则可直接读出电压或电流值。但应注意：所读得的电压或电流值的正确正、负号应根据设定的电流参考方向来判断。

2.2.6 分析思考

①根据图 2.2.1 中的电路参数，计算出待测的电流 I_1、I_2、I_3 和各电阻上的电压值，记入表 2.2.2 中，以便实验测量时可正确地选定毫安表和电压表的量程。

②实验中，若用指针式万用表直流毫安挡测各支路电流，则在什么情况下可能出现指针反偏，应如何处理？在记录数据时应注意什么？若用直流数字毫安表进行测量，则会有什么显示呢？

2.2.7 实验报告

①根据实验数据，选定节点 A，验证 KCL 的正确性。

②根据实验数据，选定实验电路中的任一个闭合回路，验证 KVL 的正确性。

③将支路和闭合回路的电流方向重新进行设定，重复①②两项验证。

④误差原因分析。

⑤心得体会及其他。

2.3 基础实验——叠加原理的验证

【预习要求】

①巩固电路的等效化简方法。

②复习和巩固叠加原理。

③掌握直流电流表的使用，掌握用电流插头、插座测量各支路电流的方法，掌握直流电压表的使用，学会用电压插头测量各支路电压的方法。

2.3.1 实验目的

验证线性电路叠加原理的正确性，加深对线性电路叠加性和齐次性的认识与理解。

2.3.2 原理说明

叠加原理指出，在有多个独立源共同作用的线性电路中，通过每一个元件的电流或其两端的电压，可以看成由每一个独立源单独作用时在该元件上所产生的电流或电压的代数和。

线性电路的齐次性是指，当激励信号(某独立源的值)增加 k 倍或减小为原来的 $\frac{1}{k}$ 时，电路的响应(在电路中各电阻器元件上所建立的电流和电压值)也将增加 k 倍或减小为原来的 $\frac{1}{k}$。

2.3.3 实验设备

本实验所使用的实验设备如表 2.3.1 所示。

表 2.3.1 实验设备明细表

序号	名称	型号与规格	数量	备注
1	直流稳压电源	0~30 V 可调	二路	
2	万用表		1	自备
3	直流数字电压表	0~200 V	1	
4	直流数字毫安表	0~200 mV	1	
5	叠加原理实验电路板		1	DGJ-03

2.3.4 实验内容

实验线路如图 2.3.1 所示，为用 DGJ-03 挂箱的“基尔霍夫[电路]定律/叠加原理”

线路。

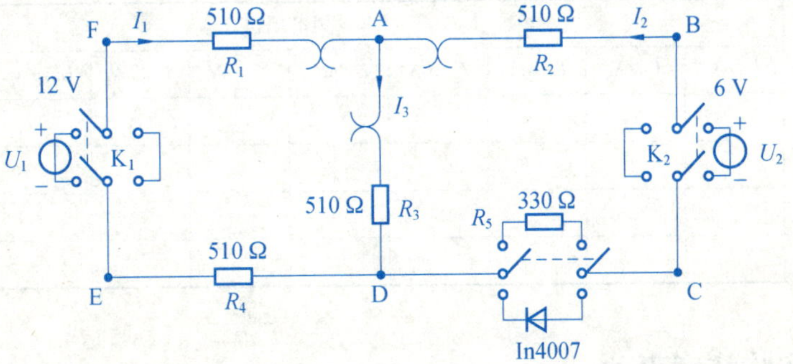

图 2.3.1 “基尔霍夫[电路]定律/叠加原理”线路

①将两路稳压源的输出分别调节为 12 V 和 6 V，接入 U_1 和 U_2 处。

②令 U_1 电源单独作用(将开关 K_1 拨向 U_1 侧，开关 K_2 拨向短路侧)，用直流数字电压表和毫安表(接电流插头)测量各支路电流及各电阻器元件两端的电压，将测量数据记入表 2.3.2 中。

表 2.3.2 电压、电流测试数据

实验内容	测量项目									
	U_1/V	U_2/V	I_1/mA	I_2/mA	I_3/mA	U_{AB}/V	U_{CD}/V	U_{AD}/V	U_{DE}/V	U_{FA}/V
U_1 单独作用										
U_2 单独作用										
U_1、U_2 共同作用										
$2U_2$ 单独作用										

③令 U_2 电源单独作用(将开关 K_1 拨向短路侧，开关 K_2 拨向 U_2 侧)，重复实验步骤②的测量，将测量数据记入表 2.3.2 中。

④令 U_1 和 U_2 共同作用(开关 K_1 和 K_2 分别拨向 U_1 和 U_2 侧)，重复上述测量，将测量数据记入表 2.3.2 中。

⑤将 U_2 的数值调至+12 V，重复上述第③项的测量，将测量数据记入表 2.3.2 中。

⑥将 R_5(330 Ω)换成二极管 In4007(将开关 K_3 拨向二极管 In4007 侧)，重复①~⑤的测量过程，将测量数据记入表 2.3.3 中。

⑦任意按下某个故障设置按键，重复实验内容④的测量和记录，再根据测量结果判断出故障的性质。

表 2.3.3 二极管挡测量电压、电流测试数据

实验内容	测量项目									
	U_1/V	U_2/V	I_1/mA	I_2/mA	I_3/mA	U_{AB}/V	U_{CD}/V	U_{AD}/V	U_{DE}/V	U_{FA}/V
U_1 单独作用										
U_2 单独作用										
U_1、U_2 共同作用										
$2U_2$ 单独作用										

2.3.5 实验注意事项

①用电流插头测量各支路电流时，或者用电压表测量电压降时，应注意仪表的极性，正确判断测得值的“+”“-”号后，记入数据表格中。

②注意仪表量程的及时更换。

2.3.6 分析思考

①在叠加原理实验中，要令 U_1、U_2 分别单独作用，应如何操作？可否直接将不作用的电源（U_1 或 U_2）短接置零？

②在实验电路中，若有一个电阻器改为二极管，则试问叠加原理的叠加性与齐次性还成立吗？为什么？

2.3.7 实验报告

①根据实验数据表格，分析、比较、归纳、总结实验结论，即验证线性电路的叠加性与齐次性。

②各电阻器所消耗的功率能否用叠加原理计算得出？试用上述实验数据进行计算并做出结论。

③通过实验步骤⑥及表格 2.3.3 中的数据，你能得出什么样的结论？

④心得体会及其他。

2.4 基础实验——戴维南定理和诺顿定理的验证

【预习要求】

①掌握电路的一般分析方法，掌握有源二端网络等效参数变换的方法。

②提前预习戴维宁定理和诺顿定理。

③掌握负载功率的计算。

2.4.1　实验目的

①验证戴维南定理和诺顿定理的正确性，加深对定理的理解。

②掌握测量有源二端网络等效参数的一般方法。

2.4.2　原理说明

2.4.2.1　戴维南定理和诺顿定理

任何一个线性含源网络，若仅研究其中一条支路的电压和电流，则可将电路的其余部分看作一个有源二端网络(或称为含源一端口网络)。

戴维南定理指出，任何一个线性有源网络，总可以用一个电压源与一个电阻的串联来等效代替，此电压源的电动势 U_S 等于这个有源二端网络的开路电压 U_{OC}，其等效内阻 R_0 等于该网络中所有独立源均置零(理想电压源视为短接，理想电流源视为开路)时的等效电阻。

诺顿定理指出，任何一个线性有源网络，总可以用一个电流源与一个电阻的并联组合来等效代替，此电流源的电流 I_S 等于这个有源二端网络的短路电流 I_{SC}，其等效内阻 R_0 定义同戴维南定理。

$U_{OC}(U_S)$ 和 R_0 或者 $I_{SC}(I_S)$ 和 R_0 称为有源二端网络的等效参数。

2.4.2.2　有源二端网络等效参数的测量方法

(1)开路电压、短路电流法测 R_0

在有源二端网络输出端开路时，用电压表直接测其输出端的开路电压 U_{OC}，然后将其输出端短路，用电流表测其短路电流 I_{SC}，如图 2.4.1 所示，则等效内阻为

$$R_0=\frac{U_{OC}}{I_{SC}}$$

若二端网络的内阻很小，则将其输出端口短路易损坏其内部元件，因此不宜用此法。

(2)伏安法测 R_0

用电压表、电流表测出有源二端网络的外特性曲线，如图 2.4.1 所示。根据外特性曲线求出斜率 $\tan\varphi$，则内阻为

$$R_0=\tan\varphi=\frac{\Delta U}{\Delta I}=\frac{U_{OC}}{I_{SC}}$$

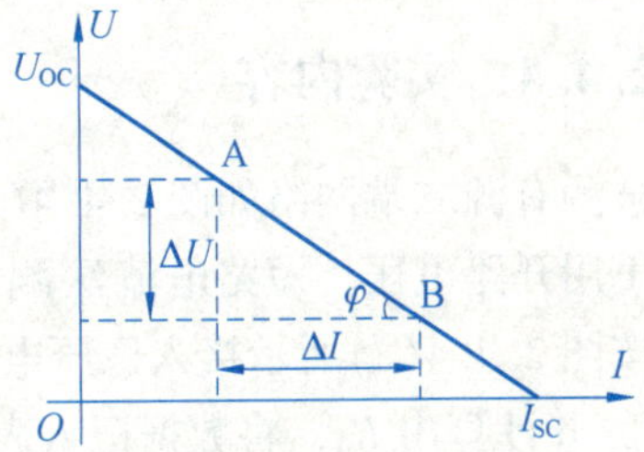

图 2.4.1　有源二端网络的外特性曲线

也可以先测量开路电压 U_{OC}，再测量电流为额定值 I_N 时的输出端电压值 U_N，则内阻为 $R_0=\frac{U_{OC}-U_N}{I_{SC}}$。

(3)半电压法测 R_0

如图 2.4.2 所示，当负载电压为被测网络开路电压的一半时，负载电阻(由电阻箱的读数确定)即为被测有源二端网络的等效内阻值。

(4)零示法测 U_{OC}

在测量具有高内阻有源二端网络的开路电压时，用电压表直接测量会产生较大的误差。为了消除电压表内阻的影响，往往采用零示测量法，如图 2.4.3 所示。

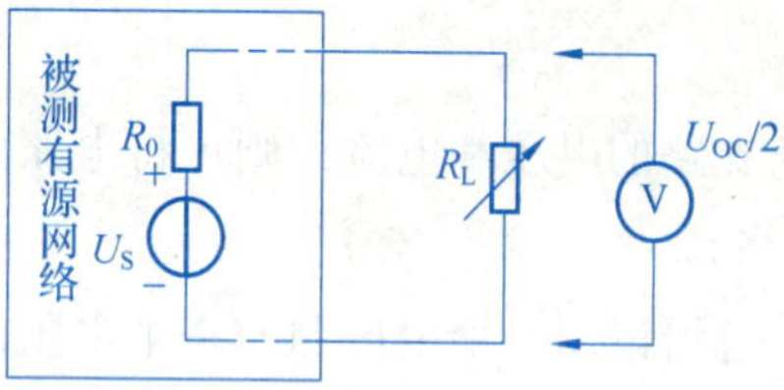

图 2.4.2　$U_{OC}/2$ 有源二端网络

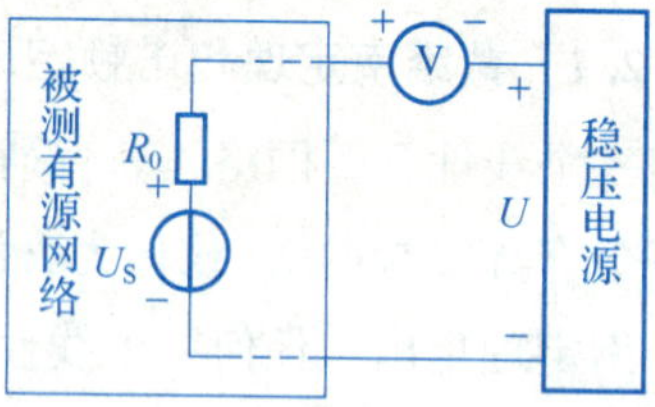

图 2.4.3　高内阻有源二端网络

零示法测量的原理是用一个低内阻的稳压电源与被测有源二端网络进行比较，当稳压电源的输出电压与有源二端网络的开路电压相等时，电压表的读数将为“0”。然后将电路断开，测量此时稳压电源的输出电压，即为被测有源二端网络的开路电压。

2.4.3　实验设备

本实验所使用的实验设备如表 2.4.1 所示。

表 2.4.1　实验设备明细表

序号	名称	型号与规格	数量	备注
1	可调直流稳压电源	0~30 V	1	
2	可调直流恒流源	0~500 mA	1	
3	直流数字电压表	0~200 V	1	
4	直流数字毫安表	0~200 mA	1	
5	万用表		1	自备
6	可调电阻箱	0~99 999.9 Ω	1	DGJ-05
7	电位器	1 K/2 W	1	DGJ-05
8	戴维南定理实验电路板		1	DGJ-03

2.4.4　实验内容

被测有源二端网络如图 2.4.4(a)所示。

①用开路电压、短路电流法测定戴维南等效电路的 U_{OC}、R_0 和诺顿等效电路的 I_{SC}、R_0，按图 2.4.4(a)所示接入稳压电源 $U_S=12$ V 和恒流源 $I_S=10$ mA，不接入 R_L。测出 U_{OC} 和 I_{SC}，并计算出 R_0，将数据记入表 2.4.2 中。(测 U_{OC}时，不接入毫安表。)

表 2.4.2　测量开路电压、短路电流测试数据

U_{OC}/V	I_{SC}/mA	$R_0=U_{OC}/I_{SC}/\Omega$

②负载实验。

按图 2.4.4(a)所示接入 R_L，改变 R_L 的阻值，测量有源二端网络的外特性曲线，将测量数据记入表 2.4.3 中。

表 2.4.3　负载实验测量电压、电流测试数据

R_L 值	U/V	I/mA

③验证戴维南定理。从电阻箱上取得按步骤①所得的等效电阻 R_0 之值，然后令其与直流稳压电源(调到步骤①时所测得的开路电压 U_{OC} 之值)相串联，如图 2.4.4(b)所示，仿照步骤②测其外特性，对戴维南定理进行验证，将测量数据记入表 2.4.4 中。

表 2.4.4　戴维南等效测量电压、电流测试数据

R_L 值	U/V	I/mA

④有源二端网络等效电阻(又称入端电阻)的直接测量法。如图 2.4.4(a)所示，将被测有源网络内的所有独立源置零(去掉电流源 I_S 和电压源 U_S，并在原电压源所接的两点间用一根短路导线相连)，然后用伏安法或者直接用万用表的欧姆挡测定负载 R_L 开路时 A、B 两点间的电阻，此即为被测网络的等效内阻 R_0，或称网络的入端电阻 R_i。

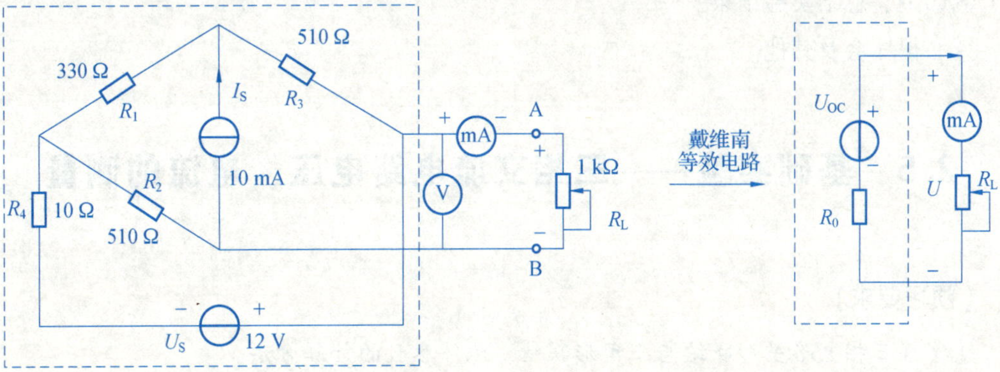

(a) 有源二端网络电路图　　(b) 戴维南等效电路图

图 2.4.4　戴维南定理等效前后电路图

⑤用半电压法和零示法测量被测网络的等效内阻 R_0 及其开路电压 U_{OC}。线路及数据表格自拟。

2.4.5 实验注意事项

①测量时应注意电流表量程的更换。

②步骤⑤中，电压源置零时不可将稳压源短接。

③用万用表直接测 R_0 时，网络内的独立源必须先置零，以免损坏万用表。欧姆挡必须经调零后再进行测量。

④用零示法测量 U_{OC}时，应先将稳压电源的输出调至接近于 U_{OC}，再按图 2.4.3 测量。

⑤改接线路时，要关掉电源。

2.4.6 分析思考

①在求戴维南或诺顿等效电路时，做短路试验测 I_{SC}的条件是什么？在本实验中可否直接做负载短路实验？请实验前预先对图 2.4.4(a)所示线路做好计算，以便调整实验线路及测量时可准确地选取电表的量程。

②说明测有源二端网络开路电压及等效内阻的几种方法，并比较其优缺点。

2.4.7 实验报告

①根据步骤②③④分别绘出曲线，验证戴维南定理和诺顿定理的正确性，并分析产生误差的原因。

②根据步骤①⑤⑥的几种方法测得的 U_{OC}与 R_0，与预习时电路计算的结果做比较，你能得出什么结论？

③归纳、总结实验结果。

④心得体会及其他。

2.5 基础实验——三相交流电路电压、电流的测量

【预习要求】

①掌握三相电路星形联结与三角形联结、元件参数的计算方法。

②提前预习三相电路星形联结与三角形联结。

③学习用交流电压表、交流电流表和功率表测定低频元件参数，以及正确使用调压变压器。

2.5.1　实验目的

①掌握三相负载作星形联结、三角形联结的方法，验证这两种接法下线、相电压及线、相电流之间的关系。

②充分理解三相四线供电系统中中线的作用。

2.5.2　原理说明

①三相负载可联结成星形(又称"Y"接)或三角形(又称"△"接)。当三相对称负载作星形联结时，线电压 U_L 是相电压 U_P 的$\sqrt{3}$倍。线电流 I_L 等于相电流 I_P，即 $U_L=\sqrt{3}U_P$，$I_L=I_P$。在这种情况下，流过中线的电流 $I_0=0$，所以可以省去中线。

当对称三相负载作三角形联结时，有 $I_L=\sqrt{3}I_P$，$U_L=U_P$。

②不对称三相负载作星形联结时，必须采用三相四线制接法，即 Y_0 接法。而且中线必须牢固联结，以保证三相不对称负载的每相电压维持对称不变。

倘若中线断开，就会导致三相负载电压不对称，致使负载轻的那一相的相电压过高，使负载遭受损坏；负载重的一相的相电压又过低，使负载不能正常工作。尤其是对于三相照明负载，无条件地一律采用 Y_0 接法。

③当不对称负载作三角形联结时，$I_L\neq\sqrt{3}I_P$，但只要电源的线电压 U_L 对称，加在三相负载上的电压就仍是对称的，对各相负载工作没有影响。

2.5.3　实验设备

本实验所使用的实验设备如表 2.5.1 所示。

表 2.5.1　实验设备明细表

序号	名称	型号与规格	数量	备注
1	交流电压表	0~500 V	1	
2	交流电流表	0~5 A	1	
3	万用表		1	自备
4	三相自耦变压器		1	
5	三相灯组负载	220 V、15 W 白炽灯	9	DGJ-04
6	电门插座		3	DGJ-04

2.5.4　实验内容

2.5.4.1　三相负载星形联结(三相四线制供电)

按图 2.5.1 所示线路组接实验电路，即三相灯组负载经三相自耦变压器接通三相对称电源。将三相调压器的旋柄置于输出为 0 V 的位置(逆时针旋到底)。经指导教师检查合格后，方可开启实验台电源，然后调节调压器的输出，使输出的三相线电压为 220 V，并按下述内容完成各项实验，分别测量三相负载的线电压、相电压、线电流、相电流、中线电流、电源与负载中点间的电压。将所测得的数据记入表 2.5.2 中，并观察各相灯组亮暗的变化程度，特别要注意观察中线的作用。

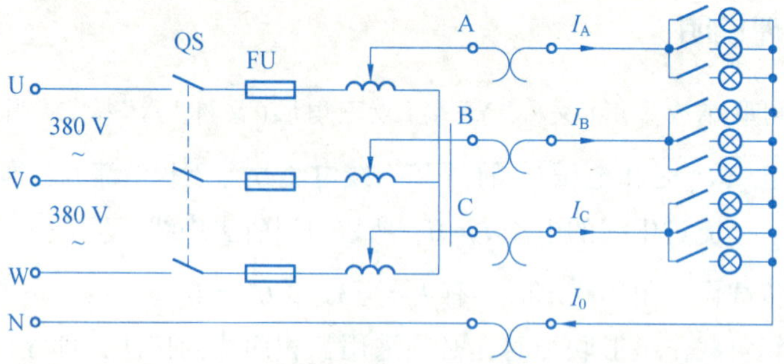

图 2.5.1　三相负载星形联结电路图

表 2.5.2　Y_0/Y 接测试数据

实验内容（负载情况）	开灯盏数			线电流/A			线电压/V			相电压/V			中线电流 I_0/A	中点电压 U_{N0}/V
	A 相	B 相	C 相	I_A	I_B	I_C	U_{AB}	U_{BC}	U_{CA}	U_{A0}	U_{B0}	U_{C0}		
Y_0 接平衡负载	3	3	3											
Y 接平衡负载	3	3	3											
Y_0 接不平衡负载	1	2	3											
Y 接不平衡负载	1	2	3											
Y_0 接 B 相断开	1		3											
Y 接 B 相断开	1		3											
Y 接 B 相短路	1		3											

2.5.4.2　负载三角形联结(三相三线制供电)

按图 2.5.2 所示改接线路，经指导教师检查合格后接通三相电源，并调节调压器，使其输出线电压为 220 V，并按表 2.5.3 的内容进行测试。

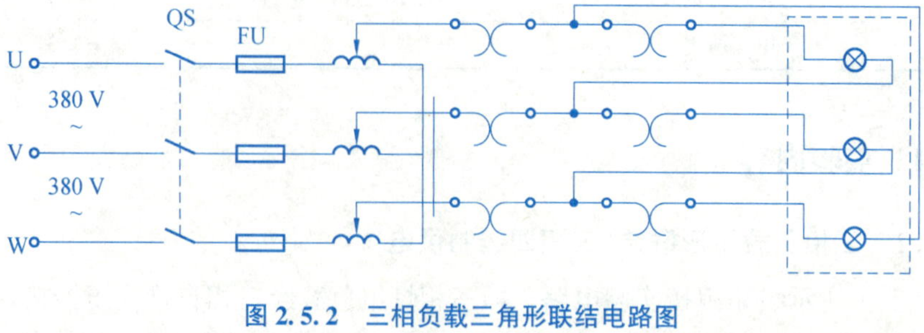

图 2.5.2　三相负载三角形联结电路图

表 2.5.3　△接测试数据

负载情况	开灯盏数			线电压=相电压/V			线电流/A			相电流/A		
	A-B 相	B-C 相	C-A 相	U_{AB}	U_{BC}	U_{CA}	I_A	I_B	I_C	I_{AB}	I_{BC}	I_{CA}
三相平衡	3	3	3									
三相不平衡	1	2	3									

2.5.5　实验注意事项

①本实验采用三相交流市电，线电压为 380 V，故应穿绝缘鞋进实验室。实验时要注意人身安全，不可触及导电部件，防止意外事故发生。

②每次接线完毕，同组同学应先自查一遍，然后由指导教师检查后方可接通电源，必须严格遵守先断电、再接线、后通电；先断电、后拆线的实验操作原则。

③星形负载做短路实验时，必须先断开中线，以免发生短路事故。

④为避免烧坏灯泡，DGJ-04 实验挂箱内设有过压保护装置。当任一相电压>245~250 V 时，即声光报警并跳闸。因此，在做 Y 接不平衡负载或缺相实验时，所加线电压应以最高相电压<240 V 为宜。

2.5.6　分析思考

①三相负载根据什么条件作星形或三角形联结？

②复习三相交流电路有关内容，试分析三相星形联结不对称负载在无中线情况下，当某相负载开路或短路时会出现什么情况？若接上中线，则情况又如何？

③本次实验中为什么要通过三相自耦变压器将 380 V 的市电线电压降为 220 V 的线电压使用？

2.5.7　实验报告

①用实验测得的数据验证对称三相电路中的$\sqrt{3}$关系。

②用实验数据和观察到的现象，总结三相四线供电系统中中线的作用。

③不对称三角形联结的负载能否正常工作？实验是否能证明这一点？

④根据不对称负载三角形联结时的相电流值作相量图，并求出线电流值，然后与实验测得的线电流做比较，分析之。

⑤心得体会及其他。

2.6 基础实验——功率因数的提高

【预习要求】

①理解无功补偿对电路功率因数的影响，正弦稳态交流电路中电压、电流相量之间的关系。

②提前预习功率因数的含义及主要影响因素。

③学习利用实际元器件搭接测量日光灯电路。

2.6.1 实验目的

①了解日光灯的组成和工作原理。

②掌握日光灯线路的接线。

③理解改善电路功率因数的意义并掌握其方法。

2.6.2 原理说明

2.6.2.1 日光灯等效电路

本次实验所用的负载是日光灯，日光灯电路由灯管、镇流器和启辉器组成，其等效电路图如图 2.6.1 所示。

镇流器是一个绕在用硅钢片叠成的铁芯上的电感线圈。日光灯电路的功率因数较低，一般在 0.6 以下，且为电感性负载，因此常用并联电容的方法来提高电路的功率因数。并联电容后的等效电路图如图 2.6.2 所示，其相量图如图 2.6.3 所示。

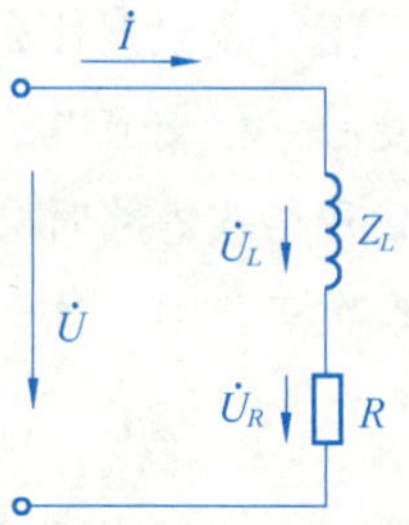

图 2.6.1 日光灯等效电路图

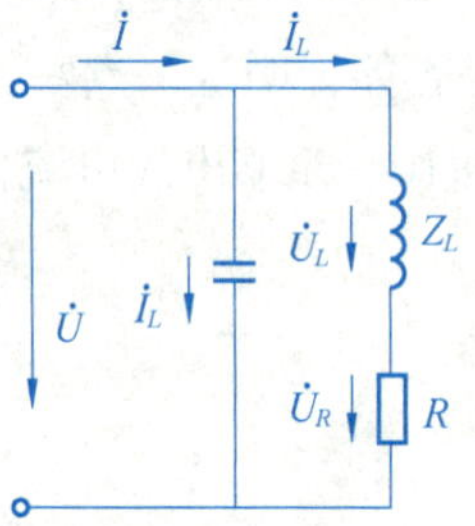

图 2.6.2 日光灯并联电容后的等效电路图

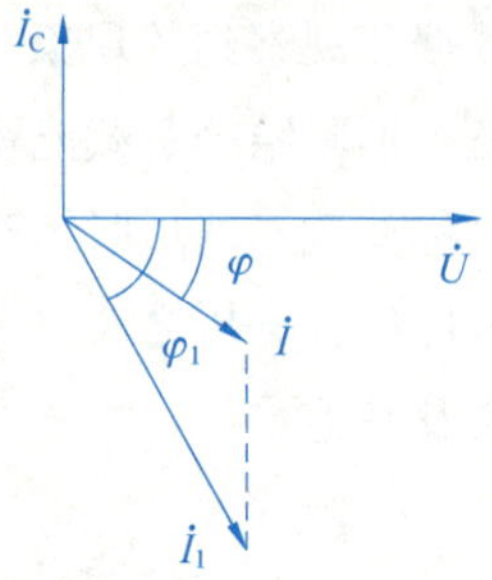

图 2.6.3 日光灯并联电容后的相量图

由于电容支路的电流超前电压 90°，抵消了一部分日光灯电路电流中的无功分量，使电路总电流 I 减小，因此提高了电路的功率因数。选取适当的电容值使容性电流等于感性的无功电流，从而使电路的总电流减小，电路的功率因数将接近于 1。

2.6.2.2　日光灯的点燃过程

刚接通电源时，电压不足以使灯管放电，它通过镇流器和灯管两端的灯丝加到启辉器上，引起辉光放电，双金属片受热，由于内层金属线膨胀系数较大，使双金属片伸直，动静触片接触，两电极接通，因此灯丝也被通电加热，当两电极接通后，两电极放电现象消失，双金属片降温后收缩，两极分开。电路中的电流突然中断，使镇流器两端感应出很高的自感电压，该自感电压和电源电压一起加到灯管两端，使灯管两端灯丝被加热，产生紫外线，涂在管壁上的荧光粉发出可见的光。当灯管起辉后，镇流器又起降压限流的作用。

2.6.3　实验设备

本实验所使用的实验设备如表 2.6.1 所示。

表 2.6.1　实验设备明细表

序号	名称	型号与规格	数量	备注
1	交流电压表	0~500 V	1	
2	交流电流表	0~5 A	1	
3	功率表		1	(DGJ-07)
4	自耦变压器		1	
5	镇流器、启辉器	与 40 W 灯管配用	各 1	DGJ-04
6	日光灯灯管	40 W	1	屏内
7	电容器	1 μF、2.2 μF、4.7 μF/500 V	各 1	DGJ-04
8	白炽灯及灯座	220 V、15 W	1~3	DGJ-04
9	电流插座		3	DGJ-04

2.6.4　实验内容

①按图 2.6.4 所示接线，正确选择测量仪器的量程与接线极性。对于功率表，电压线圈与电流线圈要特别注意极性。

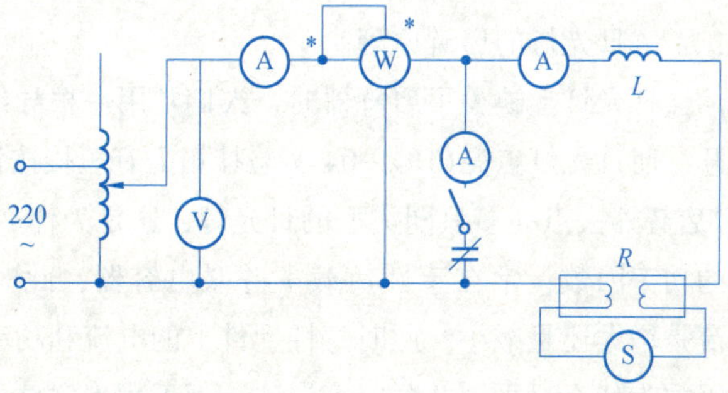

图 2.6.4　日光灯电路图

②接通电源，断开电容，记下此时的功率 P 及电流 I 值，并用万用表测量 U_R、U_L、U_C、U，记入表 2.6.2 中。

③接通电容，逐渐增大电容，分别增大 1 μF、2 μF、3 μF、4 μF、5 μF、6 μF、7 μF、8 μF、9 μF、10 μF 时，测量各个电容的电流 I 与功率 P 的值。同样用万用表测量不同电容时 U_R、U_L、U_C、U 值。

④对测量数据的科学性与准确性进行分析，对有异议的数据进行重新测量，并根据实验表中的数据计算出对应的功率因数，记入表 2.6.2 中。

表 2.6.2 感性负载功率因数测试数据

电容 C/μF	测量值						计算
	U/V	I/A	U_R/V	U_L/V	U_C/V	P/W	$\cos\varphi$
0							
1							
2							
3							
4							
5							
6							
8							
9							
10							

2.6.5 实验注意事项

①本实验用交流市电 220 V，请务必注意用电和人身安全。

②功率表要正确接入电路。

③线路接线正确，日光灯不能启辉时，应检查启辉器及其接触是否良好。

2.6.6 分析思考

①参阅课外资料，了解日光灯的启辉原理。

②在日常生活中，当日光灯上缺少了启辉器时，人们常用一根导线将启辉器的两端短接一下，然后迅速断开，使日光灯点亮(DGJ-04 实验挂箱上有短接按钮，可用它代替启辉器做试验)，或用一只启辉器去点亮多只同类型的日光灯，这是为什么？

③为了改善电路的功率因数，常在感性负载上并联电容器，此时增加了一条电流支路，试问电路的总电流是增大还是减小？此时感性元件上的电流和功率是否改变？

④提高线路功率因数为什么只采用并联电容器法，而不用串联法？并联的电容器是否

越大越好?

2.6.7 实验报告

①完成数据表格中的计算，进行必要的误差分析。

②根据实验数据，分别绘出电压、电流相量图，验证相量形式的基尔霍夫定律。

③讨论改善电路功率因数的意义和方法。

④装接日光灯线路的心得体会及其他。

2.7 综合实验——一阶电路的动态响应分析与仿真

【预习要求】

①预习并理解 RC、RL 电路的暂态过程。

②提前了解时间常数对 RC/RL 电路输出波形的影响，了解 RC 电路的暂态过程。

③掌握用示波器测定 RC/RL 电路暂态过程时间常数的方法。

2.7.1 实验目的

①测定 RC 一阶电路的零输入响应、零状态响应及完全响应。

②学习电路时间常数的测量方法。

③掌握有关微分电路和积分电路的概念。

④进一步学会用示波器观测波形。

⑤运用 Multisim 软件构建 RL 一阶电路仿真电路图，并用示波器测试积分电路与微分电路的响应波形。

2.7.2 原理说明

①动态网络的过渡过程是十分短暂的单次变化过程。要用普通示波器观察过渡过程和测量有关的参数，就必须使这种单次变化的过程重复出现。为此，利用信号发生器输出的方波来模拟阶跃激励信号，即利用方波输出的上升沿作为零状态响应的正阶跃激励信号；利用方波的下降沿作为零输入响应的负阶跃激励信号。只要选择方波的重复周期远大于电路的时间常数 τ，电路在这样的方波序列脉冲信号的激励下，它的响应就和直流电接通与断开的过渡过程是基本相同的。

②如图 2.7.1(b)所示的 RC 一阶电路的零输入响应和零状态响应分别按指数规律衰减和增长，其变化快慢取决于电路的时间常数 τ。

③时间常数 τ 的测定方法。

用示波器测量零输入响应的波形如图 2.7.1(a)所示。

根据一阶微分方程的求解得知 $u_C = U_m e^{-t/RC} = U_m e^{-t/\tau}$。当 $t=\tau$ 时，$U_C(\tau)=0.368U_m$，此时所对应的时间就等于 τ，亦可用零状态响应波形增加到 $0.632U_m$ 所对应的时间测得，如图 2.7.1(c)所示。

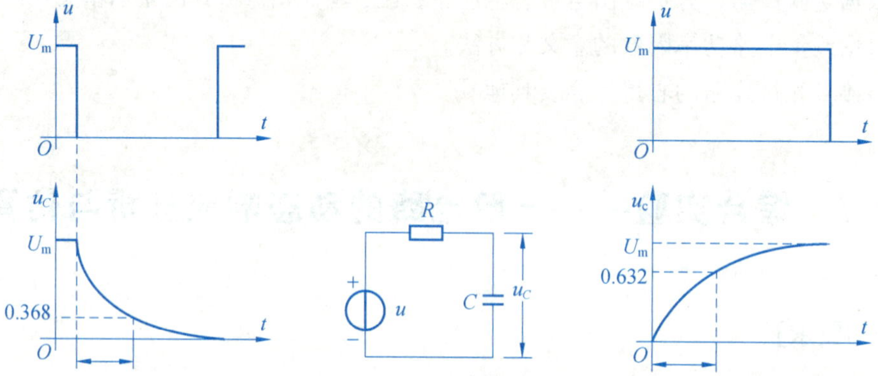

(a) 零输入响应　　(b) RC一阶电路　　(c) 零状态响应

图 2.7.1　RC 一阶电路的响应波形图

④微分电路和积分电路是 RC 一阶电路中较典型的电路，它对电路元件参数和输入信号的周期有着特定的要求。一个简单的 RC 串联电路，在方波序列脉冲的重复激励下，若满足 $\tau = RC \ll \frac{T}{2}$($T$ 为方波脉冲的重复周期)，且由 R 两端的电压作为响应输出，则该电路是一个微分电路。因为此时电路的输出信号电压与输入信号电压的微分成正比。如图 2.7.2(a)所示，利用微分电路可以将方波转变成尖脉冲。

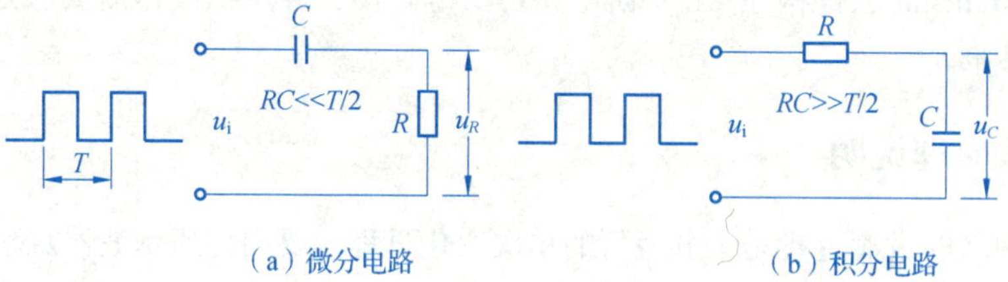

(a) 微分电路　　(b) 积分电路

图 2.7.2　RC 一阶电路

若将图 2.7.2(a)中的 R 与 C 位置调换一下，如图 2.7.2(b)所示，由 C 两端的电压作为响应输出，且若电路的参数满足 $\tau = RC \gg \frac{T}{2}$，则该 RC 电路称为积分电路。因为此时电路的输出信号电压与输入信号电压的积分成正比。利用积分电路可以将方波转变成三角波。

从输入输出波形来看，上述两个电路均起着波形变换的作用，请在实验过程中仔细观察与记录。

2.7.3 实验设备

本实验所使用的实验设备如表 2.7.1 所示。

表 2.7.1　实验设备明细表

序号	名称	型号与规格	数量	备注
1	函数信号发生器	脉冲信号发生器、0~10 kHz、0~10 V	1	
2	双踪示波器	双通道，20 MHz 频带宽度	1	自备
3	动态电路实验板		1	DGJ-03

2.7.4 实验内容

实验线路板如图 2.7.3 所示，请认清 R、C 元件的布局及其标称值，各开关的通断位置等。

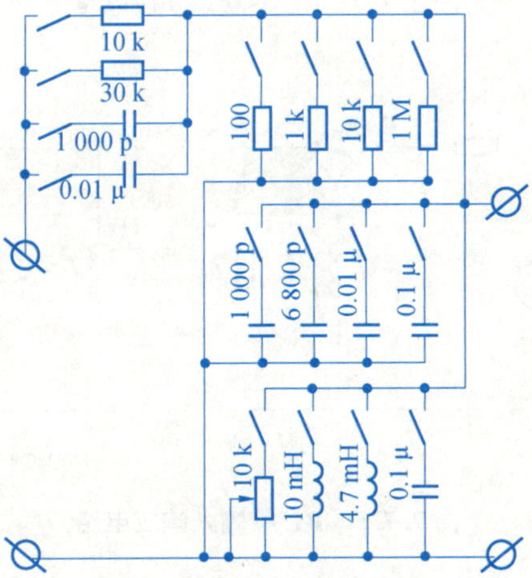

图 2.7.3　动态电路、选频电路实验线路板

①从电路板上选 $R=10\ \mathrm{k\Omega}$、$C=6\ 800\ \mathrm{pF}$，组成如图 2.7.1(b)所示的 RC 充放电电路。u_i 为脉冲信号发生器输出的 $U_m=3\ \mathrm{V}$、$f=1\ \mathrm{kHz}$ 的方波电压信号，并通过两根同轴电缆线，将激励源 u_i 和响应 u_C 的信号分别连至示波器的两个输入口 Y_A 和 Y_B。这时可在示波器的屏幕上观察到激励与响应的变化规律，请测算出时间常数 τ，并用方格纸按 1 : 1 的比例描绘波形。

少量地改变电容值或电阻值，定性地观察它们对响应的影响，记录观察到的现象。

②令 $R=10\ \mathrm{k\Omega}$、$C=0.1\ \mathrm{\mu F}$，观察并描绘响应的波形，继续增大 C 值，定性地观察电容值变化对响应的影响。

③令 $C=0.01\ \mu F$、$R=100\ \Omega$，组成如图 2.7.2(a)所示的微分电路。在同样的方波激励信号($U_m=3$ V，$f=1$ kHz)作用下，观测并描绘激励与响应的波形。

增减 R 值，定性地观察电阻值变化对响应的影响，并做记录。当 R 增至 1 MΩ 时，输入输出波形有何本质上的区别？

④运用 Multisim 软件构建 RL 一阶仿真电路，对 RL 电路的零状态与零输入响应进行分析，零状态响应电路如图 2.7.4 所示，零输入响应电路如图 2.7.5 所示，在 Multisim 中构建两个电路，并使用示波器进行响应电路测试与分析。

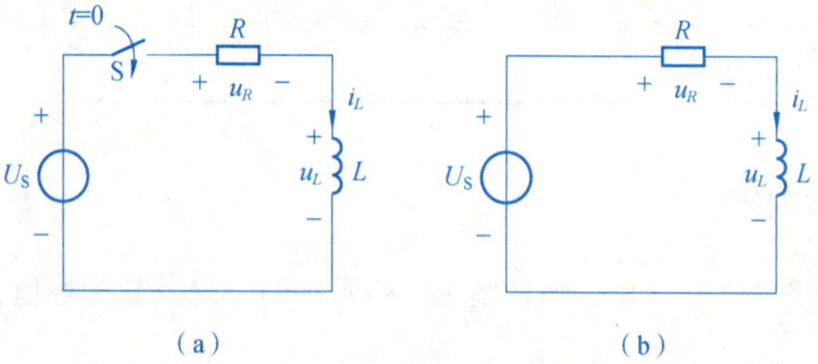

图 2.7.4　RL 零状态响应电路

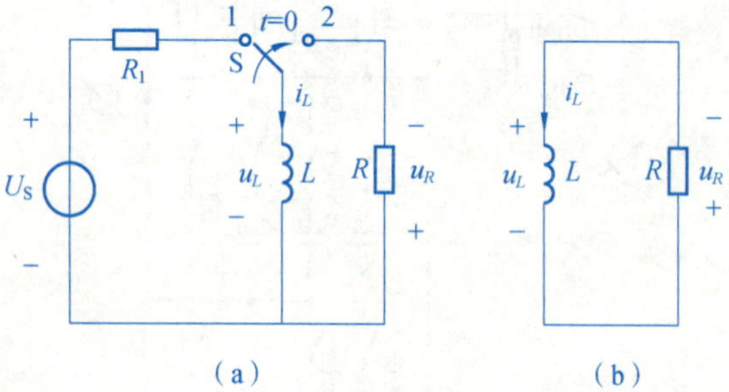

图 2.7.5　RL 零输入响应电路

2.7.5　实验注意事项

①调节电子仪器各旋钮时，动作不要过快、过猛。实验前，需熟读双踪示波器的使用说明书。观察双踪示波器时，要特别注意相应开关、旋钮的操作与调节。

②信号源的接地端与示波器的接地端要连在一起(称共地)，以防外界干扰而影响测量的准确性。

③示波器的辉度不应过亮，尤其是光点长期停留在荧光屏上不动时，应将辉度调暗，以延长示波管的使用寿命。

2.7.6　分析思考

①什么样的电信号可作为 RC 一阶电路零输入响应、零状态响应和完全响应的激励源？

②已知 RC 一阶电路 $R=10\ \text{k}\Omega$、$C=0.1\ \mu\text{F}$，试计算时间常数 τ，并根据 τ 值的物理意义拟订测量 τ 的方案。

③何谓积分电路和微分电路？它们必须具备什么条件？它们在方波序列脉冲的激励下，其输出信号波形的变化规律如何？这两种电路有何功用？

④对所示电路进行计算与仿真结果验证时，能否使用三要素法解决 RL 一阶电路的正确性。

2.7.7　实验报告

①根据实验观测结果，在方格纸上绘出 RC 一阶电路充放电时 u_C 的变化曲线，由曲线测得 τ 值，并与参数值的计算结果做比较，分析误差原因。

②根据实验观测结果，归纳、总结积分电路和微分电路的形成条件，阐明波形变换的特征。

③心得体会及其他。

2.8　综合实验——*R*、*L*、*C* 元件阻抗特性的测定

【预习要求】

①理解 RL、RC 以及 RLC 串联电路性质的判断方法。

②提前预习频率对 R、L、C 元件不同性质电路的影响。

③学习利用频率的调节判定不同性质电路的相位角计算。

2.8.1　实验目的

①验证电阻、感抗、容抗与频率的关系，测定 $R\sim f$、$X_L\sim f$ 及 $X_C\sim f$ 特性曲线。

②加深理解 R、L、C 元件端电压与电流间的相位关系。

2.8.2　原理说明

①在正弦交变信号作用下，R、L、C 电路元件在电路中的抗流作用与信号的频率有关，它们的阻抗频率特性 $R\sim f$，$X_L\sim f$，$X_C\sim f$ 曲线如图 2.8.1 所示。

②元件阻抗频率特性的测量电路如图 2.8.2 所示。

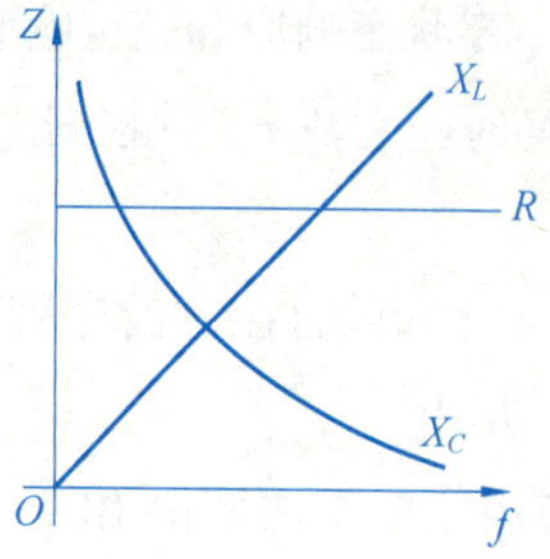

图 2.8.1　$R\sim f$，$X_L\sim f$，$X_C\sim f$ 曲线

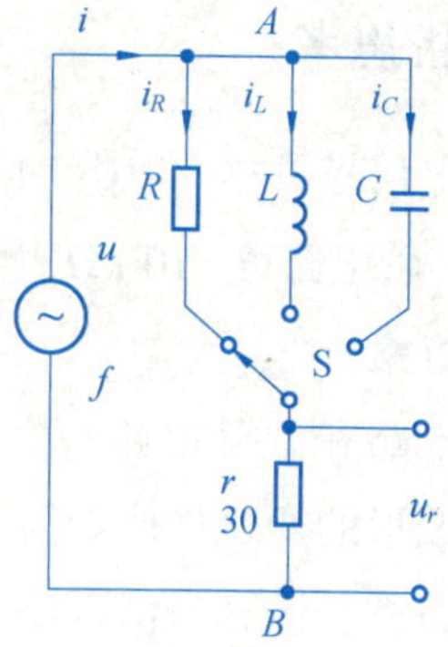

图 2.8.2　阻抗频率特性测量电路图

图中的 r 是提供测量回路电流用的标准小电阻，由于 r 的阻值远小于被测元件的阻抗值，因此可以认为 AB 之间的电压就是被测元件 R、L 或 C 两端的电压，流过被测元件的电流则可由 r 两端的电压除以 r 所得。

若用双踪示波器同时观察 r 与被测元件两端的电压，则展现出被测元件两端的电压和流过该元件电流的波形，从而可在荧光屏上测出电压与电流的幅值及它们之间的相位差。

③将元件 R、L、C 串联或并联相接，亦可用同样的方法测得 $Z_{串}$ 与 $Z_{并}$ 的阻抗频率特性 $Z\sim f$，根据电压、电流的相位差可判断 $Z_{串}$ 或 $Z_{并}$ 是感性还是容性负载。

④元件的阻抗角(相位差 φ)随输入信号的频率变化而改变，将各个不同频率下的相位差画在以频率 f 为横坐标、阻抗角 φ 为纵坐标的坐标纸上，并用光滑的曲线连接这些点，即得到阻抗角的频率特性曲线。

用双踪示波器测量阻抗角的方法如图 2.8.3 所示。从荧光屏上数得一个周期占 n 格，相位差占 m 格，则实际的相位差 φ(阻抗角) 为 $\varphi = m \times \dfrac{360°}{n}$。

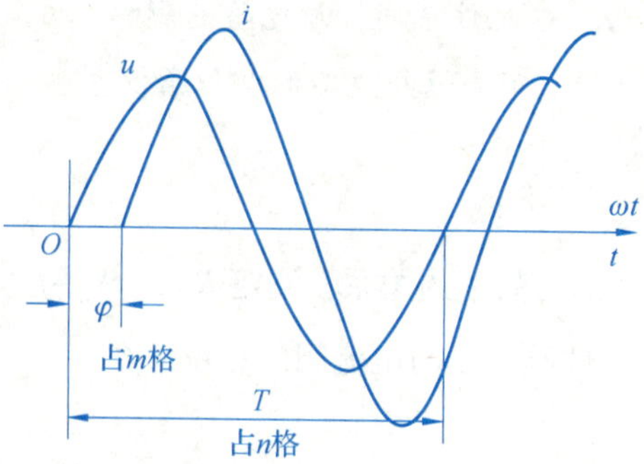

图 2.8.3　双踪示波器测量阻抗角

2.8.3　实验设备

本实验所使用的实验设备如表 2.8.1 所示。

表 2.8.1　实验设备明细表

序号	名称	型号与规格	数量	备注
1	低频信号发生器		1	DG03
2	交流毫伏表	0~600 V	1	D83
3	双踪示波器		1	自备
4	频率计		1	DG03
5	实验线路元件	$R=1\ \text{k}\Omega$，$C=1\ \mu\text{F}$，L 约为 1 H	1	DG09
6	电阻	$30\ \Omega$	1	DG09

2.8.4　实验内容

①测量 R、L、C 元件的阻抗频率特性。

通过电缆线将低频信号发生器输出的正弦信号接至如图 2.8.2 所示的电路作为激励源 u，并用交流毫伏表测量，使激励电压的有效值为 $U=3$ V，并保持不变。

使信号源的输出频率从 200 Hz 逐渐增至 5 kHz(用频率计测量)，并使开关 S 分别接通 R、L、C 三个元件，用交流毫伏表测量 U_r，并计算各频率点时的 I_R、I_L 和 $I_C(U_r/r)$ 以及 $R=U/I_R$、$X_L=U/I_U$ 和 $X_C=U/I_C$ 之值。

注意：在接通 C 测试时，信号源的频率应控制在 200~2500 Hz。

②用双踪示波器观察不同频率下各元件阻抗角的变化情况，按图 2.8.3 记录 n 和 m，算出 φ。

③测量 R、L、C 元件串联的阻抗角频率特性。

2.8.5　实验注意事项

①交流毫伏表属于高阻抗电表，测量前必须先调零。

②测 φ 时，示波器的“V/div”和“t/div”的微调旋钮应旋置“校准位置”。

2.8.6　分析思考

测量 R、L、C 各个元件的阻抗角时，为什么要为它们串联一个小电阻？可否用一个小电感或大电容代替？为什么？

2.8.7　实验报告

①根据实验数据，在方格纸上绘制 R、L、C 三个元件的阻抗频率特性曲线，从中可

得出什么结论？

②根据实验数据，在方格纸上绘制 R、L、C 三个元件串联的阻抗角频率特性曲线，并总结、归纳出结论。

③心得体会及其他。

2.9 综合实验——RLC 串联谐振电路的设计与仿真

【预习要求】

①学习 RLC 电路电压与电流相位的测量方法，掌握电路阻抗性质的判定方法。

②提前预习谐振的概念和意义。

③学习测定 RC 并联电路的谐振曲线。

2.9.1 实验目的

①学习用实验方法绘制 RLC 串联电路的幅频特性曲线。

②加深理解电路发生谐振的条件、特点，掌握电路品质因数(电路 Q 值)的物理意义及其测定方法。

2.9.2 原理说明

①在图 2.9.1 所示的 RLC 串联电路中，当正弦交流信号源的频率 f 改变时，电路中的感抗、容抗随之改变，电路中的电流也随 f 改变。取电阻器 R 上的电压 u_o 作为响应，当输入电压 u_i 的幅值维持不变时，在不同频率的信号激励下，测出 U_o 之值，然后以 f 为横坐标，以 U_o/U_i 为纵坐标(因 U_i 不变，故也可直接以 U_o 为纵坐标)，绘出光滑的曲线，此即为幅频特性曲线，亦称谐振曲线，如图 2.9.2 所示。

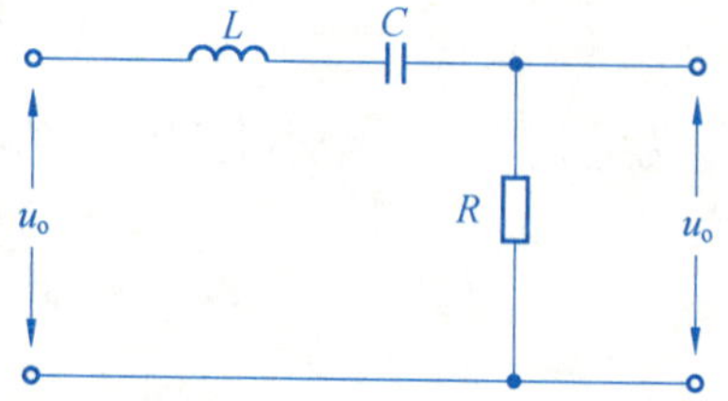

图 2.9.1 RLC 串联电路

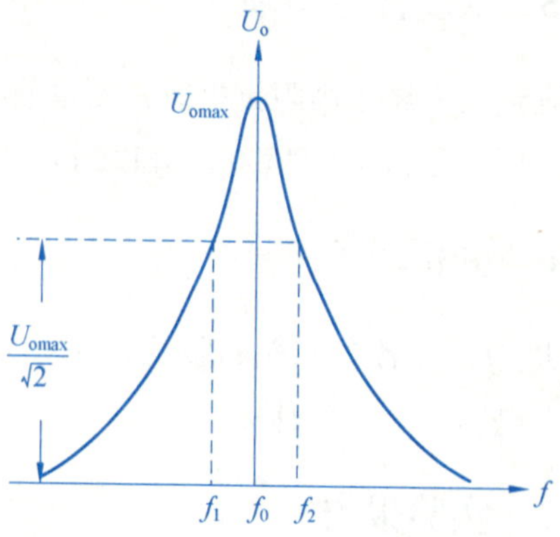

图 2.9.2 幅频特性曲线

②在 $f=f_0$ 处，即幅频特性曲线尖峰所在的频率点称为谐振频率。此时 $X_L=X_C$，电路呈纯阻性，电路阻抗的模为最小。在输入电压 U_i 为定值时，电路中的电流达到最大值，且与输入电压 u_i 同相位。从理论上讲，此时 $U_i=U_R=U_o$，$U_L=U_C=QU_i$，式中的 Q 称为电路的品质因数。

③电路品质因数 Q 值的两种测量方法：一是根据公式 $Q=\frac{U_L}{U_o}=\frac{U_C}{U_o}$ 测定，U_C 与 U_L 分别为谐振时电容器 C 和电感线圈 L 上的电压。二是通过测量谐振曲线的通频带宽度 $\Delta f=f_2-f_1$，再根据 $Q=\frac{f_0}{f_2-f_1}$ 求出 Q 值。式中，f_0 为谐振频率，f_2 和 f_1 是失谐时，亦即输出电压的幅度下降到最大值的 $1/\sqrt{2}$（=0.707）时的上、下频率点。Q 值越大，曲线越尖锐，通频带越窄，电路的选择性越好。在恒压源供电时，电路的品质因数、选择性与通频带只取决于电路本身的参数，而与信号源无关。

2.9.3　实验设备

本实验所使用的实验设备如表 2.9.1 所示。

表 2.9.1　实验设备明细表

序号	名称	型号与规格	数量	备注
1	函数信号发生器		1	
2	交流毫伏表	0~600 V	1	
3	双踪示波器		1	自备
4	频率计		1	
5	谐振电路实验电路板	$R_1=200\ \Omega$、$R_2=1\ \text{k}\Omega$，$C_1=0.01\ \mu\text{F}$、$C_2=0.1\ \mu\text{F}$，$L\approx30\ \text{mH}$		DGJ-03

2.9.4　实验内容

①按图 2.9.3 组成监视、测量电路。先选用 C_1、R_1。用交流毫伏表测电压，用示波器监视信号源输出。令信号源输出电压 $U_i=4V_{P-P}$，并保持不变。

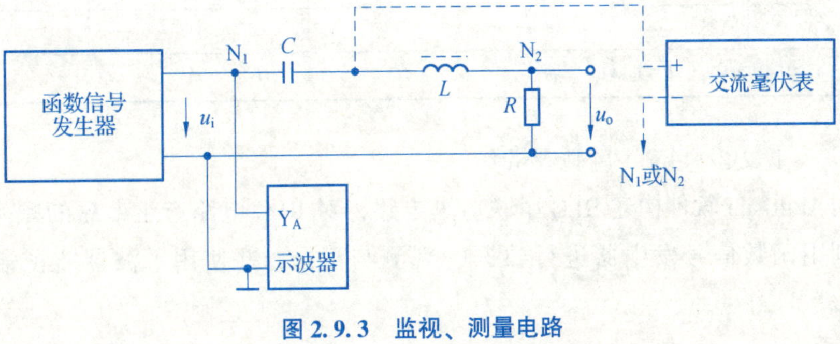

图 2.9.3　监视、测量电路

②自行找出电路的谐振频率f_0，其方法是：将毫伏表接在R(200 Ω)两端，令信号源的频率由小逐渐变大(注意要维持信号源的输出幅度不变)，当U_o的读数为最大时，读得频率计上的频率值即为电路的谐振频率f_0。另外，要测量U_C与U_L之值(注意及时更换毫伏表的量限)。

③在谐振点两侧，按频率递增或递减一定赫兹，依次各取8个测量点，逐点测出U_o、U_L、U_C之值，记入表2.9.2中。

表2.9.2　各元件电压测试数据(R_1)

测量点	f/kHz	U_o/V	U_L/V	U_C/V
1				
2				
3				
4				
5				
6				
7				
8				
$U_i=4V_{P-P}$，　$C=0.01$ μF，　$R=200$ Ω，　$f_o=$　　，　$f_2-f_1=$　　，　$Q=$				

④将电阻改为R_2，重复步骤②③的测量过程，将数据记录到表2.9.3中。

表2.9.3　各元件电压测试数据(R_2)

测量点	f/kHz	U_o/V	U_L/V	U_C/V
1				
2				
3				
4				
5				
6				
7				
8				
$U_i=4V_{P-P}$，　$C=0.01$ μF，　$R=1$ kΩ，　$f_o=$　　，$f_2-f_1=$　　，　$Q=$				

⑤选C_2，重复②~④。(自制表格)

⑥运用Multisim软件构建RLC串联仿真电路，对RLC电路产生谐振的频率进行调节与测量，利用函数信号发生器进行数据的观测与记录，并使用示波器监视输出幅度的变化。

2.9.5 实验注意事项

①选择测试频率点时，应在靠近谐振频率附近多取几点。在变换频率测试前，应调整信号输出幅度(用示波器监视输出幅度)，使其维持在 $4V_{P-P}$。

②测量 U_C 和 U_L 数值前，应将毫伏表的量限改大，而且在测量 U_L 与 U_C 时，毫伏表的"+"端应接 C 与 L 的公共点，其接地端应分别触及 L 和 C 的近地端 N_2 和 N_1。

③实验中，信号源的外壳应与毫伏表的外壳绝缘(不共地)。若能用浮地式交流毫伏表测量，则效果更佳。

2.9.6 分析思考

①根据实验线路板给出的元件参数值，估算电路的谐振频率。

②改变电路的哪些参数可以使电路发生谐振？电路中 R 的数值是否影响谐振频率值？

③如何判别电路是否发生谐振？测试谐振点的方案有哪些？

④电路发生串联谐振时，为什么输入电压不能太大？如果信号源给出 3 V 的电压，电路谐振时，用交流毫伏表测 U_L 和 U_C，那么应该选择用多大的量限？

⑤要提高 RLC 串联电路的品质因数，电路参数应如何改变？

⑥本实验在谐振时，对应的 U_L 与 U_C 是否相等？若有差异，则原因何在？

2.9.7 实验报告

①根据测量数据，绘出不同 Q 值时的 3 条幅频特性曲线，即 $U_o=f(f)$、$U_L=f(f)$、$U_C=f(f)$。

②计算出通频带与 Q 值，说明不同 R 值对电路通频带与品质因数的影响。

③对两种不同的测 Q 值的方法进行比较，分析误差原因。

④谐振时，比较输出电压 U_o 与输入电压 U_i 是否相等，试分析原因。

⑤通过本次实验，总结、归纳串联谐振电路的特性。

⑥心得体会及其他。

2.10 创新实验——RLC 串联振荡电路的研究分析及应用

【预习要求】

①学习 RLC 串联振荡电路的组成。

②提前预习电路产生振荡的原因。

③学习 4 种不同振荡电路的构成。

2.10.1 实验目的

①利用示波器观察 RLC 串联电路的振荡现象，并观察系统对正弦电压的响应。

②熟练使用 Multisim 仿真软件，利用 Multisim 仿真 4 种不同的阻尼比振荡电路，并分析其响应。

2.10.2 原理说明

一个二阶电路在方波正、负阶跃信号的激励下，可获得零状态与零输入响应，其响应的变化轨迹取决于电路的固有频率。当调节电路的元件参数值，使电路的固有频率分别为负实数、共轭复数及虚数时，可获得单调衰减、衰减振荡和等幅振荡的响应。在实验中可获得过阻尼、欠阻尼和临界阻尼 3 种响应图形。

2.10.3 实验设备

本实验所使用的实验设备如表 2.10.1 所示。

表 2.10.1 实验设备明细表

序号	名称	型号与规格	数量	备注
1	函数信号发生器	脉冲信号发生器、0~10 kHz、0~10 V	1	
2	双踪示波器	双通道，20 MHz 频带宽度	1	自备
3	动态实验电路板		1	DGJ-03

2.10.4 实验内容

动态电路实验板与 2.7 节相同，如图 2.7.3 所示。利用动态电路板中的元件与开关的配合作用，组成如图 2.10.1 所示的 GCL 并联电路。

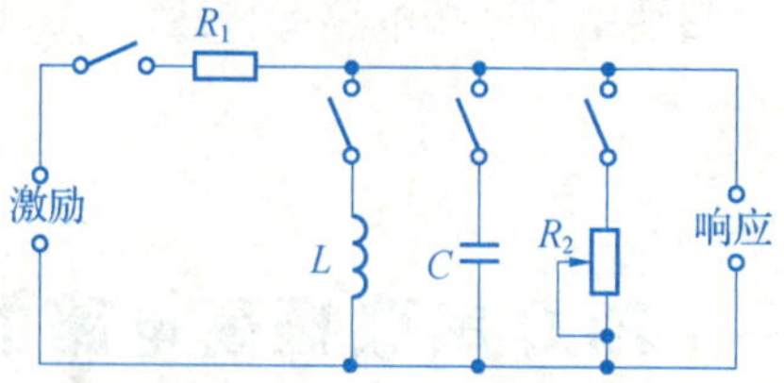

图 2.10.1 GCL 并联电路

令 $R_1=10\ \mathrm{k\Omega}$、$L=4.7\ \mathrm{mH}$、$C=1\ 000\ \mathrm{pF}$，R_2 为 10 kΩ 可调电阻。脉冲信号发生器输出 $U_m=1.5\ \mathrm{V}$、$f=1\ \mathrm{kHz}$ 的方波脉冲，接至图中的激励端，同时用同轴电缆将激励端和响应输出接至双踪示波器的 Y_A 和 Y_B 两个输入口。

①调节可变电阻器 R_2 之值，观察二阶电路的零输入响应和零状态响应由过阻尼过渡到临界阻尼，最后过渡到欠阻尼的变化过程，分别定性地描绘、记录响应的典型变化波形。

②调节 R_2 使示波器荧光屏上呈现稳定的欠阻尼响应波形，定量测定此时电路的衰减常数 α 和振荡频率 ω_d。

③改变一组电路参数，如增、减 L 或 C 之值，重复步骤②的测量，并做记录。随后仔细观察改变电路参数时 ω_d 与 α 的变化趋势，并做记录，将测试数据记入表 2.10.2 中。

表 2.10.2　衰减常数 α 和振荡频率 ω_d 测试数据

实验次数	元件参数				测量值	
	R_1/kΩ	R_2/kΩ	L/mH	C/μF	α	ω_d
1	10	调至某一次欠阻尼状态	4.7	0.001		
2	10		4.7	0.01		
3	30		4.7	0.01		
4	10		10	0.01		

④使用 Multisim 绘制 4 种不同阻尼比振荡仿真电路图，分析对比不同阻尼比之下的响应曲线图。

2.10.5　实验注意事项

①调节 R_2 时，要细心、缓慢，临界阻尼要找准。

②观察双踪示波器时，显示要稳定，若不同步，则可采用外同步法触发(看示波器说明)。

2.10.6　分析思考

①根据二阶电路实验电路元件的参数，计算出处于临界阻尼状态的 R_2 之值。

②在示波器荧光屏上，如何测得二阶电路零输入响应欠阻尼状态的衰减常数 α 和振荡频率 ω_d?

2.10.7　实验报告

①根据观测结果，在方格纸上描绘二阶电路过阻尼、临界阻尼、欠阻尼和无阻尼时的响应波形。

②测算欠阻尼振荡曲线上的 α 与 ω_d。

③归纳、总结电路元件参数的改变对响应变化趋势的影响。

④心得体会及其他。

课后习题

一、填空题

1. 电压表的读数公式为________。

2. 读数不准确，属于________测量误差，测量的________主要是由读取错误及对观察结果的不正确记录造成的。

3. 有一块内阻为 0.15 Ω、最大量程为 1 A 的电流表，若将它与一个 0.05 Ω 的电阻并联，则这块电流表的量程将扩大为________。

4. 示波器用于测量电压和________。

5. 电力仪表中常用的无功功率表是________。

6. 相对称电压就是一个________、________、________的三相交流电压。

7. 正弦交流电路的无功功率表征该电路中储能元件的________。

8. 三相电源的相序有________和________之分。

9. 三相电源相线与中性线之间的电压称为________，二相电源相线与相线之间的电压称为________。

10. 交流 10 kV 母线电压是指交流三相三线制的________。

二、选择题

1. 仪表 A 的测量范围是 0~100 V，刻度盘上共有 100 个刻度，根据此仪表的测量精度，下面说法正确的是(　　)。

A. 该仪表的分度值为 1 V　　B. 可以精确测量到 0.1 V

C. 测量误差在±10%以内　　D. 最小可读值为 1 V

2. 目前广泛使用的数字万用表是基于(　　)。

A. 指针式仪表　　B. 真效值仪表

C. 模拟式仪表　　D. 数字式仪表

3. 电力负载的功率因数可以使用(　　)来测量。

A. 电流表　　B. 电压表　　C. 无功功率表　　D. 电表

4. 在图 2.1 所示电路中，N 为纯电阻电路，当 $i_S=0$ 时，5 Ω 电阻吸收的功率为 45 W；当 $u_S=0$ 时，5 Ω 电阻吸收的功率为 80 W；当两个电源同时作用时，5 Ω 电阻吸收的功率为(　　)。

A. 125 W　　B. 245 W

C. 150 W　　D. 250 W

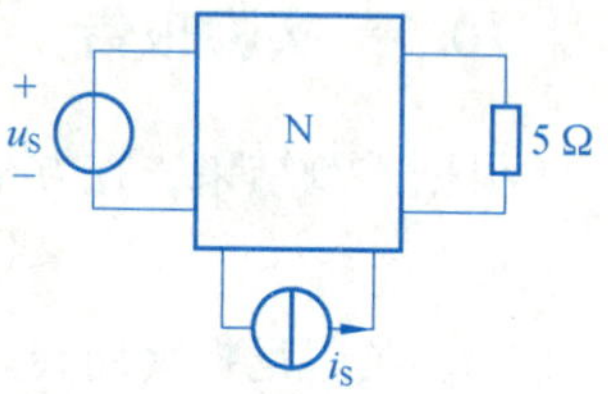

图 2.1　纯电阻示意电路

5. 触电伤员若神志不清，则应就地仰面躺平，且确保气道通畅，并用(　　)时间呼叫伤员或轻拍其肩部，以判定伤员是否意识丧失。

A. 3 s　　B. 4 s　　C. 5 s　　D. 6 s

6. 要测量 380 V 的交流电动机绝缘电阻，应选额定电压为(　　)的绝缘电阻表。

A. 250 V　　B. 500 V　　C. 1000 V　　D. 1500 V

7. 灯泡的电压为 220 V，电路中的电流为 0.5 A，则通电 1 h 消耗的电能是(　　)kW·h。

A. 0.2　　B. 0.11　　C. 110　　D. 0.4

8. 准确度为 0.5 级、量程为 100 A 的电流表测量 8 A 电流时的最大相对误差为(　　)。

A. ±0.5%　　B. ±0.625%　　C. ±6.25%　　D. ±8%

9. 由电引起的火灾是电流的(　　)效应引起的。

A. 物理　　B. 化学　　C. 热　　D. 涡流

10. 电容两端的电压滞后电流(　　)。

A. 30°　　B. 90°　　C. 180°　　D. 360°

11. 振荡回路中的电容器要定期检查，检测时应采用(　　)进行。

A. 万用表　　B. 兆欧表　　C. 接地电阻测量仪　　D. 电桥

12. 在电感与电容串联的正弦交流电路中，当 $X_L>X_C$ 时，电路呈现为(　　)。

A. 电阻性　　B. 电感性　　C. 电容性　　D. 不可确定

13. 在 RC 串联电路中，升高频率，则(　　)。

A. 电容增大　　B. 电容减小　　C. 容抗增大　　D. 容抗减小

14. 三相电动机额定电流计算公式中的电压 U_e 是指(　　)。

A. 相电压　　B. 线电压　　C. 相电压或线电压　　D. 电动势

15. 对称三相电源三角形联结时，线电流是(　　)。

A. 相电流　　B. 3 倍的相电流　　C. 2 倍的相电流　　D. 0.5 倍的相电流

三、判断题

1. 在线路中用万用表测量元件的电阻，可鉴别电路中各种元件的好坏。　(　　)

2. 电灯泡的灯丝断裂后，再搭上使用，灯泡反而更亮，其原因是灯丝电阻变小而功率增大。　(　　)

3. 电子管电压表对直流、交流、正弦和非正弦信号均能进行正确测量。　(　　)

4. 要扩大直流电压表的量程，应采用串联分压电阻的方法。　(　　)

5. 独立电源可作为能量源输出功率，但不能作为负载吸收功率。　(　　)

6. 和电压源并联的电流源对外电路不起作用。　(　　)

7. 在 RL 串联电路与正弦电压接通时，电流自由分量的初值总与稳态分量的初值等值反号(初始状态为零)。　(　　)

8. 同一个一阶电路的零状态响应、零输入响应和全响应具有相同的时间常数。 (　　)

9. 在 RC 串联电路中，由于时间常数与电阻成正比，因此在电源电压及电容量固定时，电阻越大充电时间越长，从而在充电过程中电阻上消耗的电能也越多。 (　　)

10. 如果一个电容器元件中的电流为零，那么其储能也一定为零。 (　　)

11. 一个电感与一个直流电流源接通，电流是跃变的。 (　　)

12. 电解电容器有正、负极，使用时负极接高电位，正极接低电位。 (　　)

13. 当电容器的容量和其两端的电压值一定时，若电源的频率越高，则电路的无功功率越小。 (　　)

14. 若 RLC 串联电路接到 220 V 正弦交流电源上，则任一元件上的电压一定小于 220 V。 (　　)

15. 三相电路的有功功率，在任何情况下都可以用二瓦计法进行测量。 (　　)

二、计算题

1. 电路如图 2.2 所示，试列写电路的结点电压方程和回路电流方程。

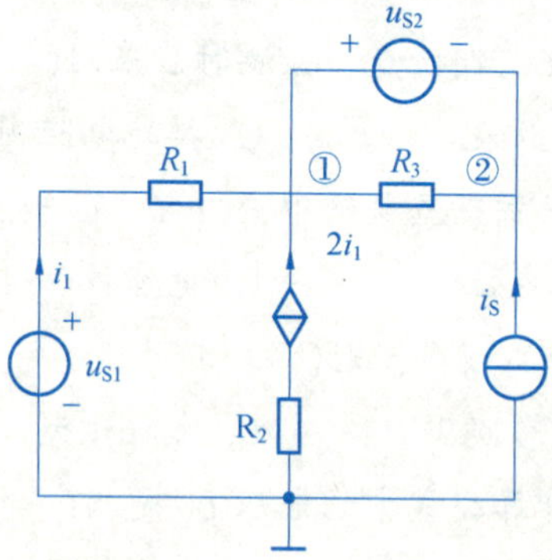

图 2.2　结点电压和回路电流列举电路

2. 如图 2.3 所示电路中，使用叠加定理求解电路中的电压 u_{ab}。

3. 求如图 2.4 所示单口网络的戴维宁等效电路。

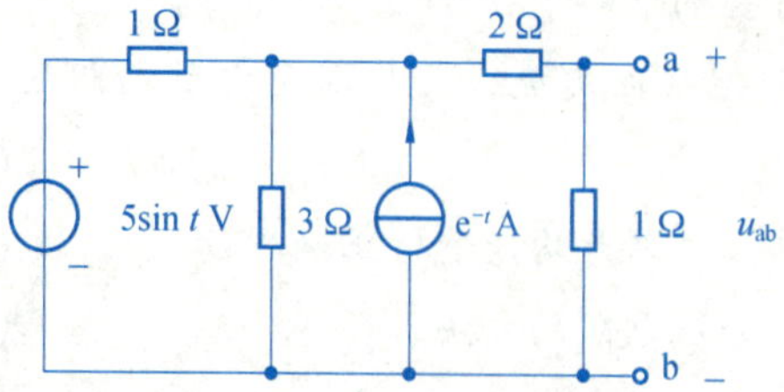

图 2.3　叠加定理分析电路

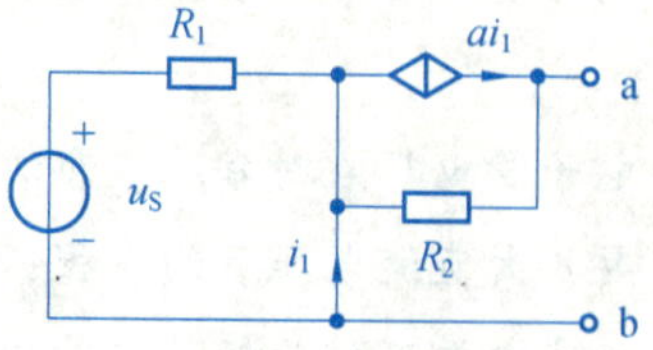

图 2.4　单口网络电路

4. 如图 2.5 所示电路，已知各电路元件参数，试求支路电流 I。

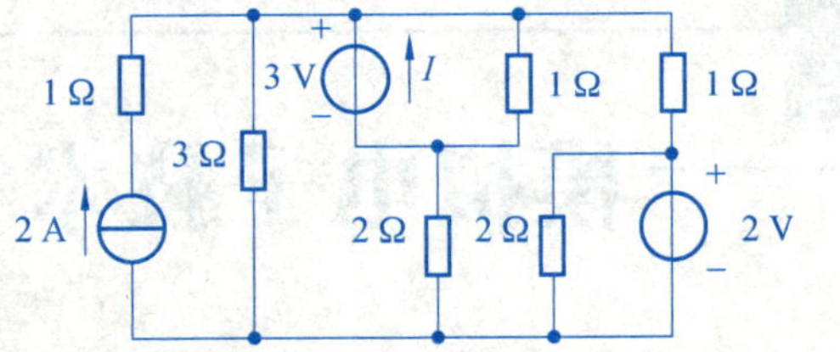

图 2.5　支路电流求解电路

5. 有一个三相对称负载，每相负载 $R=29\ \Omega$、$X=21.8\ \Omega$，且每相负载的额定电压为 380 V。求：

(1)有一个三相 Y 接电源，电压为 380 V，则其负载应如何接？

(2)此时负载从电源取用的电流是多少？负载所消耗的功率是多少？

6. 三相对称电路如图 2.6 所示，已知电源线电压为 660 V，每相负载 $R=32\ \Omega$、$X_C=42\ \Omega$。求：

(1)负载的相电压 U_P；

(2)负载的相电流 I_P；

(3)负载的线电流 I_L；

(4)三相负载的无功功率。

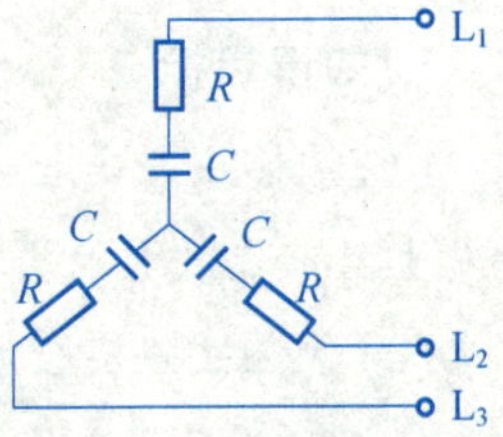

图 2.6　三相对称电路

7. 在 RLC 串联电路中，已知 $L=100$ mH、$R=3.4Q$，电路在输入信号频率为 400 Hz 时发生谐振，求电容 C 的电容量和回路的品质因数。

8. 如图 2.7 所示线电压 U_l 为 380 V 的三相电源上，接有两组对称三相负载：一组是三角形联结的电感性负载，每相阻抗 $Z_\triangle=36.3\angle 37°\ \Omega$；另一组是星形联结的电阻性负载，每相电阻 $R=102\ \Omega$。试求：

(1)各组负载的相电流；

(2)电路线电流；

(3)三相有功功率。

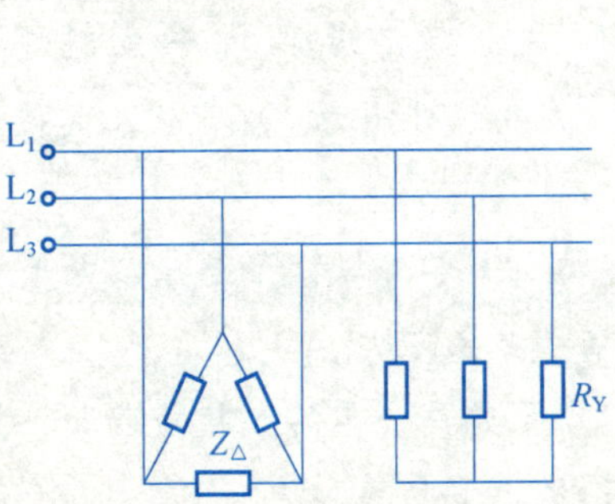

图 2.7　三相负载电路

第3章 模拟电子技术实验

培养目标

1. 知识目标

(1)掌握基本实验仪器的使用，能够较熟练地使用主要的基本仪器，如示波器、信号发生器、直流电源等。

(2)学会按照实验电路图正确连接实验电路，分析并排除一些简单故障，合理地读取和记录实验数据，会处理实验数据并分析误差、绘制相关波形。

(3)学会使用 Multisim 14.0 软件辅助设计和仿真模拟电子电路。

2. 能力目标

(1)培养学生学会基本的实验方法、实验技能，牢固掌握模拟电子技术基本电路的调整方法和主要技术指标的测试方法。

(2)掌握模拟电子技术常用基本电路的设计和分析方法，能够分析并解释实验结果，撰写合格的实验报告，为以后从事工程实践和科学研究奠定基础。

3. 思政目标

(1)培养良好的实验规范，形成理论联系实际的工程观点，培养科学思维能力、分析计算能力、实验研究能力、应用设计能力、现代化工具使用能力和科学归纳能力等方面的综合素质。

(2)培养学生树立严肃认真的科学作风，了解模拟电子技术的发展历史以及主要代表人物的科研精神、科研成果和社会贡献。

(3)了解国内外半导体及工具软件公司的现状与差距，鼓励国产化替代。遵守电子电路设计的标准规范及工程伦理。

课程思政引例　半导体元器件的发展

半导体工艺是当今世界不可或缺的一项技术，它影响着我们生活的各个方面。半导体的重要性源于其能够制造出微小而精密的电子器件，如二极管、晶体管和集成元器件。这些器件能够在电子级别控制电流和信息流动，进而使得我们可以创造出计算速度极快的处理器、储存大量数据的芯片、实现高速通信的设备，甚至是探索未知领域的科学工具。

二极管(diode)的发展代表了半导体工艺的早期阶段。1904 年，美国科学家约翰·阿姆斯特朗发现了半导体材料的整流特性，这是二极管实现的基础。20 世纪 20 年代，欧内斯特·费登堡和亚瑟·肖克利等科学家开始研究固态材料，并在 20 世纪 30 年代早期制造了最早的二极管。这些二极管能够控制电流的流动方向，因此在电子设备中具有广泛的应用，如收音机和电视机。

晶体管(transistor)的诞生被认为是半导体工艺史上的重大突破。1947 年，贝尔实验室的威廉·肖克利和沃尔特·布拉坦成功制造出第一个固态晶体管。晶体管是一种可以放大电信号的半导体器件，取代了当时使用的大型且易损坏的真空管(电子管)。这一发明开启了电子设备小型化和性能提升的时代，为计算机和通信技术的飞速发展铺平了道路。

我国半导体的从无到有、从小到大离不开中国半导体奠基人之一黄昆院士。黄院士 1947 年在国外深造时就在固体物理研究领域初露锋芒，他提出了固体中杂质缺陷导致 X 光漫射的理论，这一现象后来以黄昆的姓氏被国际上命名为“黄-漫散射”。后来，黄院士放弃国外优越的生活与科研条件，回归祖国，在北京大学任教 26 年，一心发展中国的半导体事业，不仅培养了一批国内半导体物理学家及集成电路方面的专家，还提出著名的“黄方程”和“声子极化激元”等概念，取得世界性突出成就。

未来，我国的半导体产业还将继续加强技术研发和创新，推动产业升级和自主可控地发展，为国家的经济发展和信息安全作出更大的贡献。

3.1 基础实验——集成运算放大器的基本应用

【预习要求】

①学习集成运放 μA741 芯片的内部组成及管脚分布。

②预习本次实验的原理及内容，熟悉反向比例运算电路、反向加法电路和同相比例运算电路的构成，提前绘制记录数据和波形的表格。

③熟记对应电路的连线，并根据实验电路参数计算各电路输出电压的理论值。

3.1.1 实验目的

①研究由集成运算放大器组成的比例、加法、减法和积分等基本运算电路的功能。

②了解运算放大器在实际应用时应考虑的一些问题。

3.1.2 实验原理

集成运算放大器是一种具有高电压放大倍数的直接耦合多级放大电路。当外部接入不同的线性或非线性元器件组成输入和负反馈电路时，它可以灵活地实现各种特定的函数关系。在线性应用方面，可组成比例、加法、积分、微分等模拟运算电路。

3.1.2.1 理想运算放大器的特性

在大多数情况下，将运放视为理想运放，就是将运放的各项技术指标理想化。满足下列条件的运算放大器称为理想运放。

开环电压增益 $A_{ud}=\infty$

输入阻抗 $r_i=\infty$

输出阻抗 $r_o=0$

带宽 $f_{BW}=\infty$

失调与漂移均为零等。

理想运放在线性应用时的两个重要特性：

①输出电压 U_o 与输入电压之间满足关系式 $U_o=A_{ud}(U_+-U_-)$。

由于 $A_{ud}=\infty$，而 U_o 为有限值，因此 $U_+-U_-\approx 0$，即 $U_+\approx U_-$，称为“虚短”。

②由于 $r_i=\infty$，因此流进运放两个输入端的电流可视为零，即 $I_{IB}=0$，称为“虚断”。这说明运放对其前级吸取的电流极小。

上述两个特性是分析理想运放应用电路的基本原则，可简化运放电路的计算。

3.1.2.2 μA741

本实验采用的集成运放型号为 μA741（或 F007），其引脚排列如图 3.1.1 所示，它是八脚双列直插式组件，②脚和③脚为反相和同相输入端，⑥脚为输出端，⑦脚和④脚为正、负电源端，①脚和⑤脚为失调调零端，①⑤脚之间可接入一只几十千欧姆的电位器并将滑动触头接到负电源端，⑧脚为空脚。

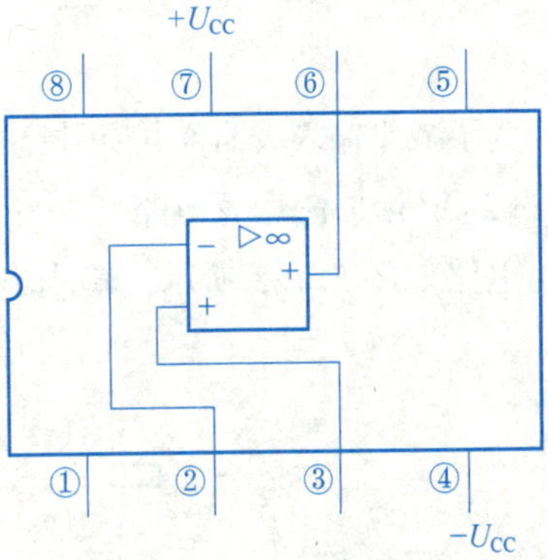

图 3.1.1　μA741 管脚图

3.1.2.3　集成运放在使用时应考虑的一些问题

(1) 输入信号

选用交、直流量均可，但在选取信号的频率和幅度时，应考虑运放的频响特性和输出幅度的限制。

(2) 调零

为提高运算精度，在运算前应先对直流输出电位进行调零，即保证输入为零时输出也为零。当运放有外接调零端子时，可按组件要求接入调零电位器 R_W，调零时，将输入端接地，调零端接入电位器 R_W，用直流电压表测量输出电压 U_o，细心调节 R_W，使 U_o 为零（失调电压为零）。

一个运放若不能调零，则大致有如下原因：

①组件正常，接线有错误；

②组件正常，但负反馈不够强（R_F/R_1太大），为此可将 R_F 短路，观察是否能调零；

③组件正常，但由于它所允许的共模输入电压太低，可能出现自锁现象，因而不能调零。为此可将电源断开后再重新接通，若能恢复正常，则属于这种情况；

④组件正常，但电路有自激现象，应进行消振；

⑤组件内部损坏，应更换好的集成块。

(3) 消振

一个集成运放自激时，表现为即使输入信号为零，亦会有输出，使各种运算功能无法实现，严重时还会损坏器件。在实验中，可用示波器监视输出波形。为消除运放的自激，常采用如下措施：

①若运放有相位补偿端子，则可利用外接 R_C 补偿电路。产品手册中有补偿电路及元件参数提供；

②电路布线、元器件布局应尽量减少分布电容；

③在正、负电源进线与地之间接上几十微法的电解电容和0.01~0.1 μF 的陶瓷电容相并联以减小电源引线的影响。

3.1.2.4　基本运算电路

(1) 反相比例运算电路

电路如图 3.1.2 所示。对于理想运放，该电路的输出电压与输入电压之间的关系为

$$U_o = \frac{R_F}{R_1} U_1$$

为了减小输入级偏置电流引起的运算误差，在同相输入端应接入平衡电阻：$R_2 = R_1 // R_F$。

(2)反相加法运算电路

电路如图 3.1.3 所示，输出电压与输入电压之间的关系为

$$R_3 = R_1 // R_2 // R_F$$

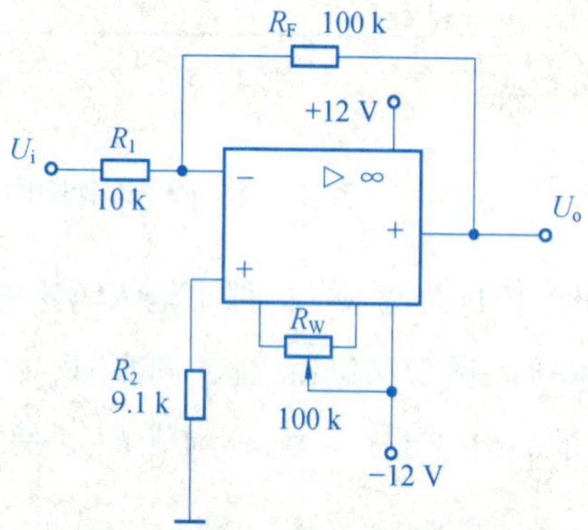

图 3.1.2　反相比例运算电路

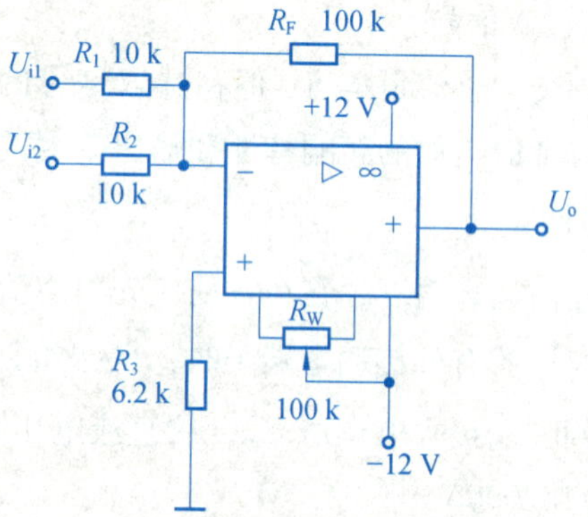

图 3.1.3　反相加法运算电路

(3)同相比例运算电路

如图 3.1.4(a)所示是同相比例运算电路，它的输出电压与输入电压之间的关系为

$$U_o = \left(1 + \frac{R_F}{R_1}\right) U_1 \qquad R_2 = R_1 // R_F$$

当 $R_1 \to \infty$ 时，$U_o = U_i$，即得到如图 3.1.4(b)所示的电压跟随器。图 3.1.4(b)中，$R_2 = R_F$，用以减小漂移和起保护作用。一般 R_F 取 10 kΩ，R_F 太小起不到保护作用，太大则影响跟随性。

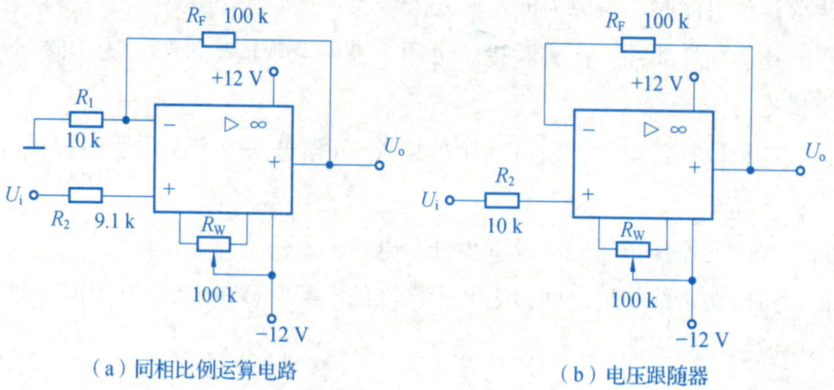

图 3.1.4　同相比例运算电路

3.1.3　实验设备与器件

①±12 V 直流电源。

②函数信号发生器。

③交流毫伏表。

④直流电压表。

⑤集成运算放大器 μA741×1。

⑥电阻器、电容器若干。

3.1.4　实验内容

实验前要看清运放组件各管脚的位置，切忌正、负电源极性接反和输出端短路，否则将会损坏集成块。

3.1.4.1　反相比例运算电路

①按图 3.1.2 所示连接实验电路，接通±12 V 电源，输入端对地短路，进行调零和消振。

②输入 f=100 Hz、U_i=0.5 V 的正弦交流信号，测量相应的 U_o，并用示波器观察 u_o 和 u_i 的相位关系，将结果记入表 3.1.1 中。

表 3.1.1　反相比例运算测试(U_i=0.5 V，f=100 Hz)

U_i/V	U_o/V	u_i 波形	u_o 波形	A_V	
				实测值	计算值

3.1.4.2　同相比例运算电路

①按图 3.1.4(a)所示连接实验电路。实验步骤同内容 3.1.4.1，将结果记入表 3.1.2 中。

②将图 3.1.4(a)中的 R_1 断开，得到图 3.1.4(b)所示电路，重复内容 3.1.4.1。

表 3.1.2　同相比例运算测试(U_i=0.5 V，f=100 Hz)

U_i/V	U_o/V	u_i 波形	u_o 波形	A_V	
				实测值	计算值

3.1.5　实验注意事项

①将集成运放正、负电源端接入比规定值略低的电压，并将集成运放两输入端短接到

地，测量输出端对地电位应为零，若数值偏差很大，则说明器件工作不正常或损坏。

②正确连接集成运放的各管脚连线，由于集成运放的外接断点比较多，很容易接错，因此要求集成运放电路接线完毕后，应认真检查，确认没有错误后方可接通直流电源，否则有可能损坏器件。

③输入信号不能过大，输入信号过大可能造成阻塞现象或损坏器件，因此为保证电路正常工作，输入信号在接入前应进行幅度的粗测，使之不超过规定的极限，即差模输入信号远小于最大差模电压，共模输入信号的大小应控制在允许范围内。

3.1.6 分析思考

①若无法通过滑动变阻器实现调零，则可能存在的原因有什么？可以如何解决调试？

②将理论计算结果和实测数据相比较，分析产生误差的原因。

3.1.7 实验报告

①对实验数据表格进行分析、比较，归纳、总结实验结论，即验证反向比例、同相比例运算电路的输出信号和闭环放大倍数。

②改变输入电阻和反馈电阻的阻值，重复实验步骤，并试用上述实验数据进行计算并做结论。

③误差原因分析。

④心得体会及其他。

3.2 基础实验——晶体管共射极单管放大器

【预习要求】

①学习并熟悉晶体三极管3DG6的型号及参数。

②预习本次实验的原理及内容，熟悉基极分压式射极偏置电路的构成，提前绘制记录数据和波形的表格。

③掌握静态工作点的调试方法，并根据实验电路参数计算不同电阻参数下电路输出电压和放大倍数的理论值。

3.2.1 实验目的

①学会放大器静态工作点的调试方法，分析静态工作点对放大器性能的影响。

②掌握放大器电压放大倍数、输入电阻、输出电阻及最大不失真输出电压的测试方法。

③熟悉常用电子仪器及模拟电路实验设备的使用方法。

3.2.2　实验原理

电阻分压式工作点稳定单管放大器实验电路图如图 3.2.1 所示。它的偏置电路采用 R_{B1} 和 R_{B2} 组成的分压电路，并在发射极中接有电阻 R_E，以稳定放大器的静态工作点。当在放大器的输入端加上输入信号 u_i 后，在放大器的输出端便可得到一个与 u_i 相位相反、幅值被放大了的输出信号 u_o，从而实现了电压放大。

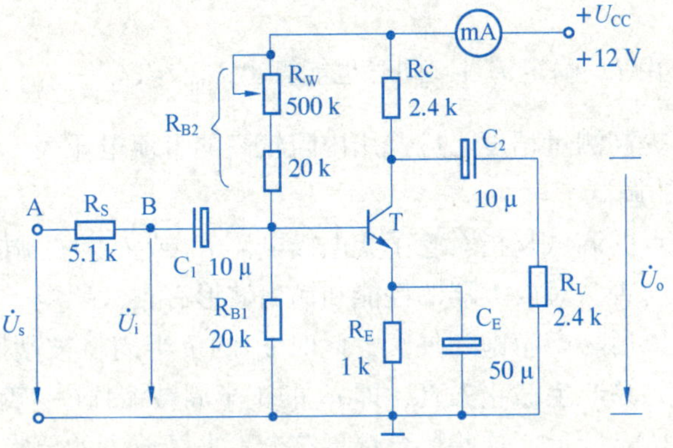

图 3.2.1　共射极单管放大器实验电路

在图 3.2.1 所示电路中，当流过偏置电阻 R_{B1} 和 R_{B2} 的电流远大于晶体管 T 的基极电流 I_B 时(一般 5~10 倍)，它的静态工作点可用下式估算：

$$I_E \approx \frac{U_B - U_{BE}}{R_E} \approx I_C$$

$$U_B \approx \frac{R_{B1}}{R_{B1} + R_{B2}} U_{CC}$$

$$U_{CE} = U_{CC} - I_C(R_C + R_E)$$

电压放大倍数：
$$A_V = -\beta \frac{R_C /\!/ R_L}{r_{be}}$$

输入电阻：
$$R_i = R_{B1} /\!/ R_{B2} /\!/ r_{be}$$

输出电阻：
$$R_o \approx R_C$$

由于电子器件性能的分散性比较大，因此在设计和制作晶体管放大电路时，离不开测量和调试技术。在设计前应测量所用元器件的参数，为电路设计提供必要的依据。在完成设计和装配以后，还必须测量和调试放大器的静态工作点和各项性能指标。一个优质放大器，必定是理论设计与实验调整相结合的产物。因此，除了学习放大器的理论知识和设计方法外，还必须掌握必要的测量和调试技术。

放大器的测量和调试一般包括：放大器静态工作点的测量与调试，消除干扰与自激振荡以及放大器各项动态参数的测量与调试等。

3.2.2.1 放大器静态工作点的测量与调试

(1)静态工作点的测量

测量放大器的静态工作点，应在输入信号 $u_i=0$ 的情况下进行，即将放大器输入端与地端短接，然后选用量程合适的直流毫安表和直流电压表，分别测量晶体管的集电极电流 I_C 以及各电极对地的电位 U_B、U_C 和 U_E。在实验中，为了避免断开集电极，一般采用测量电压 U_E 或 U_C，然后算出 I_C 的方法。例如，只要测出 U_E，即可用 $I_C \approx I_E = \dfrac{U_E}{R_E}$ 算出 I_C $\Big($也可根据 $I_C = \dfrac{U_{CC} - U_C}{R_C}$，由 U_C 确定 $I_C\Big)$，同时也能算出 $U_{BE} = U_B - U_E$，$U_{CE} = U_C - U_E$。

为了减小误差，提高测量精度，应选用内阻较高的直流电压表。

(2)静态工作点的调试

放大器静态工作点的调试是指对管子集电极电流 I_C(或 U_{CE})的调整与测试。

静态工作点合适与否，对放大器的性能和输出波形有很大影响。若工作点偏高，则放大器在加入交流信号以后易产生饱和失真，此时 u_o 的负半周将被削底，如图 3.2.2(a)所示；若工作点偏低，则易产生截止失真，即 u_o 的正半周被缩顶(一般截止失真不如饱和失真明显)，如图 3.2.2(b)所示。这些情况都不符合不失真放大的要求。所以，在选定工作点以后还必须进行动态调试，即在放大器的输入端加入一定的输入电压 u_i，检查输出电压 u_o 的大小和波形是否满足要求。若不满足，则应调节静态工作点的位置。

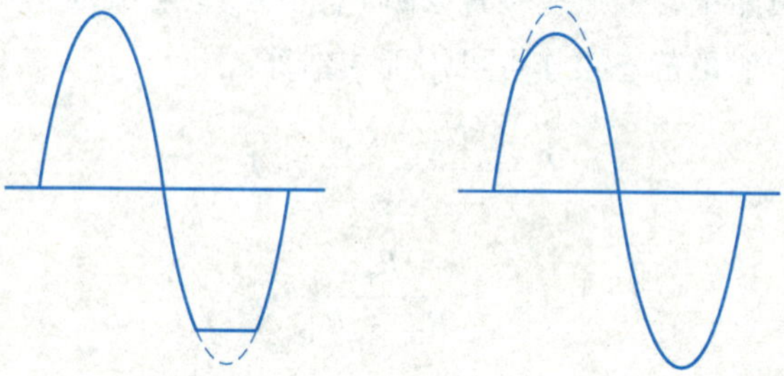

图 3.2.2 静态工作点对 u_o 波形失真的影响

改变电路参数 U_{CC}、R_C、R_B(R_{B1}、R_{B2})都会引起静态工作点的变化，如图 3.2.3 所示。但通常采用调节偏置电阻 R_{B2} 的方法来改变静态工作点，若减小 R_{B2}，则可使静态工作点提高。

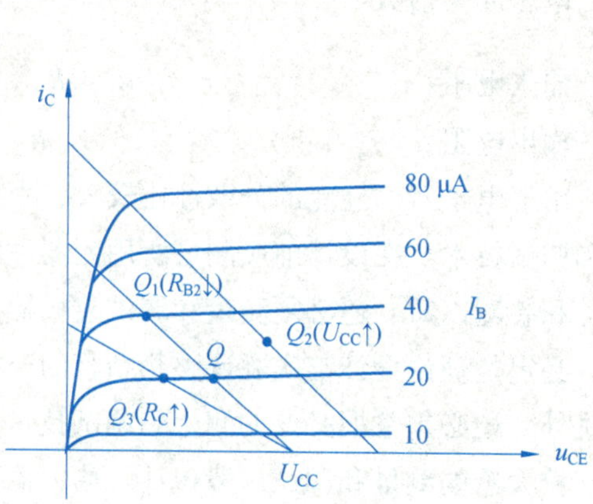

图 3.2.3 电路参数对静态工作点的影响

最后还要说明的是，上面所说的工作点“偏高”或“偏低”不是绝对的，它是相对信号的幅度而言，若输入信号的幅度很小，则即使工作点较高或较低也不一定会出现失真。所以确切地说，产生波形失真是信号幅度与静态工作点设置配合不当所致。若需满足较大信号幅度的要求，则静态工作点最好尽量靠近交流负载线的中点。

3.2.2.2　放大器动态指标测试

放大器的动态指标包括电压放大倍数、输入电阻、输出电阻、最大不失真输出电压(动态范围)和通频带等。本实验测量电压放大倍数、输入电阻和输出电阻。

(1)电压放大倍数 A_V 的测量

调整放大器到合适的静态工作点，然后加入输入电压 u_i，在输出电压 u_o 不失真的情况下，用交流毫伏表测出 u_i 和 u_o 的有效值 U_i 和 U_o，则 $A_V=\dfrac{U_o}{U_i}$。

(2)输入电阻 R_i 的测量

为了测量放大器的输入电阻，按图 3.2.4 所示电路在被测放大器的输入端与信号源之间串入一个已知电阻器 R，在放大器正常工作的情况下，用交流毫伏表测出 U_S 和 U_i，则根据输入电阻的定义可得

$$R_i=\frac{U_i}{I_i}=\frac{U_i}{\dfrac{U_R}{R}}=\frac{U_i}{U_S-U_i}R$$

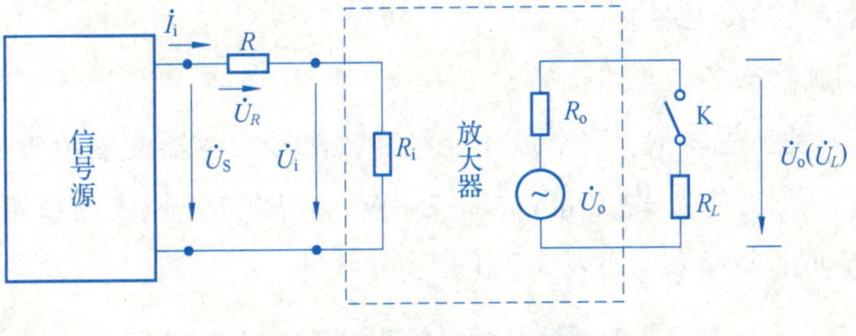

图 3.2.4　输入、输出电阻测量电路

测量时应注意下列几点。

①由于电阻 R 两端没有电路公共接地点，因此测量 R 两端电压 U_R 时必须分别测出 U_S 和 U_i，然后按 $U_R=U_S-U_i$ 求出 U_R 值。

②电阻 R 的值不宜取得过大或过小，以免产生较大的测量误差，通常取 R 与 R_i 为同一数量级为好，本实验可取 $R=1\sim2\ \mathrm{k}\Omega$。

(3)输出电阻 R_o 的测量

按图 3.2.4 所示电路，在放大器正常工作条件下，测出输出端不接负载 R_L 时的输出电压 U_o 和接入负载后的输出电压 U_L，根据 $U_L=\dfrac{R_L}{R_o+R_L}U_o$，即可求出 $R_o=\left(\dfrac{U_o}{U_L}-1\right)R_L$。

在测试中应注意，必须保持 R_L 接入前后输入信号的大小不变。

3.2.3 实验设备与器件

①+12 V 直流电源。

②函数信号发生器。

③双踪示波器。

④交流毫伏表。

⑤直流电压表。

⑥直流毫安表。

⑦频率计。

⑧万用电表。

⑨晶体三极管 3DG6×1(β=50~100)。

⑩电阻器、电容器若干。

3.2.4 实验内容

实验电路如图 3.2.1 所示。为防止干扰，各仪器的公共端必须连在一起，同时信号源、交流毫伏表和示波器的引线应采用专用电缆线或屏蔽线，若使用屏蔽线，则屏蔽线的外包金属网应接在公共接地端上。

3.2.4.1 调试静态工作点

接通直流电源前，先将 R_W 调至最大，将函数信号发生器的输出旋钮旋至零。接通 +12 V 电源，调节 R_W，使 I_C=2.0 mA(U_E=2.0 V)，用直流电压表测量 U_B、U_E、U_C 及用万用电表测量 R_{B2}值，将结果记入表 3.2.1 中。

表 3.2.1 静态工作点测试数据(I_C=2.0 mA)

测量值				计算值		
U_B/V	U_E/V	U_C/V	R_{B2}/kΩ	U_{BE}/V	U_{CE}/V	I_C/mA

3.2.4.2 测量电压放大倍数

在放大器输入端加入频率为 1 kHz 的正弦信号 u_S，调节函数信号发生器的输出旋钮使放大器输入电压 $U_i \approx 10$ mV，同时用示波器观察放大器输出电压 u_o 的波形，在波形不失真的条件下，用交流毫伏表测量下述 3 种情况下的 U_o 值，并用双踪示波器观察 u_o 和 u_i 的相位关系，将结果记入表 3.2.2 中。

表 3.2.2 电压放大倍数及输入输出波形测试数据($I_C=2.0$ mA，$U_i=10$ mV)

R_C/kΩ	R_L/kΩ	U_o/V	A_V	观察记录一组 u_o 和 u_i 的波形
2.4	∞			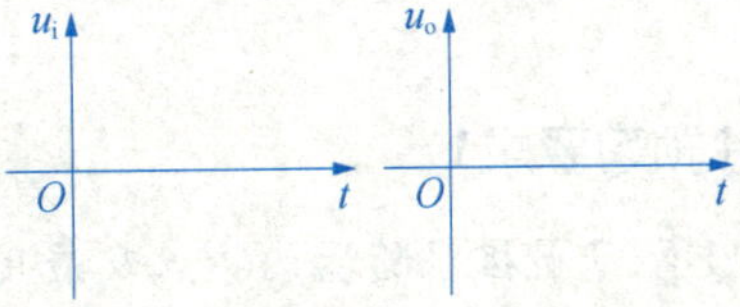
1.2	∞			
2.4	2.4			

3.2.5 实验注意事项

①在调试之前，一定要确认电路的连接是否正确、稳定，检查连接线是否有松动、接触不良等问题。如果连接不稳定，就很容易引发发电流波动、输出失真等问题。

②调试过程中，需要逐步调整电路参数，观察输出波形的变化。如果发现输出波形出现畸变、失真等问题，那么需要及时调整电路，找出原因，解决问题。

③在调试非线性失真波形的过程中，一定要逐步增加电压，以防止电路过度负荷和损坏。

3.2.6 分析思考

①增加输入端信号源电阻 R_S 的值，在同样大的输入信号的激励下，输出信号有何变化?

②调节基极滑动变阻器的数值，观察输出电压的波形是否出现失真?调高输入信号使输出波形存在非线性失真，观察调大或调小滑动变阻器对失真波形的调节有何作用?

③分析讨论在调试过程中出现的问题。

④将理论计算结果和实测数据相比较，分析产生误差的原因。

3.2.7 实验报告

①列表整理测量结果，并把实测的静态工作点、电压放大倍数、输入电阻、输出电阻之值与理论计算值比较(取一组数据进行比较)，计算产生的误差。

②总结 R_C、R_L 及静态工作点对放大器的电压放大倍数、输入电阻、输出电阻的影响。

③讨论静态工作点的变化对放大器输出波形的影响。

④误差原因分析。

⑤心得体会及其他。

3.3 基础实验——射极跟随器

【预习要求】

①学习射极跟随器的特点及应用。

②预习本次实验的原理及内容，熟悉射极跟随器的电路构成，提前绘制记录数据和波形的表格。

③掌握输入、输出电阻的测量及计算方法，并根据实验电路参数计算空载及有载下输出电压的理论值。

3.3.1 实验目的

①掌握射极跟随器的特性及测试方法。

②进一步学习放大器各项参数的测试方法。

3.3.2 实验原理

射极跟随器的原理图如图 3.3.1 所示。射极跟随器是一个电压串联负反馈放大电路，它具有输入电阻高，输出电阻低，电压放大倍数接近于 1，输出电压能够在较大范围内跟随输入电压做线性变化，以及输入、输出信号同相等特点。

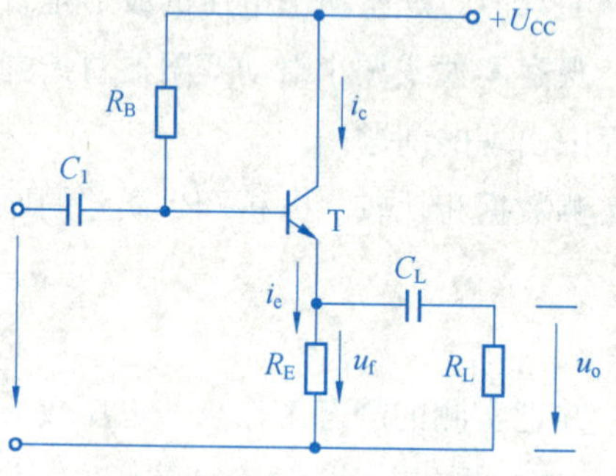

图 3.3.1 射极跟随器

射极跟随器的输出取自发射极，故称其为射极输出器。

3.3.2.1 输入电阻 R_i

图 3.3.1 所示电路中：$R_i = r_{be} + (1+\beta)R_E$。

若考虑偏置电阻 R_B 和负载 R_L 的影响，则 $R_i = R_B // [r_{be} + (1+\beta)(R_E // R_L)]$。

由上式可知，射极跟随器的输入电阻 R_i 比共射极单管放大器的输入电阻 $R_i = R_B // r_{be}$

要高得多，但由于偏置电阻 R_B 的分流作用，因此输入电阻难以进一步提高。

输入电阻的测试方法同单管放大器，$R_i=-\dfrac{U_i}{I_i}=\dfrac{U_i}{U_S-U_i}R$，实验线路如图 3. 3. 2 所示。

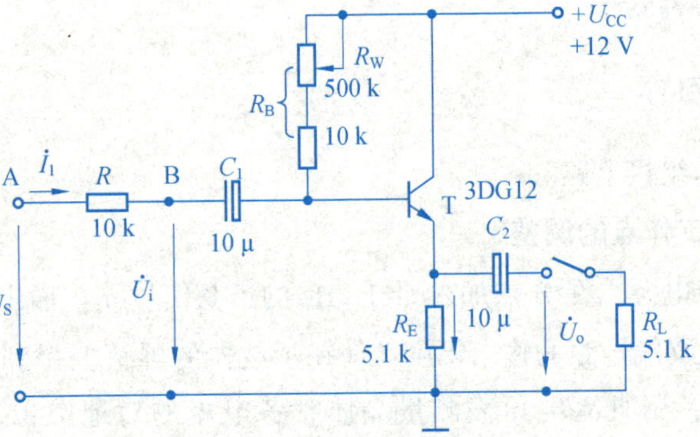

图 3. 3. 2　射极跟随器实验电路

因此只要测得 A、B 两点的对地电位即可计算出 R_i。

3. 3. 2. 2　输出电阻 R_o

图 3. 3. 1 所示电路中：$R_o=\dfrac{r_{be}}{\beta}\,/\!/\,R_E\approx\dfrac{r_{be}}{\beta}$。

若考虑信号源内阻 R_S，则 $R_o=\dfrac{r_{be}+(R_S\,/\!/\,R_B)}{\beta}\,/\!/\,R_E\approx\dfrac{r_{be}+(R_S\,/\!/\,R_B)}{\beta}$。

由上式可知射极跟随器的输出电阻 R_o 比共射极单管放大器的输出电阻 $R_o\approx R_C$ 低得多。三极管的 β 愈高，输出电阻愈小。

输出电阻 R_o 的测试方法亦同单管放大器，即先测出空载输出电压 U_o，再测接入负载 R_L 后的输出电压 U_L，根据 $U_L=\dfrac{R_L}{R_o+R_L}U_o$ 即可求出 R_o：$R_o=\left(\dfrac{U_o}{U_L}-1\right)R_L$。

3. 3. 2. 3　电压放大倍数

$$A_V=\frac{(1+\beta)(R_E\,/\!/\,R_L)}{r_{be}+(1+\beta)(R_E\,/\!/\,R_L)}\leqslant 1$$

上式说明射极跟随器的电压放大倍数小于近于 1，且为正值。这是深度电压负反馈的结果。但它的射极电流仍比基流大(1+β)倍，所以它具有一定的电流和功率放大作用。

3. 3. 3　实验设备与器件

①+12 V 直流电源。

②函数信号发生器。

③双踪示波器。

④交流毫伏表。

⑤直流电压表。

⑥3DG12×1(β=50~100)。

⑦电阻器、电容器若干。

3.3.4 实验内容

按图 3.3.2 所示组接电路。

3.3.4.1 静态工作点的调整

接通+12 V 直流电源，在 B 点加入 f=1 kHz 的正弦信号 u_i，输出端用示波器监视输出波形，反复调整 R_W 及信号源的输出幅度，使在示波器的屏幕上得到一个最大不失真输出波形，然后置 $u_i=0$，用直流电压表测量晶体管各电极的对地电位，将测得数据记入表 3.3.1 中。

表 3.3.1 晶体管各电极对地电位测试数据

U_E/V	U_B/V	U_C/V	I_E/mA

在下面的整个测试过程中应保持 R_W 值不变(保持静态工作点 I_E 不变)。

3.3.4.2 测量电压放大倍数 A_V

接入负载 R_L=1 kΩ，在 B 点加 f=1 kHz 的正弦信号 u_i，调节输入信号的幅度，用示波器观察输出波形 u_o，在输出最大不失真波形的情况下，用交流毫伏表测 U_i、U_L 值，将测得数据记入表 3.3.2 中。

表 3.3.2 最大不失真输出电压及电压放大倍数测试数据

U_i/V	U_L/V	A_V

3.3.4.3 测量输出电阻 R_o

接上负载 R_L=1 kΩ，在 B 点加 f=1 kHz 的正弦信号 u_i，用示波器监视输出波形，测空载输出电压 U_o、有负载时输出电压 U_L，将测得数据记入表 3.3.3 中。

表 3.3.3 空载、有载输出电压测试数据(R_L=1 kΩ)

U_o/V	U_L/V	R_o/kΩ

3.3.4.4 测量输入电阻 R_i

在 A 点加 f=1 kHz 的正弦信号 u_S，用示波器监视输出波形，用交流毫伏表分别测出 A、B 点对地的电位 U_S、U_i，将测得数据记入表 3.3.4 中。

表 3.3.4　*A*、*B* 点对地电位测试数据(f=1 kHz)

U_S/V	U_i/V	R_i/kΩ

3.3.5　实验注意事项

①确保电源接法正确，在测量前确认电路的连接是否正确、稳定，检查连接线是否有松动、接触不良等问题。如果连接不稳定，就很容易引发电流波动、输出失真等问题。

②输入信号的幅度不能超过射极输出器的最大允许输入值，否则会使放大器产生畸变。实验中需要控制好输入信号源的幅度及选择合适的静态工作点。

3.3.6　分析思考

①射极输出器是否具有电压放大能力？这种电路主要应用在哪里？

②分析输出信号的波形质量，若存在削波等失真情况，则从输入信号幅度过大、偏置电流不当、负载阻抗不匹配等方面分析失真原因。

③分析讨论在调试过程中出现的问题。

④思考实验过程中的注意事项和提高可靠性、稳定性和精确度的改进措施。

3.3.7　实验报告

①整理实验数据，分析射极跟随器的性能和特点。

②根据实验测量的电路中的元件参数值估算静态工作点，并画出交、直流负载线。

③分析总结射极输出器输入、输出波形的相位关系。

④误差原因分析。

⑤心得体会及其他。

3.4　基础实验——差动放大器

【预习要求】

①学习典型差动放大器和具有恒流源差动放大器的异同之处。

②预习本次实验的原理及内容，熟悉差动放大器的电路构成，提前绘制记录数据和波形的表格。

③掌握差模、共模输入时的测量方法，并根据实验电路参数计算差模及共模输入下单端输出电压和共模抑制比的理论值。

3.4.1 实验目的

①加深对差动放大器性能及特点的理解。

②学习差动放大器主要性能指标的测试方法。

3.4.2 实验原理

如图3.4.1所示是差动放大器实验电路。它由两个元件参数相同的基本共射放大电路组成。当开关K拨向左边时，构成典型的差动放大器。调零电位器R_P用来调节T_1、T_2管的静态工作点，使得输入信号$U_i=0$时，双端输出电压$U_o=0$。R_E为两管共用的发射极电阻器，它对差模信号无负反馈作用，因而不影响差模电压放大倍数，但对共模信号有较强的负反馈作用，故可以有效地抑制零漂，稳定静态工作点。

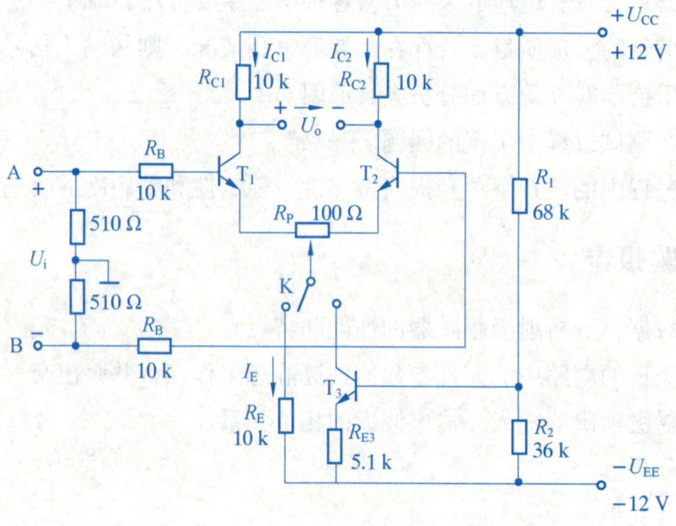

图3.4.1 差动放大器实验电路

当开关K拨向右边时，构成具有恒流源的差动放大器。它用晶体管恒流源代替发射极电阻R_E，可以进一步提高差动放大器抑制共模信号的能力。

3.4.2.1 静态工作点的估算

$$I_E \approx \frac{|U_{EE}| - U_{BE}}{R_E}（认为 U_{B1} = U_{B2} \approx 0）$$

$$I_{C1} = I_{C2} = \frac{1}{2} I_E$$

恒流源电路

$$I_{C3} \approx I_{EC} \approx \frac{\frac{R_2}{R_1 + R_2}(U_{CC} + |U_{EE}|) - U_{BE}}{R_{E3}}$$

$$I_{C1} = I_{C1} = \frac{1}{2} I_{C3}$$

3.4.2.2　差模电压放大倍数和共模电压放大倍数

当差动放大器的射极电阻 R_E 足够大，或采用恒流源电路时，差模电压放大倍数 A_d 由输出方式决定，而与输入方式无关。

双端输出：$R_E = \infty$，R_P 在中心位置时，

$$A_d = \frac{\Delta U_o}{\Delta U_i} = -\frac{\beta R_C}{R_B + r_{be} + \frac{1}{2}(1+\beta)R_P}$$

单端输出：

$$A_{d1} = \frac{\Delta U_{C1}}{\Delta U_i} = \frac{1}{2} A_d$$

$$A_{d2} = \frac{\Delta U_{C2}}{\Delta U_i} = -\frac{1}{2} A_d$$

当输入共模信号时，若为单端输出，则有

$$A_{C1} = A_{C2} = \frac{\Delta U_{C1}}{\Delta U_i} = \frac{-\beta R_C}{R_B + r_{be} + (1+\beta)\left(\frac{1}{2}R_P + 2R_E\right)} \approx -\frac{R_C}{2R_E}$$

若为双端输出，则在理想情况下

$$A_C = \frac{\Delta U_o}{\Delta U_i} = 0$$

实际上，由于元件不可能完全对称，因此 A_C 也不会绝对等于零。

3.4.2.3　共模抑制比 CMRR

为了表征差动放大器对有用信号(差模信号)的放大作用和对共模信号的抑制能力，通常用一个综合指标来衡量，即共模抑制比：

$$CMRR = \left|\frac{A_d}{A_c}\right| \quad 或\ CMRR = 20\log\left|\frac{A_d}{A_c}\right|(\text{dB})$$

差动放大器的输入信号可采用直流信号，也可采用交流信号。本实验由函数信号发生器提供频率 f=1 kHz 的正弦信号作为输入信号。

3.4.3　实验设备与器件

①±12 V 直流电源。

②函数信号发生器。

③双踪示波器。

④交流毫伏表。

⑤直流电压表。

⑥晶体三极管 3DG6×3，要求 T_1、T_2 管的特性参数一致。

⑦电阻器、电容器若干。

3.4.4 实验内容

3.4.4.1 典型差动放大器性能测试

按图 3.4.1 所示连接实验电路，开关 K 拨向左边构成典型差动放大器。

(1)测量静态工作点

①调节放大器零点。

信号源不接入。将放大器输入端 A、B 与地短接，接通±12 V 直流电源，用直流电压表测量输出电压 U_o，调节调零电位器 R_P，使 $U_o=0$。调节要仔细，力求准确。

②测量静态工作点。

零点调好以后，用直流电压表测量 T_1、T_2 管各电极电位及射极电阻 R_E 两端电压 U_{RE}，将结果记入表 3.4.1 中。

表 3.4.1 静态工作点测试数据

测量值							计算值		
U_{C1}/V	U_{B1}/V	U_{E1}/V	U_{C2}/V	U_{B2}/V	U_{E2}/V	U_{RE}/V	I_E/mA	I_C/mA	U_{CE}/V

(2)测量差模电压放大倍数

断开直流电源，将函数信号发生器的输出端接放大器输入 A 端、地端接放大器输入 B 端，构成单端输入方式，调节输入信号为频率 $f=1$ kHz 的正弦信号，并使输出旋钮旋至零，用示波器监视输出端(集电极 C_1 或 C_2 与地之间)。

接通±12 V 直流电源，逐渐增大输入电压 U_i(约 100 mV)，在输出波形无失真的情况下，用交流毫伏表测 U_i、U_{C1}、U_{C2}，将结果记入表3.4.2中，并观察 u_i、u_{C1}、u_{C2} 之间的相位关系及 U_{RE} 随 U_i 改变而变化的情况。

(3)测量共模电压放大倍数

将放大器 A、B 短接，信号源接 A 端与地之间，构成共模输入方式，调节输入信号 $f=1$ kHz、$U_i=1$V，在输出电压无失真的情况下，测量 U_{C1}、U_{C2} 之值，将结果记入表 3.4.2 中，并观察 u_i、u_{C1}、u_{C2} 之间的相位关系及 U_{RE} 随 U_i 改变而变化的情况。

3.4.4.2 具有恒流源的差动放大电路性能测试

将图 3.4.1 所示电路中开关 K 拨向右边，构成具有恒流源的差动放大电路。重复实验内容 3.4.4.1(2)(3)的要求，将结果记入表 3.4.2 中。

表 3.4.2　共模电压放大电路测试数据

参数	典型差动放大电路		具有恒流源差动放大电路	
	单端输入	共模输入	单端输入	共模输入
U_i	100 mV	1 V	100 mV	1 V
U_{C1}/V				
U_{C2}/V				
$A_{d1}=\frac{U_{C1}}{U_i}$		—		—
$A_d=\frac{U_o}{U_i}$		—		—
$A_{C1}=\frac{U_{C1}}{U_i}$	—		—	
$A_C=\frac{U_o}{U_i}$	—		—	
$CMRR=\left\|\frac{A_{d1}}{A_{C1}}\right\|$				

3.4.5　实验注意事项

①在实验中需要严格遵守操作规程，注意实验环境的安全和整洁；调试过程中，注意电路和所有仪器、仪表要保持共地，提高实验效率和准确性。

②注意电路的单端输入和双端输入，单端输出和双端输出工作方式的不同连接及测量方法。

3.4.6　分析思考

①分析差动放大电路的工作原理。分析如何实现放大差模信号而抑制共模信号。

②若增加差动放大电路的差模输出放大倍数，则其共模抑制比是不是也一定能同步提高?

③分析讨论在调试过程中出现的问题。

④将理论计算结果和实测数据相比较，分析产生误差的原因。

3.4.7　实验报告

①整理实验数据，列表比较单端输出共模和差模电压放大倍数的实验结果和理论估算值，计算误差。

②典型差动放大电路单端输出时 *CMRR* 的实测值与具有恒流源的差动放大器 *CMRR* 实测值的比较。

③讨论静态工作点变化对差模电压放大倍数、输出波形的影响。

④误差原因分析。

⑤心得体会及其他。

3.5 基础实验——负反馈放大器

【预习要求】

①学习基本两级放大电路和负反馈两级放大电路的不同及切换方法。

②预习本次实验的原理及内容，熟悉有无反馈两种电路的构成，提前绘制记录数据和波形的表格。

③按实验电路取 $\beta_1=\beta_2=100$，估算放大器的静态工作点。

3.5.1 实验目的

加深理解放大电路中引入负反馈的方法和负反馈对放大器各项性能指标的影响。

3.5.2 实验原理

负反馈在电子电路中有着非常广泛的应用，虽然它使放大器的放大倍数降低，但能在多方面改善放大器的动态指标，如稳定放大倍数，改变输入、输出电阻，减小非线性失真和展宽通频带等。因此，几乎所有的实用放大器都带有负反馈。

负反馈放大器有 4 种组态，即电压串联、电压并联、电流串联、电流并联。本实验以电压串联负反馈为例，分析负反馈对放大器各项性能指标的影响。

3.5.2.1 主要性能指标

如图 3.5.1 所示为带有负反馈的两级阻容耦合放大电路，在电路中通过 R_f 把输出电压 u_o 引回到输入端，加在晶体管 T_1 的发射极上，在发射极电阻器 R_{F1} 上形成反馈电压 u_f。根据反馈的判断法可知，它属于电压串联负反馈。其主要性能指标如下。

(1) 闭环电压放大倍数

$A_{Vf}=\dfrac{A_V}{1+A_VF_V}$，其中 $A_V=U_o/U_i$ 为基本放大器(无反馈)的电压放大倍数，即开环电压放大倍数。$1+A_VF_V$ 为反馈深度，它的大小决定了负反馈对放大器性能改善的程度。

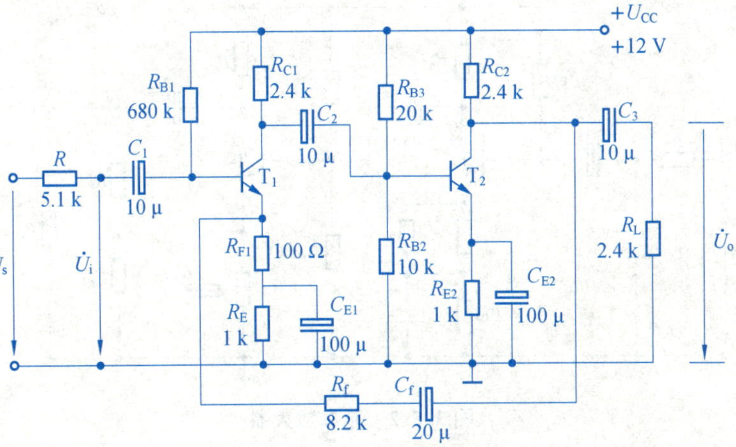

图 3.5.1　带有电压串联负反馈的两级阻容耦合放大器

(2)反馈系数

$$F_V = \frac{R_{F1}}{R_f + R_{F1}}$$

(3)输入电阻

$$R_{if} = (1 + A_V F_V) R_i$$

其中，R_i 为基本放大器的输入电阻。

(4)输出电阻

$$R_{of} = \frac{R_o}{1 + A_{Vo} F_V}$$

其中，R_o 为基本放大器的输出电阻；A_{Vo} 为基本放大器 $R_L = \infty$ 时的电压放大倍数。

3.5.2.2　基本放大器

本实验还需要测量基本放大器的动态参数。那么怎样实现无反馈而得到基本放大器呢？不能简单地断开反馈支路，而是要去掉反馈作用，但又要把反馈网络的影响(负载效应)考虑到基本放大器中去。为此：

①在画基本放大器的输入回路时，因为是电压负反馈，所以可将负反馈放大器的输出端交流短路，即令 $u_o = 0$，此时 R_f 相当于并联在 R_{F1} 上。

②在画基本放大器的输出回路时，由于输入端是串联负反馈，因此需将反馈放大器的输入端(T_1 管的射极)开路，此时($R_f + R_{F1}$)相当于并接在输出端。可近似认为 R_f 并接在输出端。

根据上述规律，就可得到所要求的如图 3.5.2 所示的基本放大器。

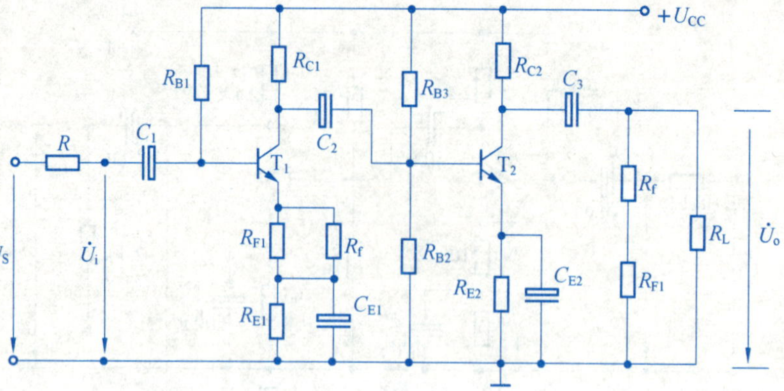

图 3.5.2　基本放大器

3.5.3　实验设备与器件

①+12 V 直流电源。

②函数信号发生器。

③双踪示波器。

④频率计。

⑤交流毫伏表。

⑥直流电压表。

⑦晶体三极管 3DG6×2(β=50~100)。

⑧电阻器、电容器若干。

3.5.4　实验内容

3.5.4.1　测量静态工作点

按图 3.5.1 所示连接实验电路，取 U_{CC} = +12 V、U_i = 0，用直流电压表分别测量第一级、第二级的静态工作点，将结果记入表 3.5.1 中。

表 3.5.1　静态工作点测试数据

项目	U_B/V	U_E/V	U_C/V	I_C/mA
第一级				
第二级				

3.5.4.2　测试基本放大器的各项性能指标

将实验电路按图 3.5.2 所示改接，即把 R_f 断开后分别并在 R_{F1} 和 R_L 上，其他连线不动。

测量中频电压放大倍数 A_V、输入电阻 R_i 和输出电阻 R_o。

①以 $f=1$ kHz、U_S 约为 10 mV 的正弦信号输入放大器，用示波器监视输出波形 u_o，在 u_o 不失真的情况下，用交流毫伏表测量 U_S、U_i、U_L，将结果记入表 3.5.2 中。

表 3.5.2　基本放大器各项性能指标测试数据

基本放大器							负反馈放大器						
U_S /mV	U_i /mV	U_L /V	U_o /V	A_V	R_i /kΩ	R_o /kΩ	U_S /mV	U_i /mV	U_L /V	U_o /V	A_{Vf}	R_{if} /kΩ	R_{of} /kΩ

(2)保持 U_S 不变，断开负载电阻 R_L(注意：R_f 不要断开)，测量空载时的输出电压 U_o，将结果记入表 3.5.2 中。

3.5.4.3　测试负反馈放大器的各项性能指标

将实验电路恢复为图 3.5.1 所示的负反馈放大电路，适当加大 U_S(约为 15 mV)，在输出波形不失真的条件下，测量负反馈放大器的 A_{Vf}、R_{if}和 R_{of}，将结果记入表 3.5.2 中。

3.5.5　实验注意事项

①在调试之前，一定要确认电路的连接是否正确、稳定，检查连接线是否有松动、接触不良等问题。如果连接不稳定，就很容易引发电流波动、输出失真等问题。

②注意观察输入量的大小，确保反馈量在合适范围内，过大或过小均影响放大效果。

3.5.6　分析思考

①怎样把负反馈放大器改接成基本放大器？为什么要把 R_f 并接在输入和输出端？

②估算基本放大器的 A_V、R_i 和 R_o；估算负反馈放大器的 A_{Vf}、R_{if} 和 R_{of}，并验算它们之间的关系。

③如果输入信号存在失真，那么能否用负反馈来改善？

④分析讨论在调试过程中出现的问题。

3.5.7　实验报告

①将基本放大器和负反馈放大器动态参数的实测值和理论估算值列表并进行比较。

②根据实验结果，总结电压串联负反馈对放大器性能的影响。

③误差原因分析。

④心得体会及其他。

3.6 基础实验——低频 OTL 功率放大器

【预习要求】

①学习 OTL 的电路构成及工作原理。

②预习本次实验的原理及内容，了解交越失真的产生及消除方法，提前绘制记录数据和波形的表格。

③掌握最大不失真波形的调试方法、最大不失真输出功率 P_{om} 和效率 η 的测量数据及计算方式。

3.6.1 实验目的

①进一步理解 OTL 功率放大器的工作原理。

②学会 OTL 电路的调试及主要性能指标的测试方法。

3.6.2 实验原理

3.6.2.1 低频 OTL 功率放大器电路

低频 OTL 功率放大器实验电路如图 3.6.1 所示，其中，晶体三极管 T_1 组成推动级(也称前置放大级)，T_2、T_3 是一对参数对称的 NPN 和 PNP 型晶体三极管，它们组成互补推挽 OTL 功放电路。

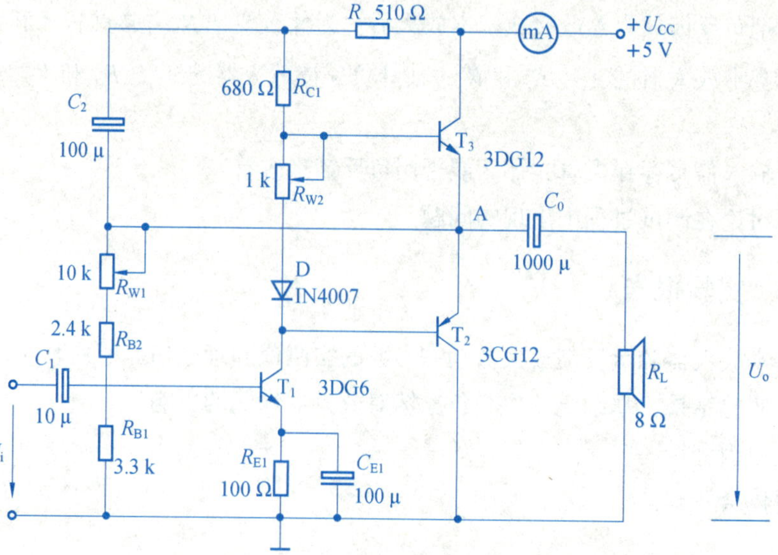

图 3.6.1　低频 OTL 功率放大器实验电路

由于每一个管子都接成射极输出器的形式，因此具有输出电阻低、负载能力强等优点，适合于作功率输出级。T_1 管工作于甲类状态，它的集电极电流 I_{C1} 由电位器 R_{W1} 进行调节。I_{C1} 的一部分流经电位器 R_{W2} 及二极管 D，给 T_2、T_3 提供偏压。调节 R_{W2}，可以使 T_2、T_3 得到合适的静态电流而工作于甲、乙类状态，以克服交越失真。静态时要求输出端中点 A 的电位 $U_A=\frac{1}{2}U_{CC}$，可以通过调节 R_{W1} 来实现。又由于 R_{W1} 的一端接在 A 点，因此在电路中引入交、直流电压并联负反馈，一方面能够稳定放大器的静态工作点，另一方面改善了非线性失真。

当输入正弦交流信号 u_i 时，经 T_1 放大、倒相后同时作用于 T_2、T_3 的基极，u_i 的负半周使 T_2 管导通(T_3 管截止)，有电流通过负载 R_L，同时向电容 C_0 充电；在 u_i 的正半周，T_3 导通(T_2 截止)，则已充好电的电容器 C_0 起着电源的作用，通过负载 R_L 放电，这样在 R_L 上就得到完整的正弦波。

C_2 和 R 构成自举电路，用于提高输出电压正半周的幅度，以得到大的动态范围。

3.6.2.2　OTL 电路的主要性能指标

(1)最大不失真输出功率 P_{om}

理想情况下，$P_{om}=\frac{1}{8}\frac{U_{CC}^2}{R_L}$。

在实验中可通过测量 R_L 两端的电压有效值，来求得实际的 $P_{om}=\frac{U_o^2}{R_L}$。

(2)效率 η

$$\eta=\frac{P_{om}}{P_E}\times 100\%$$

式中，P_E 为直流电源供给的平均功率。

理想情况下，$\eta_{max}=78.5\%$。在实验中，可测量电源供给的平均电流 I_{dC}，从而求得 $P_E=U_{CC}\cdot I_{dC}$。负载上的交流功率已用上述方法求出，因而也就可以计算实际效率了。

(3)频率响应

详见实验三有关部分内容。

(4)输入灵敏度

输入灵敏度是指输出最大不失真功率时，输入信号 U_i 之值。

3.6.3　实验设备与器件

①+5 V 直流电源。

②函数信号发生器。

③双踪示波器。

④交流毫伏表。

⑤直流电压表。

⑥直流毫安表。

⑦频率计。

⑧晶体三极管 3DG6、晶体二极管 IN4007。

⑨8 Ω 扬声器、电阻器、电容器若干。

3.6.4 实验内容

在整个测试过程中，电路不应有自激现象。

3.6.4.1 静态工作点的测试

按图 3.6.1 所示连接实验电路，将输入信号旋钮旋至零（$u_i=0$），电源进线中串入直流毫安表，电位器 R_{W2} 置最小值，R_{W1} 置中间位置。接通+5 V 电源，观察毫安表指示，同时用手触摸输出级管子，若电流过大，或管子温升显著，则应立即断开电源检查原因(如 R_{W2} 开路、电路自激或输出管性能不好等)。若无异常现象，则可开始调试。

(1)调节输出端中点电位 U_A

调节电位器 R_{W1}，用直流电压表测量 A 点电位，使 $U_A=\frac{1}{2}U_{CC}$。

(2)调整输出极静态电流及测试各级静态工作点

调节 R_{W2}，使 T_2、T_3 管的 $I_{C2}=I_{C3}=5\sim10$ mA。从减小交越失真角度而言，应适当加大输出极静态电流，但该电流过大会使效率降低，所以一般以 5~10 mA 为宜。由于毫安表是串在电源进线中，因此测得的是整个放大器的电流，但一般 T_1 的集电极电流 I_{C1} 较小，从而可以把测得的总电流近似当作末级的静态电流。若要准确得到末级静态电流，则可从总电流中减去 I_{C1} 之值。

调整输出级静态电流的另一个方法是动态调试法。先使 $R_{W2}=0$，在输入端接入 $f=1$ kHz 的正弦信号 u_i。逐渐加大输入信号的幅值，此时输出波形应出现较严重的交越失真(注意：没有饱和和截止失真)，然后缓慢增大 R_{W2}，当交越失真刚好消失时，停止调节 R_{W2}，恢复 $u_i=0$，此时直流毫安表读数即为输出级静态电流。一般数值也应在 5~10 mA，若过大，则要检查电路。

输出极电流调好以后，测量各级静态工作点，将结果记入表 3.6.1 中。

表 3.6.1 静态工作点测试数据($I_{C2}=I_{C3}=5\sim10$ mA，$U_A=2.5$ V)

参数	T_1	T_2	T_3
U_B/V			
U_C/V			
U_E/V			

注意：

①在调整 R_{W2} 时，一是要注意旋转方向，不要调得过大，更不能开路，以免损坏输出管。

②输出管静态电流调好后，若无特殊情况，则不得随意旋动 R_{W2} 的位置。

3.6.4.2 最大输出功率 P_{om} 和效率 η 的测试

(1)测量 P_{om}

输入端接 $f=1$ kHz 的正弦信号 u_i，输出端用示波器观察输出电压 u_o 波形。逐渐增大 u_i，使输出电压达到最大不失真输出，用交流毫伏表测出负载 R_L 上的电压 U_{om}，则 $P_{om}=\dfrac{U_{om}^2}{R_L}$。

(2)测量 η

当输出电压为最大不失真输出时，读出直流毫安表中的电流值，此电流即为直流电源供给的平均电流 I_{dC}(有一定误差)，由此可近似求得 $P_E=U_{CC}I_{dC}$，再根据上面测得的 P_{om}，即可求出 $\eta=\dfrac{P_{om}}{P_E}$。

3.6.5 实验注意事项

①在调试之前，一定要确认电路的连接是否正确、稳定，检查连接线是否有松动、接触不良等问题。如果连接不稳定，就很容易引发电流波动、输出失真等问题。

②调试过程中，需要逐步调整电路参数，观察输出波形的变化。如果发现输出波形出现畸变、失真等问题，那么需要及时调整电路，找出原因，解决问题。

③注意控制输入信号的大小，并观察负载上输出电压的大小，避免因信号过大造成输出功率太大，从而烧毁负载。

3.6.6 分析思考

①交越失真产生的原因是什么？怎样克服交越失真？

②电路中若电位器 R_{W2} 开路或短路，则对电路工作有何影响？

③讨论实验中发生的问题及解决办法。

④为了不损坏输出管，调试中应注意什么问题？

3.6.7 实验报告

①整理实验数据，计算静态工作点、最大不失真输出功率 P_{om}、效率 η 等，并与理论值进行比较。

②用示波器观察电路的输出波形，并观察交越失真现象，解释其产生的原因。

③讨论调试过程中存在的问题。

④心得体会及其他。

3.7 综合实验——直流稳压电源

【预习要求】

①学习直流稳压电源的电路构成及工作原理。

②预习本次实验的原理及内容，了解整流桥和滤波电容的链接方式，提前绘制记录数据和波形的表格。

③熟悉 W7812 稳压芯片的稳压原理及管脚组成，根据变压后的电压和各元器件参数计算整流、滤波和稳压后输出电压的大小。

3.7.1 实验目的

①研究单相桥式整流、电容滤波电路的特性。

②掌握利用集成稳压器连接成串联型晶体管稳压电源的方法。

3.7.2 实验原理

电子设备一般都需要直流电源供电。这些直流电除了少数直接利用干电池和直流发电机提供外，大多数是通过把交流电（市电）转变为直流电的直流稳压电源来提供。直流稳压电源的原理框图如图 3.7.1 所示。

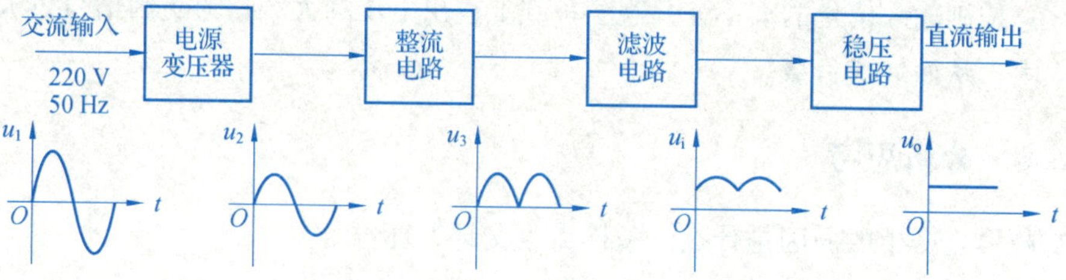

图 3.7.1 直流稳压电源的原理框图

直流稳压电源由电源变压器、整流电路、滤波电路和稳压电路 4 部分组成。电网供给的交流电压 u_1（220 V，50 Hz）经电源变压器降压后，得到符合电路需要的交流电压 u_2，然后由整流电路变换成方向不变、大小随时间变化的脉动电压 u_3，再用滤波器滤去其交流分量，就可得到比较平直的直流电压 u_i。但这样的直流输出电压还会随交流电网电压的波动或负载的变动而变化，在对直流供电要求较高的场合，还需要使用稳压电路，以保证输出直流电压更加稳定。

分立元件组成的串联型稳压电源的电路图如图 3.7.2 所示。其整流部分为单相桥式整流、电容滤波电路。稳压部分为串联型稳压电路，它由调整元件(晶体管 T_1)，比较放大器 T_2、R_7，取样电路 R_1、R_2、R_W，基准电压 D_W、R_3 和过流保护电路 T_3 管及电阻器 R_4、R_5、R_6 等组成。整个稳压电路是一个具有电压串联负反馈的闭环系统，其稳压过程为：当电网电压波动或负载变动引起输出直流电压发生变化时，取样电路取出输出电压的一部分送入比较放大器，并与基准电压进行比较，产生的误差信号经 T_2 放大后送至调整管 T_1 的基极，使调整管改变其管压降，以补偿输出电压的变化，从而达到稳定输出电压的目的。

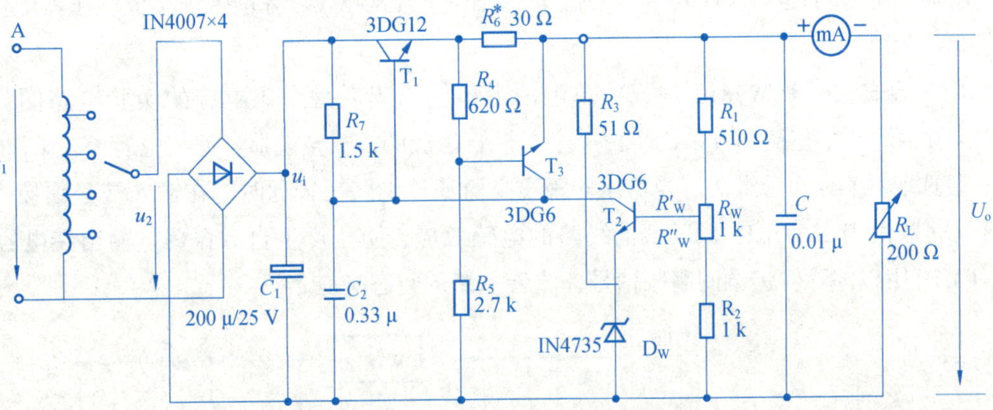

图 3.7.2　串联型稳压电源实验电路

W7800、W7900 系列三端式集成稳压器的输出电压是固定的，在使用中不能进行调整。W7800 系列三端式集成稳压器输出正极性电压，一般有 5 V、6 V、9 V、12 V、15 V、18 V 、24 V 七个档次，输出电流最大可达 1.5 A(加散热片)。同类型 78M 系列稳压器的输出电流为 0.5 A，78 L 系列稳压器的输出电流为 0.1 A。若要求负极性输出电压，则可选用 W7900 系列稳压器。

W7800 系列三端式集成稳压器的外形和接线图如图 3.7.3 所示。

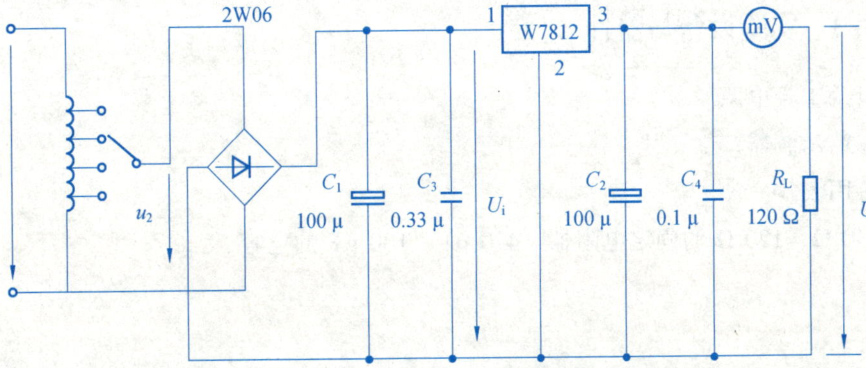

图 3.7.3　W7800 系列稳压器的外形及接线图

它有3个引出端：

输入端(不稳定电压输入端)　标以“1”

输出端(稳定电压输出端)　标以“3”

公共端　标以“2”

除固定输出三端稳压器外，尚有可调式三端稳压器，后者可通过外接元件对输出电压进行调整，以适应不同的需要。

本实验所用集成稳压器为三端固定正稳压器W7812，它的主要参数有：输出直流电压U_o=+12 V，输出电流L：0.1 A，M：0.5 A，电压调整率10 mV/V，输出电阻R_0=0.15 Ω，输入电压U_i的范围15~17 V。一般U_i要比U_o大3~5 V，才能保证集成稳压器工作在线性区。

用三端式稳压器W7812构成的单电源电压输出串联型稳压电源的实验电路图如图3.7.4所示。其中整流部分采用了由4个二极管组成的桥式整流器。滤波电容C_1、C_2的容量一般选取几百~几千微法。当稳压器距离整流滤波电路比较远时，在输入端必须接入电容器C_3(数值为0.33 μF)，以抵消线路的电感效应，防止产生自激振荡。输出端电容C_4(0.1 μF)用以滤除输出端的高频信号，改善电路的暂态响应。

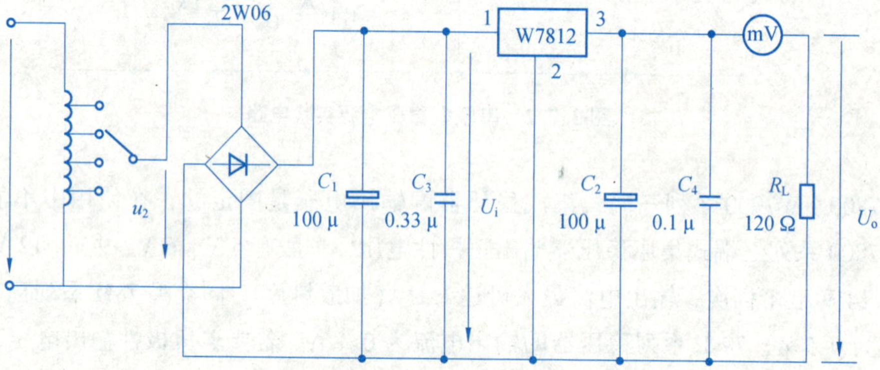

图3.7.4　由W7812构成的串联型稳压电源

3.7.3　实验设备与器件

①可调工频电源。

②双踪示波器。

③万用表。

④240 Ω、120 Ω的固定电阻器，470 μF、100 μF的电容。

3.7.4　实验内容

3.7.4.1　整流滤波电路测试

按图 3.7.5 所示连接实验电路。取可调工频电源电压为 16 V，作为整流电路输入电压 u_2。

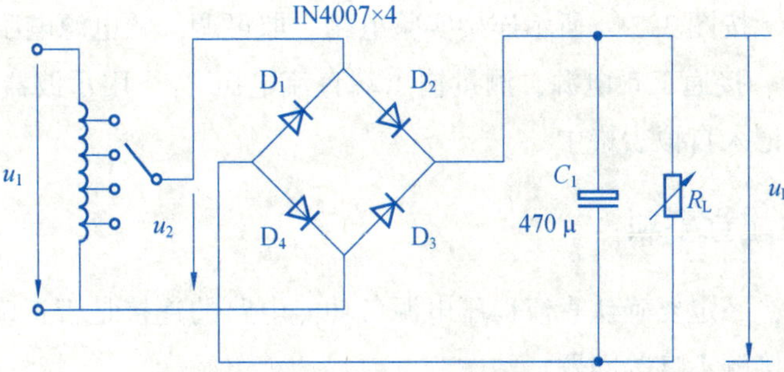

图 3.7.5　整流滤波电路

①取 $R_L=240\ \Omega$，不加滤波电容，测量直流输出电压 U_L 及纹波电压 $\widetilde{U}_L$，并用示波器观察 u_2 和 u_L 的波形，将结果记入表 3.7.1 中。

②取 $R_L=240\ \Omega$、$C=470\ \mu F$，重复内容①的要求，将结果记入表 3.7.1 中。

③取 $R_L=120\ \Omega$、$C=470\ \mu F$，重复内容①的要求，将结果记入表 3.7.1 中。

表 3.7.1　整流滤波电路测试数据（$U_2=16$ V）

电路形式		U_L/V	U_L 波形
$R_L=240\ \Omega$	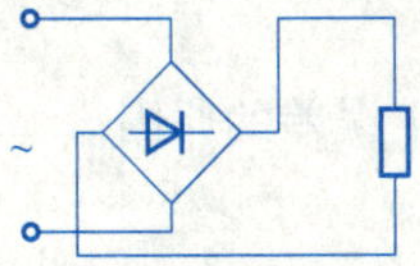		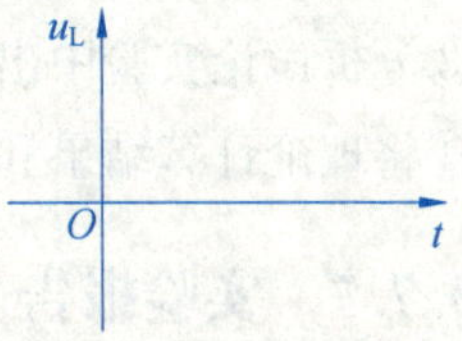
$R_L=240\ \Omega$ $C=470\ \mu F$	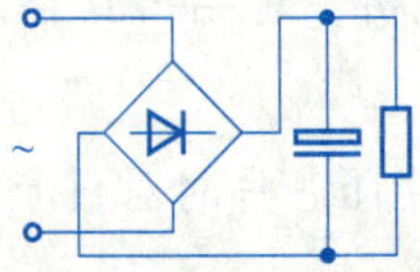		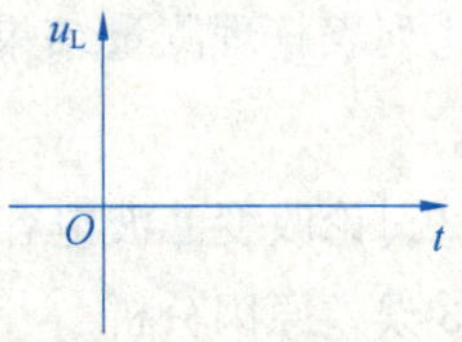
$R_L=120\ \Omega$ $C=470\ \mu F$	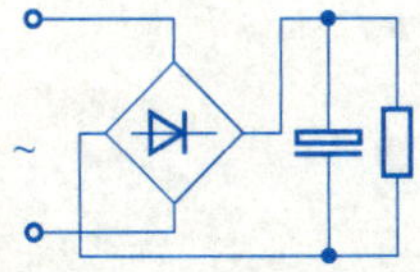		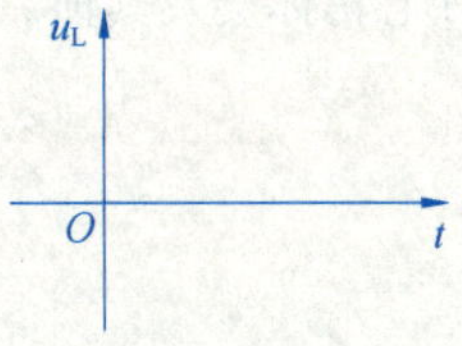

注意：

①每次改接电路时，必须切断工频电源。

②在观察输出电压 u_L 波形的过程中，“Y 轴灵敏度”旋钮位置调好以后不要再变动，否则将无法比较各波形的脉动情况。

3.7.4.2 串联型稳压电源性能测试

切断工频电源，按图 3.7.4 所示连接实验电路。取可调工频电源电压为 14 V，作为整流电路输入电压 u_2。接通工频电源，测量输出端直流电压 U_L，用示波器观察 u_2、u_L 的波形，把数据及波形记入自拟表格中。

3.7.5 实验注意事项

①在调试之前，一定要确认直流稳压电源各功能电路的连接是否正确、稳定，检查连接线是否有松动、接触不良等问题。

②调试过程中，需要逐步调整电路参数，观察输出波形的变化。如果发现变压、整流和滤波后波形出现失真等问题，就需要及时调整电路，找出原因，解决问题。

③根据实验电路参数估算 U_o 的可调范围及 $U_o=12$ V 时 T_1、T_2 管的静态工作点(假设调整管的饱和压降 $U_{CE1S}\approx1$ V)。

3.7.6 分析思考

①在桥式整流电路实验中，能否用双踪示波器同时观察 u_2 和 u_L 波形，为什么？

②在桥式整流电路中，如果某个二极管发生开路、短路或反接 3 种情况，那么将会出现什么问题？

③分析讨论实验中出现的故障及其排除方法。

④将理论计算结果和实测数据相比较，分析产生误差的原因。

3.7.7 实验报告

①列表整理测量结果，对测量结果进行全面分析，总结桥式整流、电容滤波电路的特点。

②讨论改变滤波电容的容值、负载电阻和继承稳压芯片时对直流输出电压的影响。

③误差原因分析。

④心得体会及其他。

3.8　综合实验——测量放大器设计与仿真

【预习要求】

①复习运算放大器的基本原理、常用参数的定义和多级放大电路的组成。

②查阅资料了解测控领域中运算放大器的应用场景，了解国内外电子测量仪器及工具软件公司的现状与差距。

③复习直流稳压电源的电路组成和参数指标。

3.8.1　实验目的

①运用 Multisim 软件构建差分放大电路和信号转换电路的模型，并用示波器测试两部分电路的输出波形；完成直流稳压电源的设计，用万用表测试直流稳压电源各部分的电压值及最后的输出电压。

②利用已完成的仿真电路，完成差分放大器及直流稳压电源的实物制作与输出值的测试。

③根据指标要求完成电路中各元件的参数分析，并完成仿真及实际电路调试。

3.8.2　实验原理

在许多测试场合，传感器输出的信号往往很微弱，而且伴随着很大的共模电压(包括干扰电压)，对于这种信号，一般需要采用测量放大器。测量放大器是一种高增益、直接耦合放大器，它具有差分输入、单端输出、高输入阻抗和高共模抑制比等特点。

3.8.2.1　系统结构

(1)桥式电路

桥式电路提供差动电压，用来测试直流电压放大器的主要性能指标。

(2)信号变换放大器

信号变换放大器可以把函数发生器单端输出信号变换为直流电压放大器的双端输入信号。

(3)直流电压放大器

要求差动输入的直流电压放大器具有高的差模电压增益，并具有低漂移、低噪声输出及高共模抑制比等特性。一般测试其差模放大倍数、共模放大倍数、共模抑制比、输出噪声电压峰峰值、通频带。

(4)直流稳压电源

该电源由单相 220 V 交流电压供电，输出±15 V 直流电压，作为整个系统的电源。

测量放大器系统的组成结构如图 3. 8. 1 所示。

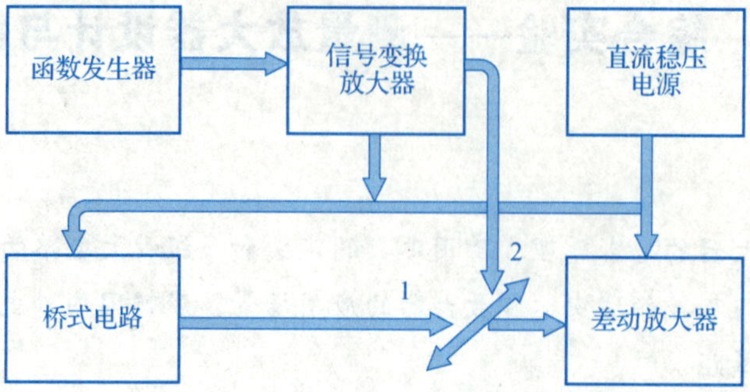

图 3. 8. 1　测量放大器系统结构图

3. 8. 2. 2　方案设计

(1)测量放大器

测量放大器对测量电路的基本要求是：

①高输入阻抗，以抑制信号源与传输网络电阻不对称引入的误差。

②高共模抑制比，以抑制各种共模干扰引入的误差。

③高增益及宽的增益调节范围，以适应信号源电平的宽范围。

以上这些要求通常采用多运放组合的电路来满足，典型的组合方式有以下两种方案。

①方案一：采用由运放组成的仪用放大器，如图 3. 8. 2 所示。A_1、A_2 运放按同相输入法组成第一级差分放大电路，A_3 组成第二级差分放大电路。该电路的优点是电路简单、元件较少，第一级差分放大电路可以有效地抑制共模信号，并且为双端输出，其共模放大倍数理论为 0，因而可以大大地提高共模抑制比；由于输入信号 v_1、v_2 都是 A_1、A_2 的同相端输入，根据虚短和虚断，流入放大器的电流为 0，因此输入电阻 R_i 为无穷大。并且要求两运放的性能完全相同，这样线路除具有输入电阻大的特点外，两个运放的共模增益、失调及漂移产生的误差也相互抵消。

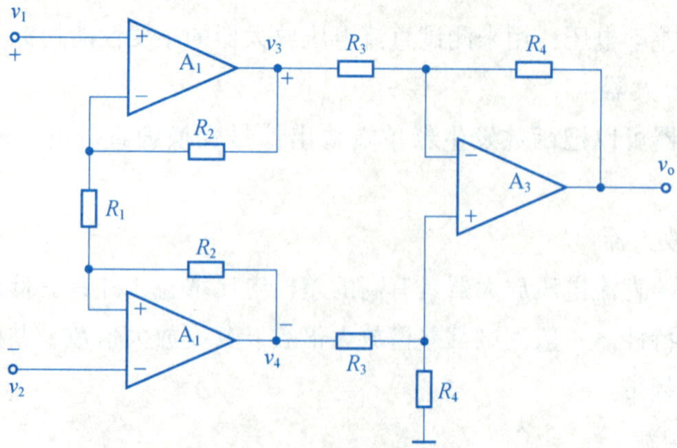

图 3. 8. 2　仪用放大器电路

②方案二：采用低噪声前置放大电路，如图 3.8.3 所示。低噪声前置放大电路结构简单，输入阻抗高，放大倍数可调。但是其共模抑制比较小，实测只有 104，共模抑制能力太差。

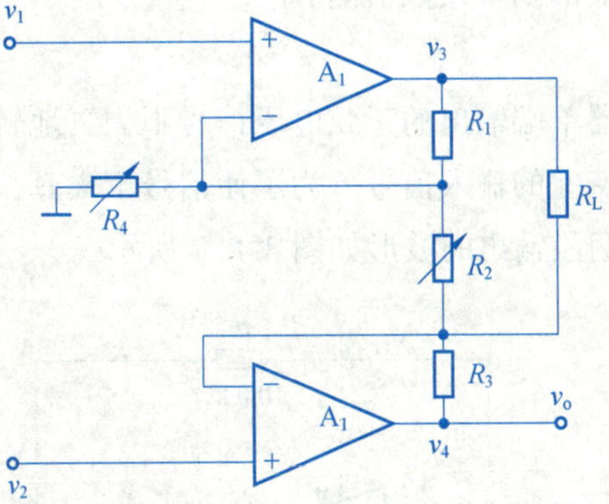

图 3.8.3　低噪声前置放大电路

以上两种方案各自存在利弊，如方案一共模抑制比高，但其放大倍数无法准确得到；方案二放大倍数可调，但其共模抑制比较小。因此，本实验设计不限于原理所列方案，需经小组讨论后进行方案论证才能完成电路设计。

完成电路的方案论证后，利用 Multisim 软件绘制仿真电路，并展示差模输入波形（一路）和输出波形之间的波形对比图（图 3.8.4），以及共模信号与输出波形之间的对比图（图 3.8.5）。

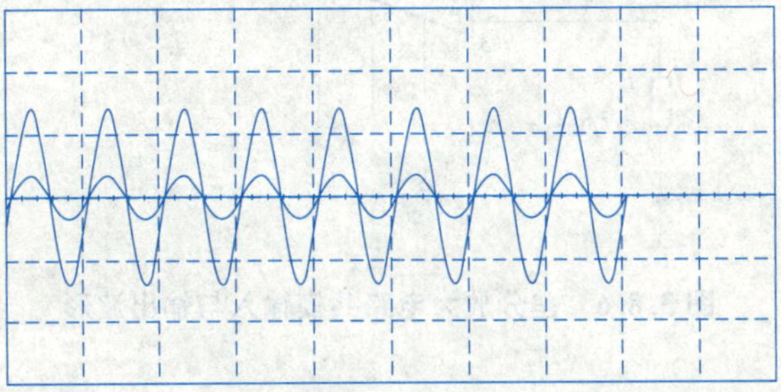

图 3.8.4　差分放大电路差模输入（一路）与输出波形

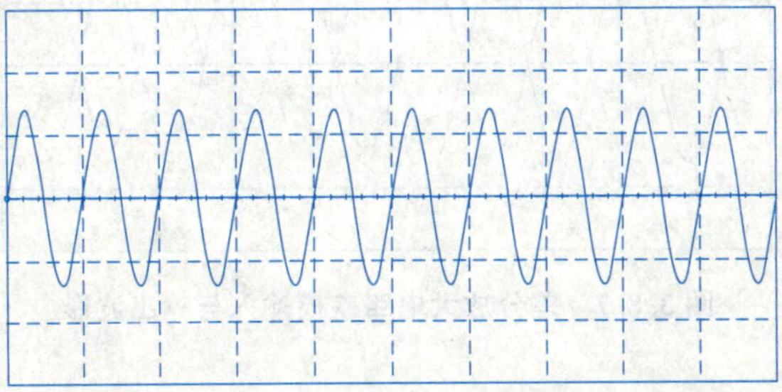

图 3.8.5　差分放大电路共模输入与输出波形

在软件仿真电路调试中更改差模信号的频率和幅度，测量差分放大电路输出电压的数值，计算无失真差模放大倍数。硬件电路制作中要求通过修改函数信号发生器的频率、幅度数值，利用示波器完成波形测量及数值测算。

(2)信号转换器

设计要求将函数发生器单端输出的正弦电压信号不失真地转换为双端输出信号，用作测量直流电压放大器频率特性的输入信号。为了使信号不失真，需保证电路的对称性。参考电路如图 3.8.6 所示，两段输出的波形如图 3.8.7 所示。

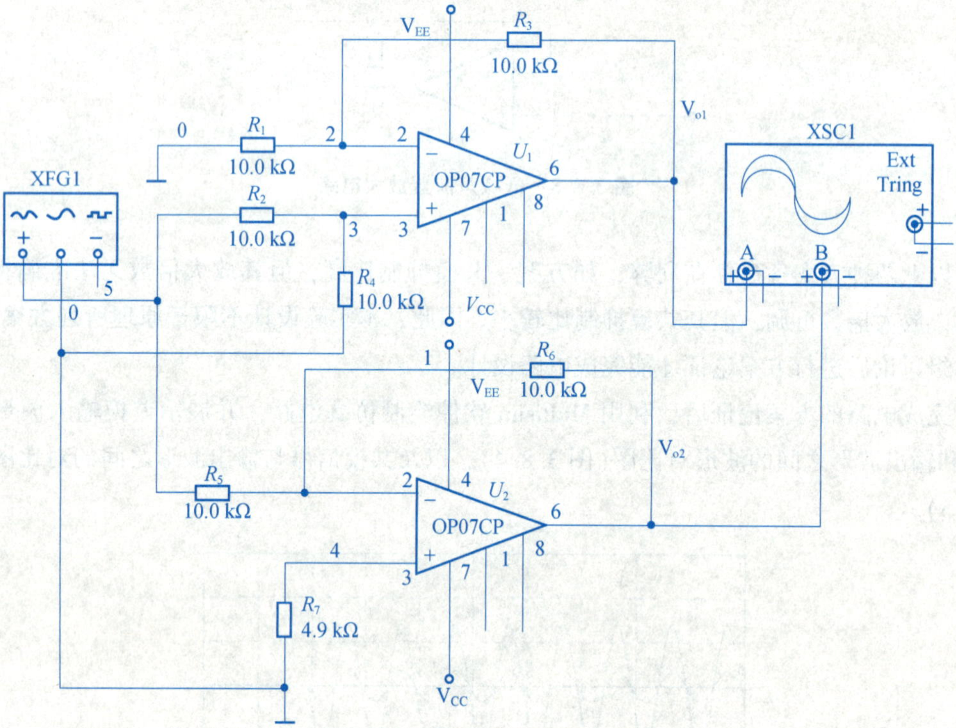

图 3.8.6　差分放大电路共模输入与输出波形

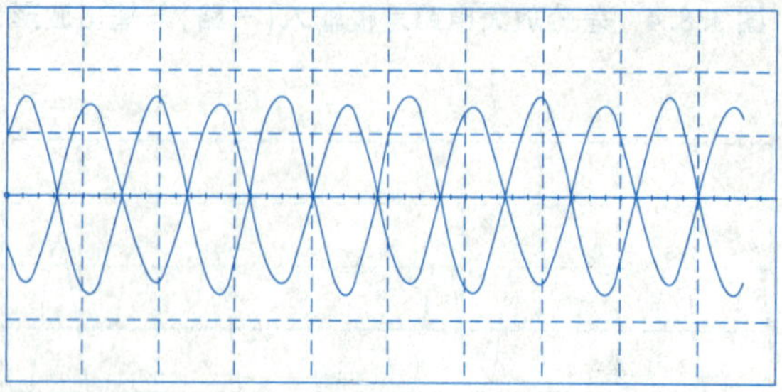

图 3.8.7　差分放大电路差模输入与输出波形

(3)直流稳压电源

在所有的电子电路和电子设备中，通常都需要电压稳定的直流电源供电。小功率直流稳压电源主要由电源变压器、整流电路、滤波电路和稳压电路 4 部分组成，如图 3.8.8 所示。针对稳压部分的电路设计主要有串联型稳压电路和三端集成稳压电路等。用软件搭建直流稳压电路后，调试元器件的参数，用示波器测量输出电压，如图 3.8.9 所示。

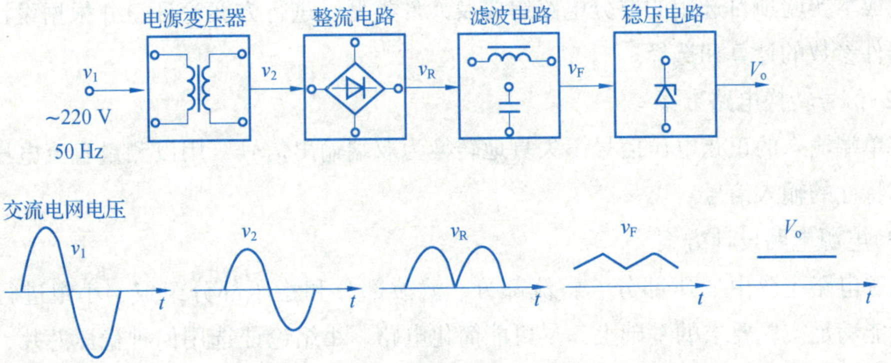

图 3.8.8　直流稳压电源的组成及波形变化

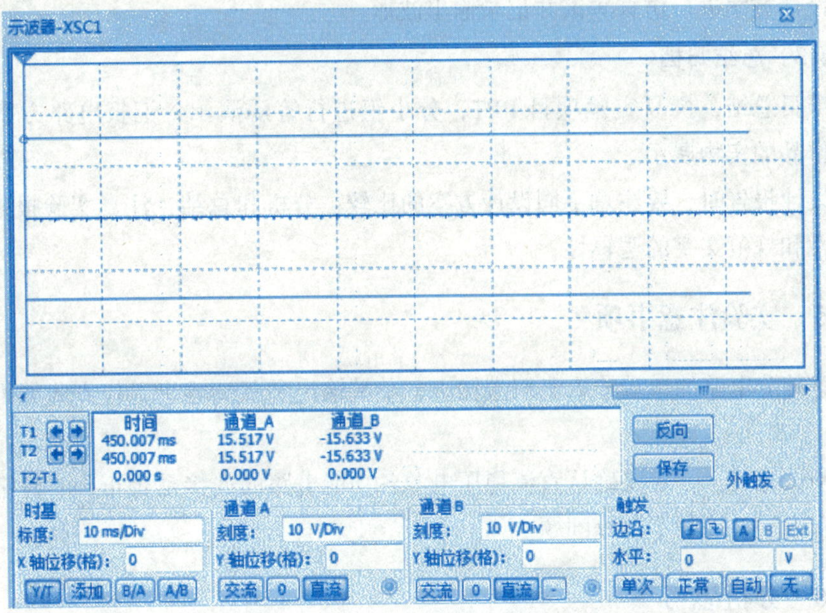

图 3.8.9　直流稳压电源输出电压测量

3.8.3　实验设备与器件

示波器、信号源、双通道数字电源、数字万用表、口袋仪器套件、计算机(装有

Multisim 仿真软件)。

3.8.4 实验内容

3.8.4.1 设计方案

(1)差分放大模块方案

完成本实验项目选用的差分电路组成及元件类型，进行方案论证，并根据设计要求完成元器件参数的计算和选择。

(2)信号转换电路方案

将单端输入的正弦电压信号不失真地转换为双端输出信号，用以测量直流电压放大器的频率特性的输入信号。

(3)电源电路设计方案

电源电路主要由变压部分、整流部分、滤波部分和稳压部分组成，小组进行方案论证，在能满足实验要求的基础上，尽可能简化电路。小组论证选用何种稳压芯片，实现输出直流电压的要求。

3.8.4.2 绘制电路

根据设计方案进行仿真测试并记录输出波形。

3.8.4.3 总结归档

进行项目总结，撰写实验项目 PPT，分小组进行答辩演示，汇报电路方案和设计亮点，进行作品的实物展示。

撰写设计报告时，要注意不同设计方案的比较、分析和总结，注意实验报告格式、内容的完整性和规范文字的逻辑性。

3.8.5 实验注意事项

①注意差分电路的单端输入和双端输入、单端输出和双端输出工作方式的不同连接及测量方法。

②在调试之前，一定要确认直流稳压电源各功能电路的连接是否正确、稳定，检查连接线是否有松动、接触不良等问题。

3.8.6 分析思考

①如何将单端输入的正弦电压信号不失真地转换为双端输出信号?

②两种方案得到的波形有何区别? 各自的优缺点是什么?

3.8.7 实验报告

①实验需求分析：系统功能、技术指标、应用场景的需求分析，对设计任务有准确的

理解和把握。

②方案论证：各部分模块设计方案的对比和论证，给出电路组成示意图并进行简要阐述。

③理论推导计算：根据各模块电路的要求指标以及电路组成，推导计算电路中元器件的参数。

④电路设计仿真：给出电路设计与参数选择的依据和计算过程、器件选型依据，并给出规范的电路设计图。

⑤系统测试记录：根据设计及调试后的仿真电路完成硬件电路制作，记录实验数据，分析测量结果。

⑥实验结果总结：指出实验过程中存在的不足、实验过程出现的问题及解决办法，思考改进措施和未来应用前景等。

3.9　创新实验——分数阶忆阻高通滤波器电路设计

【预习要求】

①学习高通滤波器的电路构成及工作原理。

②查阅忆阻器的特点、发展历程和前沿技术，分析高通滤波器的性能参数，分析改进和提升高通滤波器的方式方法，分析设计忆阻器电路并将其应用于改进高通滤波器的性能指标。

③通过查阅国内外电子期刊数据库、图书资料、CSDN、与非网等专业网站的文章以及TI、ADI等半导体公司官网参考设计资源，下载、收集、整理有关文档，结合设计要求，提出分数阶忆阻高通滤波器电路设计的初步方案。

3.9.1　实验目的

①设计一个基于分数阶忆阻器的高通滤波电路。了解忆阻器的特点、熟练掌握高通滤波电路的设计与调试。

②运用Multisim软件构建忆阻器模型，输出相图为“8”字形。

③结合高通滤波器设计，完成基于分数阶忆阻器的高通滤波器电路的设计。

④完成滤波器的参数分析，减少滤波器失真。

3.9.2　实验原理

3.9.2.1　背景来源

1971年，著名学者蔡少棠(Leon Chua)教授提出忆阻器（memristor)。2008年，惠普实验室首次发现了纳米忆阻器件，证明了忆阻器的存在，并掀起了忆阻器研究的热潮。滤波器是一种对不同频率范围内的信号具有不同抑制作用的频率选择电路。由电阻和电容组成的无源滤波器是最常见的滤波器，而基于忆阻器的滤波电路的设计，直接将学术前沿与教学内容相结合，提高了学生的创新意识。

3.9.2.2 忆阻器的基本模型

电阻、电容和电感是3种基本电路元件，分别由4个基本电路变量(电压 v、电流 i、电荷 q、磁通 φ)两两之间的线性关系来定义。1971年，著名学者蔡少棠教授提出，基于对称性考虑应该存在第4种基本电路元件，由电荷和磁通之间的关系来定义。蔡少棠教授基于非线性电流-电压关系定义了一种新的器件——忆阻器(memristor)，并把它当作第四种基本电路元件。元器件之间的关系图如图3.9.1所示。

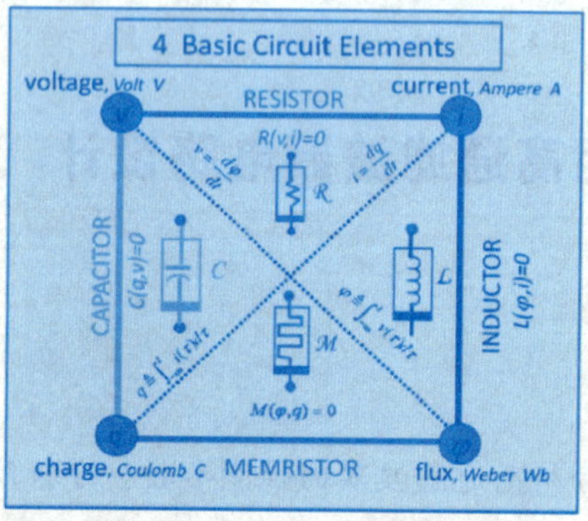

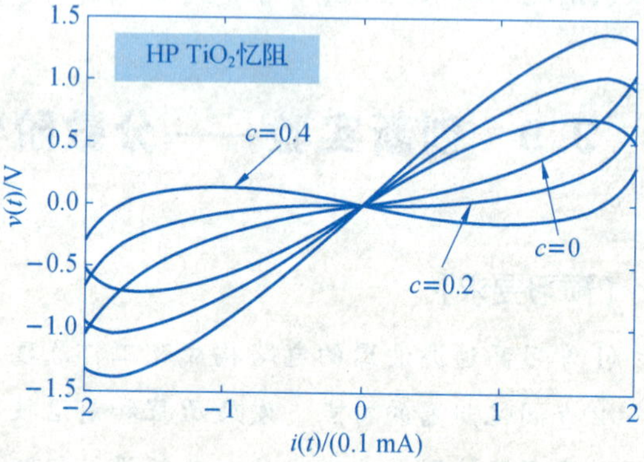

图3.9.1 基本元器件关系图

3.9.2.3 忆阻器的数学模型

一个磁控忆阻元件具有光滑的3次单上升的非线性特性曲线，忆阻的数学模型为：

$$\begin{cases} i = w(\varphi)v \\ w(\varphi) = \alpha + 3r\varphi^2 \end{cases} \tag{1}$$

分数阶忆阻器的电路符号及框架如图3.9.2所示。

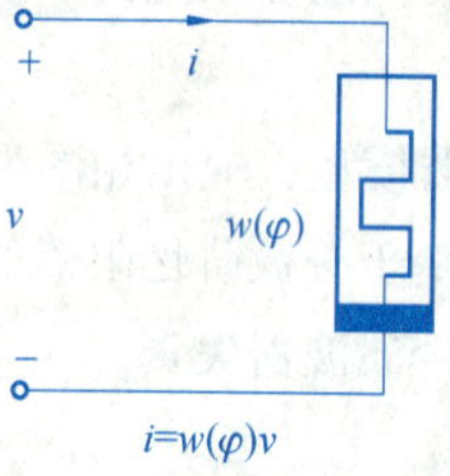

图3.9.2 分数阶忆阻的框架图

典型的分数阶忆阻电路如图3.9.3所示。

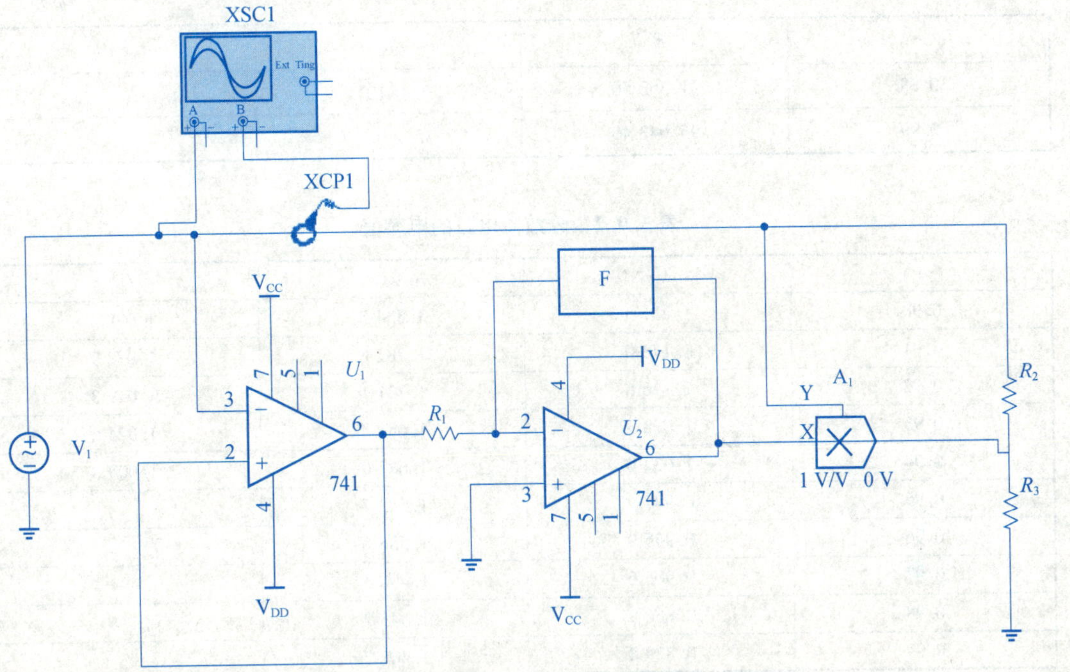

图 3.9.3　分数阶忆阻模拟电路

根据 0.90~0.99 阶展开式，设计的分数阶电路如图 3.9.4 所示，相应阶次的电阻值如表 3.9.1 所示，电容值如表 3.9.2 所示。

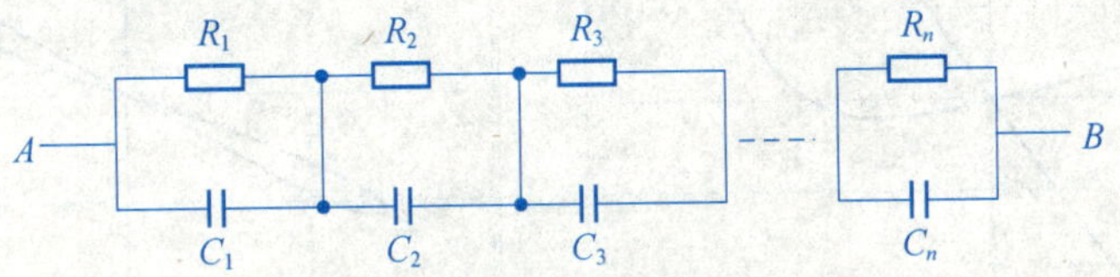

图 3.9.4　分数阶电路

表 3.9.1　分数阶电路的电阻值

q	R_1	R_2	R_3
0.90	62.847 30	0.253 00	0.025 00
0.91	65.808 10	0.157 40	0.009 40
0.92	69.331 00	0.086 30	0.000 27
0.93	72.452 70	0.039 32	0.000 54
0.94	75.702 50	0.013 60	6.3×10^{-6}
0.95	79.698 40	0.003 05	
0.96	83.698 40	0.003 00	
0.97	86.952 70	7.1×10^{-6}	

续表

q	R_1	R_2	R_3
0.98	91.553 50	3.4×10^{-9}	
0.99	95.643 40	3.5×10^{-19}	

表 3.9.2 分数阶电路的电容值

q	C_1	C_2	C_3
0.90	1.231 5	1.834 8	1.098 3
0.91	1.178 0	1.781 8	1.073 9
0.92	1.126 8	1.731 1	1.049 3
0.93	1.078 3	1.681 3	1.024 6
0.94	1.032 0	1.632 0	1.000 0
0.95	0.987 9	1.583 7	
0.96	0.945 9	1.536 6	
0.97	0.905 6	1.490 3	
0.98	0.866 9	1.445 2	
0.99	0.829 8	1.401 2	

对此分数阶忆阻电路进行仿真的结果如图 3.9.5 所示。

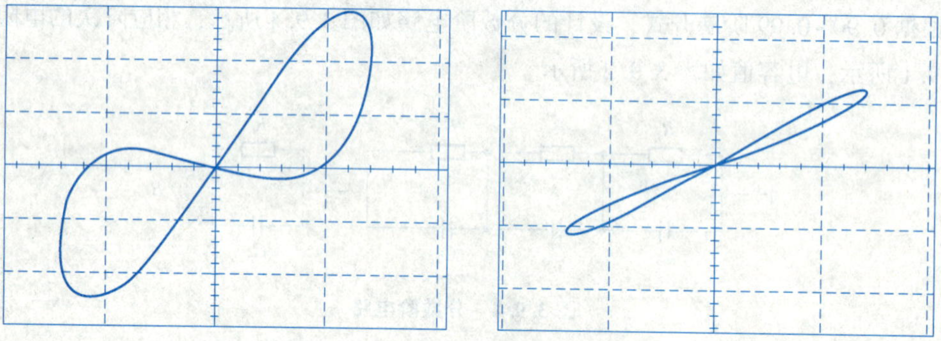

图 3.9.5 分数阶忆阻仿真的结果图

3.9.2.4 分数阶忆阻无源高通滤波器

基于磁控忆阻器的低通滤波器，根据基尔霍夫定律，流经忆导器 W 与电容 C 的电流相等，联立式（1）可以列出：

$$\begin{cases} c\dfrac{\mathrm{d}u_c}{\mathrm{d}t} = w(\varphi)(v_{in} - v_{out}) \\ w(\varphi) = \alpha + 3r\varphi^2 \\ \varphi(t) = \varphi_0 + \int_0^t [v_{in}(\tau) - v_{out}(\tau)]\mathrm{d}\tau \end{cases} \tag{2}$$

采用 Multisim 进行仿真，将示波器的第一通道与第二通道分别接输入信号与电容输出信号，输入信号与输出信号如图 3. 9. 6 中示波器所示，此时两个信号基本重合。

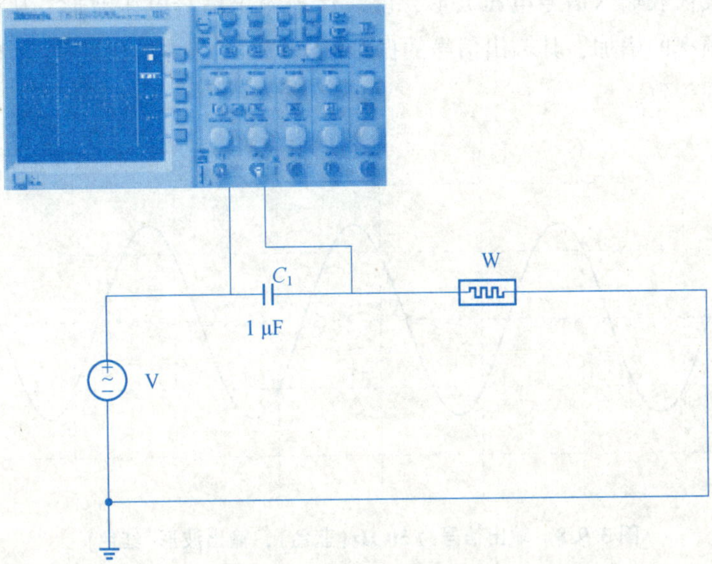

图 3. 9. 6　分数阶忆阻无源高通滤波器电路图

3. 9. 2. 5　分数阶忆阻有源高通滤波器

根据经典的有源滤波器，将电阻用忆阻器代替，电路图如图 3. 9. 7 所示。

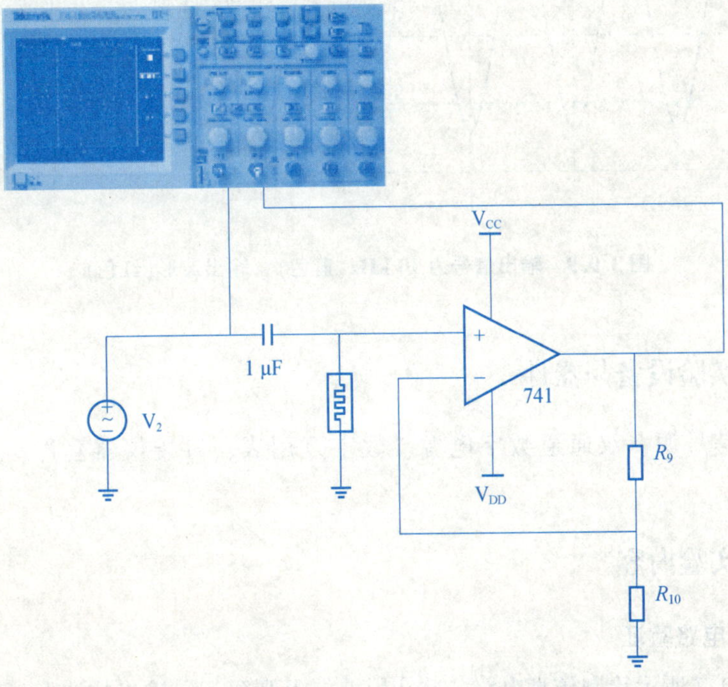

图 3. 9. 7　分数阶忆阻有源高通滤波器电路图

将有源 WC(忆阻(W)+电容(C))高通滤波器两端的正弦输入信号的电压振幅固定为 5 V，频率分别为 50 Hz、10kHz，其输入与输出电压的时域波形分别如图 3.9.8、图 3.9.9 所示。其中实线代表输入信号电压波形，虚线代表输出信号电压波形。从图中可以看出，随着输入信号频率的增加，其输出信号的振幅逐渐增加，且相位偏移量逐渐趋近于 0。这与仿真结果表现一致。

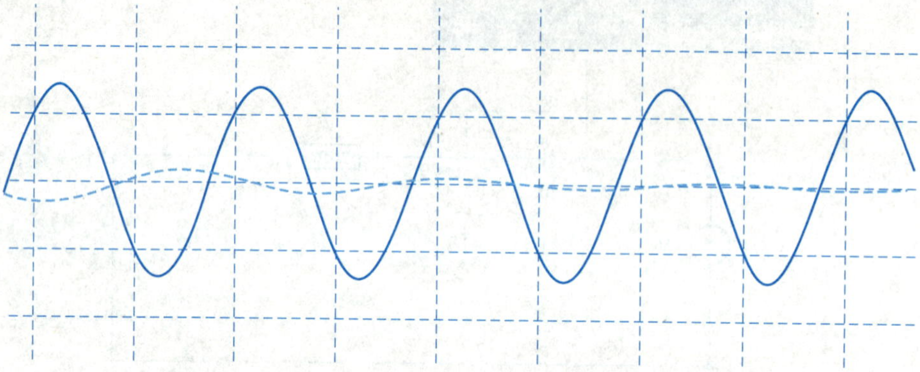

图 3.9.8　输出信号为 50 Hz(蓝色)，输出波形(红色)

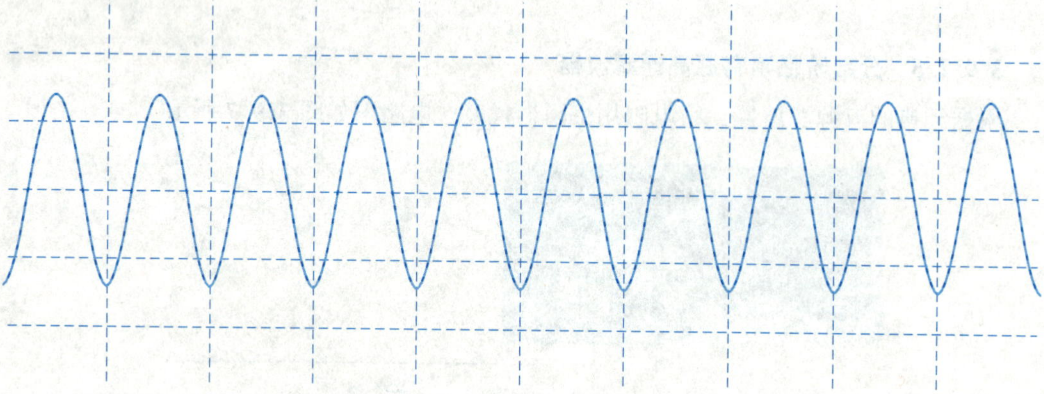

图 3.9.9　输出信号为 10 kHz(蓝色)，输出波形(红色)

3.9.3　实验设备与器件

示波器、信号源、双通道数字电源、数字万用表、口袋仪器套件、计算机(装有 Multsim 软件)。

3.9.4　实验内容

3.9.4.1　电路验证

按照图 3.9.7 所示绘制仿真电路，并在示波器上观察记录输出的波形，验证高通滤波器的性能。

3.9.4.2　更换忆阻模型，进行方案论证和电路设计

(1)方案论证

利用滤波器设计软件、Multisim 等工具进行单元电路的仿真验证，测试各项指标，调整优化电路设计，与教师进行沟通交流，讨论设计方案实现的可行性，针对存在的问题进行修改与优化。

(2)器件选型

综合考虑性能指标、成本、封装以及是否方便采购(国产化替代)等因素进行核心器件的选型。

(3)电路设计

按照先单元再整体的顺序完成电路设计，并在电路设计时同步考虑电阻及电容值的国标化。

(4)电路测试

设计测试方案、制作测试表格，按照单元电路的先后顺序进行各项性能指标的测试与记录。

(5)优化迭代

对照任务要求，根据测试结果调整单元电路元器件的参数，进一步合理优化电路设计。

(6)项目总结

整理设计资料、各类文档，撰写设计报告。提交项目设计报告、总结报告、原理图、电子元器件清单。

3.9.5　实验注意事项

不同于一般模拟电路实验课，本项目引入新型器件，要查阅和学习新知识、设计模型、仿真验证、总结提炼，采用工程设计思路开展实验并测试滤波效果，要参与滤波器设计的每一个细节，学习原理并实践动手，知其然也知其所以然。

3.9.6　分析思考

根据滤波器的图像分析，随着输入信号频率的增加，其输出信号的振幅如何变化，相位偏移量逐渐趋近于什么状态。

3.9.7　实验报告

①背景分析：忆阻器研究现状及应用背景调研分析。

②需求分析：系统功能、技术指标、应用场景的需求分析，对设计任务有准确的理解

和把握。

③方案论证：总体硬件方案的对比和论证，给出硬件组成示意图并进行简要阐述。

④电路设计：给出电路设计与参数选择的依据和计算过程、器件选型依据，并给出规范的电路设计图。

⑤系统测试：阐述系统测试方案和测试条件，记录实验数据和波形图，分析测量结果。

⑥总结展望：整理测量结果，进行全面分析，总结忆阻高通滤波器与普通高通滤波器的区别和优缺点。思考实验过程中出现的问题及解决办法，思考改进措施和该类电路的应用前景等。

课后习题

一、填空题

1. 用示波器观测某正弦信号，扫描微调旋钮均置于校准位置，探头衰减比为 10∶1，幅度旋钮置于 2 V/div，扫描旋钮置于 10 mS/div，测得波形波峰、波谷间刚好占 3 格，相邻波峰间刚好占 2 格，则该正弦信号的有效值为________V。

2. 示波器的输入耦合方式开关有“AC”“DC”和“接地”三挡，如果要观测一个直流信号和正弦信号相加后的信号峰值，那么应将耦合开关置于________。

3. NPN 管组成的单管共射放大电路，输出电压 U_o 发生底部失真，为________失真，此时应该________(如何调节)基极电流。

4. 差分式放大电路是为________而设置的。

5. 变压器副边电压为 U_2，则桥式整流电路中负载电阻器 R_L 上的平均电压为________。

二、选择题

1. 用万用表 R×1k 挡检测某一个二极管时，发现正、反向电阻均接近于∞，说明该二极管是(　　)。

A. 短路状态　　B. 完好状态　　C. 断路状态　　D. 极性搞错

2. 用指针式万用表判断某性能良好的三极管的极性和管型，将黑表笔接在三极管的某一引脚上，用红表笔分别搭接另外两个引脚时，以下说法正确的是(　　)。

A. 若两次测量阻值都很大，则黑表笔所接引脚为 PNP 型三极管的基极

B. 若两次测量阻值都很大，则黑表笔所接引脚为 NPN 型三极管的基极

C. 若两次测量阻值都很小，则黑表笔所接引脚为 PNP 型三极管的基极

D. 以上均不对

3. 用示波器测量 $f=10$ kHz 的信号时，示波器上扫描速度选择开关应置于(　　)挡较为合适。

A. R×1 或 R×10　　　　B. R×100 或 R×1 k

C. R×1 k 或 R×10 k　　　　D. R×10 k

4. 测量若干硅 NPN 型 BJT 各电极对地的电压值如下，工作在放大区的 BJT 是(　　)。

A. $V_C=6$ V，$V_B=4$ V，$V_E=3.6$ V

B. $V_C=3.6$ V，$V_B=4$ V，$V_E=3.4$ V

C. $V_C=6$ V，$V_B=2$ V，$V_E=1.3$ V

D. $V_C=6$ V，$V_B=6$ V，$V_E=5.6$ V

5. 已知某电路输入电压和输出电压的波形如图 3.1 所示，则该电路可能是(　　)。

A. 积分运算电路　　　　B. 微分运算电路

C. 同相放大电路　　　　D. 反相放大电路

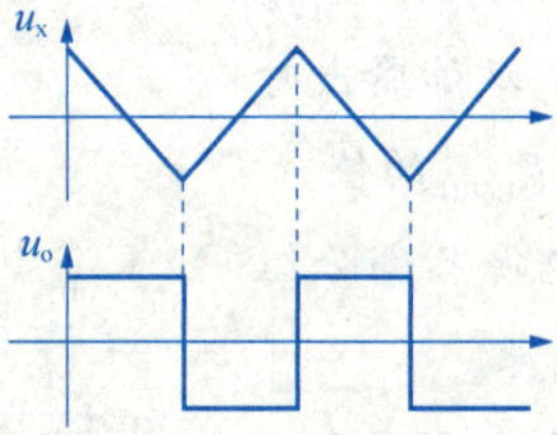

图 3.1　输入输出电压波形图

三、判断题

1. 若放大电路的放大倍数为负，则引入的反馈一定是负反馈。　(　　)

2. 任何放大电路都既能放大电流又能放大电压。　(　　)

3. 运算放大器的 $i_i \approx 0$，则将输入端断开后运算放大器仍可以正常工作。　(　　)

4. 通常乙类和甲乙类功放电路的效率比甲类功放电路的效率要高。　(　　)

5. 在正弦交流电感性负载电路中，电压的相位总是滞后于电流的相位。　(　　)

四、分析(计算)题

①三极管放大电路如图 3.2 所示，已知 $V_{CC}=12$ V，$R_c=3$ kΩ，$R_{b1}=10$ kΩ，$R_{b2}=30$ kΩ，$R_e=2$ kΩ，$R_L=3$ kΩ，$\beta=50$，试求：

(1)静态工作点。

(2)画出简化的 H 参数小信号等效电路。

(3)输入、输出电阻，电压放大倍数。

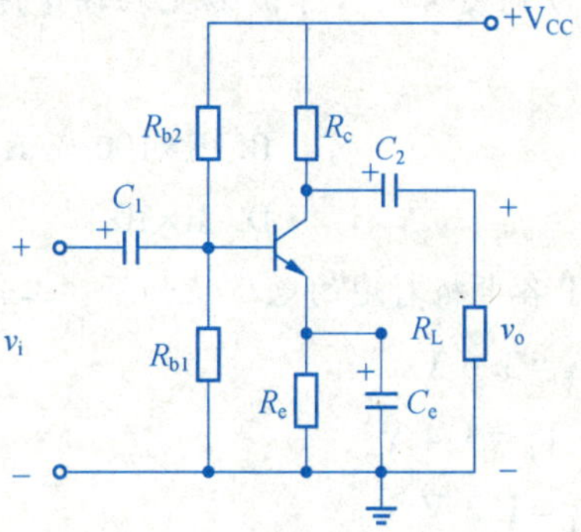

图 3.2　三极管放大电路

②在图 3.3 所示的射极耦合差分式放大电路中，$+V_{CC}=10$ V，$-V_{EE}=-10$ V，$I_0=1$ mA，$r_0=25$ kΩ(电路中未画出)，$R_{C1}=R_{C2}=10$ kΩ，BJT 的 $\beta=200$，$V_{BE}=0.7$ V，试求：

(1)当 $v_{i1}=v_{i2}=0$ V 时，求 I_C、V_{CE1}和 V_{CE2}。

(2)当 $v_{i1}=-v_{i2}=+1/2v_{id}$时，求双端输出时的 A_{vd}和单端输出时的 A_{vd1}、A_{vc1}和 K_{CMR1}的值。

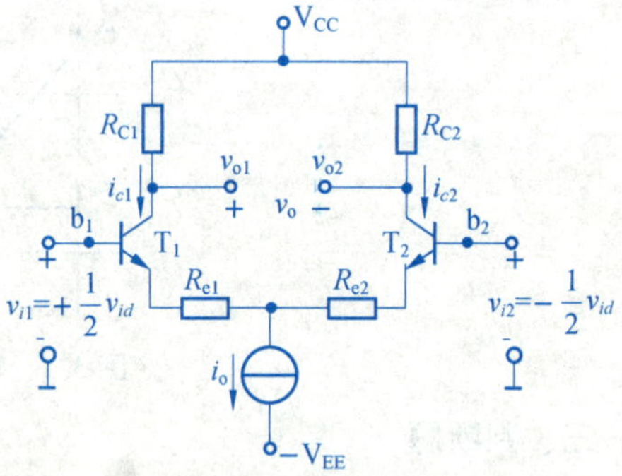

图 3.3　射极耦合差分放大电路

3. 如图 3.4 所示为直流稳压电源各部分组成电路，请合理连线，构成直流电源。

(1)若副边电压 $U_2=10$ V，整流后的输出电流 $I'_L=1$ A，则应选择何种参数的整流二极管可保证电路正常？

(2)图中各部分电路连线后，电路存在何种矛盾(不合理处)？应如何修改电路修正这个矛盾点？

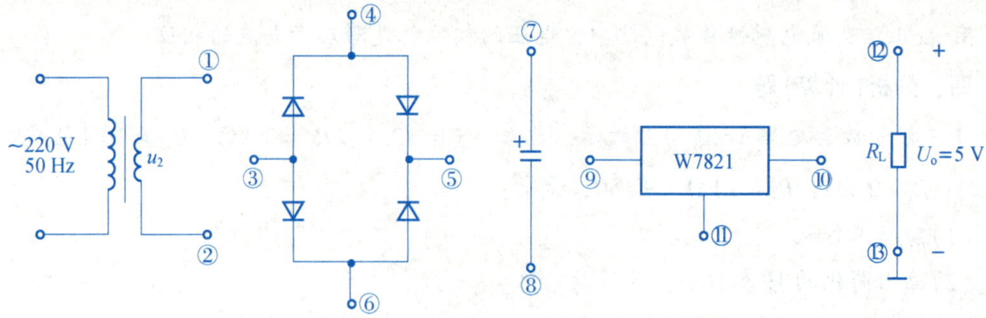

图 3.4　射极耦合差分放大电路

第 4 章 数字电子技术实验

培养目标

1. 知识目标

(1) 充分掌握和正确利用集成元件及其构成的数字电路独有的特点和规律。

(2) 巩固加深并扩大所学的理论知识，培养运用基本理论分析实际问题的能力。

(3) 学会常用电子仪器的使用和掌握数字电子线路基本参数的测试方法。

(4) 能熟练、准确地测量实验数据，绘制工整的实验曲线，分析实验结果，完成合格的实验报告。

2. 能力目标

(1) 能独立操作简单的实验，并能运用理论知识分析、解决实验中出现的一般问题。

(2) 初步具备一般数字线路系统的分析、设计和综合调试能力。

(3) 具有用常用仪器查找和排除数字电路中常见实验故障的能力。

(4) 能正确处理实验数据，具有分析误差的初步能力。

3. 思政目标

(1) 培养实事求是、严肃认真、细致踏实的科学作风和良好的实验习惯，为今后的专业实践和科学研究打下坚实基础。

(2) 注重理论联系实际，树立工程意识和踏实严谨的作风。

(3) 通过数字电子技术综合实验的设计，培养学生的创新思维和团队合作意识。

课程思政引例 中国芯片的崛起和发展

随着科技的飞速发展，芯片已成为现代社会各个领域的核心部件。在全球芯片市场中，中国产芯片的地位日益凸显。我国芯片产业的探索，起始于 20 世纪 50

年代对半导体技术的研究。20 世纪 80 年代开始引进国外先进的芯片制造技术，这一举措推动了国内芯片产业的发展。自 21 世纪初以来，我国政府就加大对芯片产业的投入，鼓励企业自主研发，推动了国产芯片产业的快速发展。

自主版权芯片的地位有多重要，中兴事件和华为事件已经给我们带来震撼的历史了。毫不夸张地说，芯片就是未来的核心竞争力，芯片也代表了一个国家的科技综合实力。尽管目前我们研发“中国芯”有着种种不利因素，有着各种封锁和掣肘，但我国对芯片行业的追赶一天也没有停歇。2020 年 7 月 15 日，中国科学院大学召开新闻发布会，公布了首期“一生一芯”计划成果。5 位国科大 2016 级本科生，主导完成了 64 位的 RISC-V 处理器 SoC 芯片设计并实现流片，且成功地运行 Linux 操作系统。这款被命名为“果壳”(国科)的芯片，整个过程耗时 4 个月高强度开发，自行设计、自主研发、自主制造，最终让这颗影响力堪比原子弹爆炸的中国芯成功出世！

严格来说，这 5 位本科生完成流片的“果壳”芯片，虽然也经过了调试、测试和验证，但毕竟只是一款教学芯片，并不是产品芯片。无论如何，我国在芯片人才的培养上，已经走出了坚实的一步。随着“一生一芯”项目的推进，必然有更多的芯片人才被培养出来，充实到芯片行业中。

4.1 基础实验——TTL 集成逻辑门的逻辑功能与参数测试

【预习要求】

①熟悉基本逻辑门和复合逻辑门的逻辑功能。

②查阅并了解 74LS20 的电路组成、引脚功能和逻辑功能，列出真值表。

4.1.1 实验目的

①掌握 TTL 集成与非门的逻辑功能和主要参数的测试方法。

②掌握 TTL 器件的使用规则。

③进一步熟悉数字电路实验装置的结构、基本功能和使用方法。

4.1.2 实验原理

本实验采用四输入双与非门 74LS20，即在一块集成块内含有 2 个互相独立的与非门，每个与非门有 4 个输入端。其逻辑框图、逻辑符号及引脚排列分别如图 4.1.1(a)(b)(c)所示。

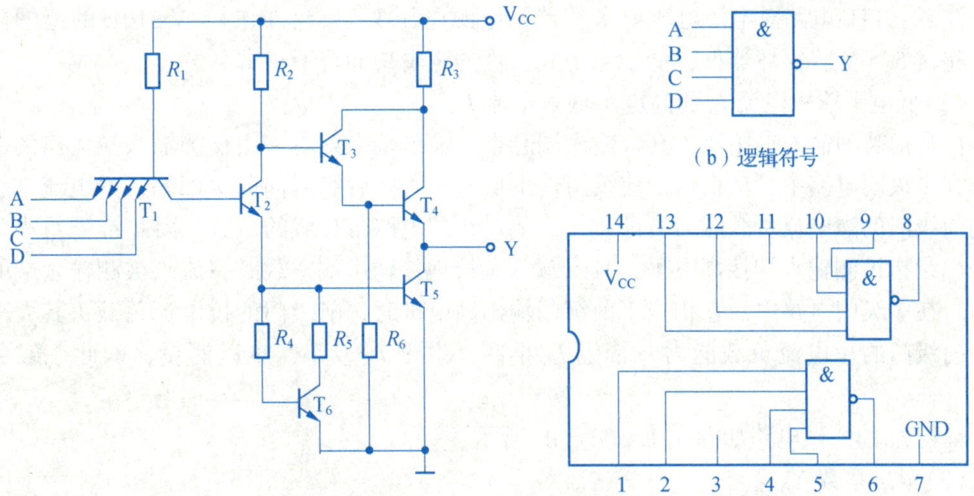

（a）逻辑框图　（b）逻辑符号　（c）引脚排列

图 4.1.1　74LS20 逻辑框图、逻辑符号及引脚排列

4.1.2.1　与非门的逻辑功能

与非门的逻辑功能是：当输入端中有一个或一个以上是低电平时，输出端为高电平；只有当输入端全部为高电平时，输出端才是低电平（有“0”得“1”，全“1”得“0”）。

其逻辑表达式为：

$$Y=\overline{AB\cdots}$$

4.1.2.2　TTL 与非门的主要参数

（1）低电平输出电源电流 I_{CCL} 和高电平输出电源电流 I_{CCH}

与非门处于不同的工作状态时，电源提供的电流是不同的。I_{CCL} 是指所有输入端悬空，输出端空载时，电源提供给器件的电流。I_{CCH} 是指输出端空截，每个门各有一个以上的输入端接地，其余输入端悬空，电源提供给器件的电流。通常 $I_{CCL}>I_{CCH}$，它们的大小标志着器件静态功耗的大小。器件的最大功耗为 $P_{CCL}=V_{CC}I_{CCL}$。手册中提供的电源电流和功耗值是指整个器件总的电源电流和总的功耗。I_{CCL} 和 I_{CCH} 测试电路分别如图 4.1.2(a)(b)所示。

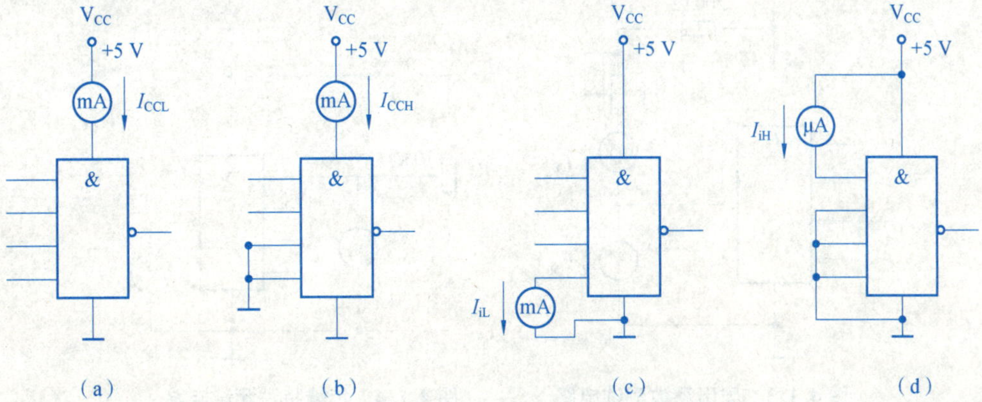

（a）　（b）　（c）　（d）

图 4.1.2　TTL 与非门静态参数测试电路图

注意：TTL 电路对电源电压要求较严，电源电压 V_{CC} 只允许在+5 V±10%的范围内工作，超过5.5 V将损坏器件，低于4.5 V器件的逻辑功能将不正常。

(2)低电平输入电流 I_{iL} 和高电平输入电流 I_{iH}

I_{iL} 是指被测输入端接地，其余输入端悬空，输出端空载时，由被测输入端流出的电流值。在多级门电路中，I_{iL} 相当于前级门输出低电平时，后级门向前级门灌入的电流，它关系到前级门的灌电流负载能力，即直接影响前级门电路带负载的个数，因此希望 I_{iL} 小些。

I_{iH} 是指被测输入端接高电平，其余输入端接地，输出端空载时，流入被测输入端的电流值。在多级门电路中，它相当于前级门输出高电平时，前级门的拉电流负载，其大小关系到前级门的拉电流负载能力，希望 I_{iH} 小些。由于 I_{iH} 较小，难以测量，因此一般免于测试。

I_{iL} 与 I_{iH} 的测试电路如图4.1.2(c)(d)所示。

(3)扇出系数 N_O

扇出系数 N_O 是指门电路能驱动同类门的个数，它是衡量门电路负载能力的一个参数。TTL 与非门有两种不同性质的负载，即灌电流负载和拉电流负载，因此有两种扇出系数，即低电平扇出系数 N_{OL} 和高电平扇出系数 N_{OH}。通常 $I_{iH} < I_{iL}$，则 $N_{OH} > N_{OL}$，故常以 N_{OL} 作为门的扇出系数。

N_{OL} 的测试电路如图4.1.3所示，门的输入端全部悬空，输出端接灌电流负载 R_L，调节 R_L 使 I_{OL} 增大，V_{OL} 随之增高，当 V_{OL} 达到 V_{OLm}（手册中规定低电平规范值0.4 V)时的 I_{OL} 就是允许灌入的最大负载电流，则

$$N_{OL}=\frac{I_{OL}}{I_{iL}}\quad（通常\ N_{OL}\geqslant 8）$$

(4)电压传输特性

门的输出电压 v_o 随输入电压 v_i 而变化的曲线 $v_o=f(v_i)$ 称为门的电压传输特性，通过它可读得门电路的一些重要参数，如输出高电平 V_{OH}、输出低电平 V_{OL}、关门电平 V_{Off}、开门电平 V_{ON}、阈值电平 V_T 及抗干扰容限 V_{NL}、V_{NH} 等值。测试电路如图4.1.4所示，采用逐点测试法，即调节 R_W，逐点测得 V_i 及 V_o，然后绘成曲线。

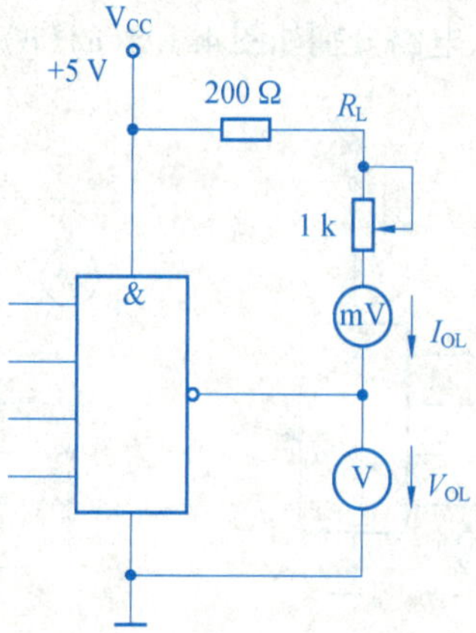

图4.1.3 扇出系数测试电路

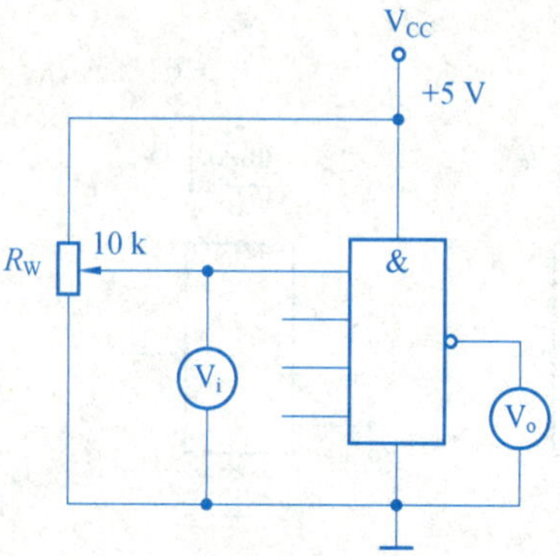

图4.1.4 传输特性测试电路

4.1.3　实验设备与器件

①+5 V 直流电源。

②逻辑电平开关。

③逻辑电平显示器。

④直流数字电压表。

⑤直流毫安表。

⑥直流微安表。

⑦74LS20×2、1 k、10 k 电位器，200 Ω 电阻器(0.5 W)。

4.1.4　实验内容

在合适的位置选取一个 14P 插座，按定位标记插好 74LS20 集成块。

4.1.4.1　熟悉 TTL 集成与非门 74LS20 的逻辑功能

74LS20 主要电参数规范如表 4.1.1 所示。

表 4.1.1　74LS20 主要电参数规范

参数名称和符号			规范值	单位	测试条件
直流参数	通导电源电流	I_{CCL}	<14	mA	V_{CC}=5 V，输入端悬空，输出端空载
	截止电源电流	I_{CCH}	<7	mA	V_{CC}=5 V，输入端接地，输出端空载
	低电平输入电流	I_{iL}	≤1.4	mA	V_{CC}=5 V，被测输入端接地，其他输入端悬空，输出端空载
	高电平输入电流	I_{iH}	<50	μA	V_{CC}=5 V，被测输入端 V_{in}=2.4V，其他输入端接地，输出端空载
			<1	mA	V_{CC}=5 V，被测输入端 V_{in}=5 V，其他输入端接地，输出端空载
	输出高电平	V_{OH}	≥3.4	V	V_{CC}=5 V，被测输入端 V_{in}=0.8V，其他输入端悬空，I_{OH}=400 μA
	输出低电平	V_{OL}	<0.3	V	V_{CC}=5 V，输入端 V_{in}=2.0 V，I_{OL}=12.8 mA
	扇出系数	N_o	4~8	V	同 V_{OH} 和 V_{OL}
交流参数	平均传输延迟时间	tpd	≤20	ns	V_{CC}=5 V，被测输入端输入信号：V_{in}=3.0 V，f=2 MHz

4.1.4.2　验证 TTL 集成与非门 74LS20 的逻辑功能

按图 4.1.5 所示接线，门的 4 个输入端接逻辑开关输出插口，以提供“0”与“1”电平信号，开关向上为输出逻辑“1”，向下为输出逻辑“0”。门的输出端接由 LED 发光二极管组成的逻辑电平显示器(又称0-1指示器)的显示插口，LED亮为逻辑“1”，不亮为逻辑“0”。按表4.1.2所示的真值表逐个测试集成块中两个与非门的逻辑功能。74LS20有4个输入端，有16个最小项，在实际测试时，只要通过对输入1111、0111、1011、1101、1110这5项进行检测，就可判断其逻辑功能是否正常。

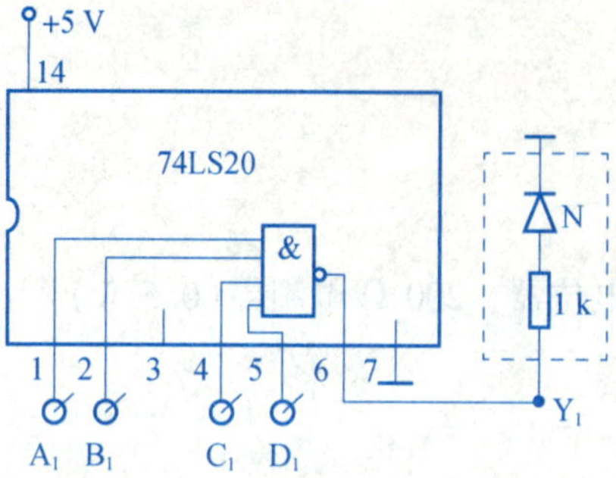

图 4.1.5　与非逻辑功能测试电路

表 4.1.2　74LS20 逻辑功能表

输入				输出	
An	Bn	Cn	Dn	Y_1	Y_2
1	1	1	1		
0	1	1	1		
1	0	1	1		
1	1	0	1		
1	1	1	0		

4.1.4.3　74LS20 主要参数的测试

(1) 分别按图4.1.2、4.1.3、4.1.5所示接线并进行测试，将测试结果记入表4.1.3中。

表 4.1.3　74LS20 静态参数及扇出系数测试数据

I_{CCL}/mA	I_{CCH}/mA	I_{iL}/mA	I_{OL}/mA	$N_{OL}=\frac{I_{OL}}{I_{iL}}$

(2)接图4.1.4所示接线，调节电位器R_W，使V_i从0 V向高电平变化，逐点测量V_i和V_o的对应值，将测试结果记入表4.1.4中。

表 4.1.4　74LS20 传输特性测试数据

V_i/V	V_o/V	V_i/V	V_o/V	V_i/V	V_o/V
0		0.8		2.5	
0.2		1.0		3.0	
0.4		1.5		3.5	
0.6		2.0		4.0	
…					

4.1.5　实验注意事项

数字电路实验中所用到的集成芯片都是双列直插式的，其识别方法是：正对集成电路型号(如 74LS20)或看标记(左边的缺口或小圆点标记)，从左下角开始按逆时针方向以 1, 2, 3, …依次排列到最后一脚(在左上角)。在标准形 TTL 集成电路中，电源端 V_{CC} 一般排在左上端，接地端 GND 一般排在右下端。如 74LS20 为 14 脚芯片，14 脚为 V_{CC}，7 脚为 GND。若集成芯片引脚上的功能标号为 NC，则表示该引脚为空脚，与内部电路不连接。

①接插集成块时，要认清定位标记，不得插反。

②电源电压的使用范围为+4.5～+5.5 V，实验中要求使用 V_{CC} = +5 V。电源极性绝对不允许接错。

③闲置输入端的处理方法：

Ⅰ. 悬空，相当于正逻辑“1”。对于一般小规模集成电路的数据输入端，实验时允许悬空处理。这种方法易受外界干扰，导致电路的逻辑功能不正常。因此，对于接有长线的输入端，中规模以上的集成电路和使用集成电路较多的复杂电路，所有控制输入端必须按逻辑要求接入电路，不允许悬空。

Ⅱ. 直接接电源电压 V_{CC}(也可以串入一只 1～10 kΩ 的固定电阻)或接至某一固定电压(+2.4 V≤V≤4.5 V)的电源上，或与输入端为接地的多余与非门的输出端相接。

Ⅲ. 若前级驱动能力允许，可以与使用的输入端并联。

④输入端通过电阻接地，电阻值的大小将直接影响电路所处的状态。当 R≤680 Ω 时，输入端相当于逻辑“0”；当 R≥4.7 kΩ 时，输入端相当于逻辑“1”。对于不同系列的器件，要求的阻值不同。

⑤输出端不允许并联使用[集电极开路门(OC)和三态输出门电路(3S)除外]，否则不仅会使电路逻辑功能混乱，还会导致器件损坏。

⑥输出端不允许直接接地或直接接+5 V 电源，否则将损坏器件。有时为了使后级电路获得较高的输出电平，允许输出端通过电阻器 R 接至 V_{CC}，一般取 R=3～5.1 kΩ。

4.1.6　分析思考

请思考为什么只要通过对输入 1111、0111、1011、1101、1110 这 5 项进行检测，就可判断其逻辑功能是否正常？

4.1.7 实验报告

①记录、整理实验结果，并对结果进行分析。

②画出实测的电压传输特性曲线，并从中读出各有关参数值。

4.2 创新实验——组合逻辑电路的设计与测试

【预习要求】

①复习组合逻辑电路的分析和设计步骤。

②根据实验设计任务要求，建立输入、输出变量，列出真值表。

③按实际选用逻辑门的类型，用逻辑代数和卡诺图化简两种方法求出简化的逻辑表达式。

④根据修改后的表达式，画出用标准器件构成的逻辑电路图，并标注管脚号。

⑤复习仿真软件的使用方法，绘制组合逻辑电路，并进行仿真。

4.2.1 实验目的

掌握组合逻辑电路的设计与测试方法。

4.2.2 实验原理

4.2.2.1 设计组合逻辑电路

使用中、小规模集成电路来设计组合电路是最常见的逻辑电路。设计组合逻辑电路的一般步骤如图 4.2.1 所示。

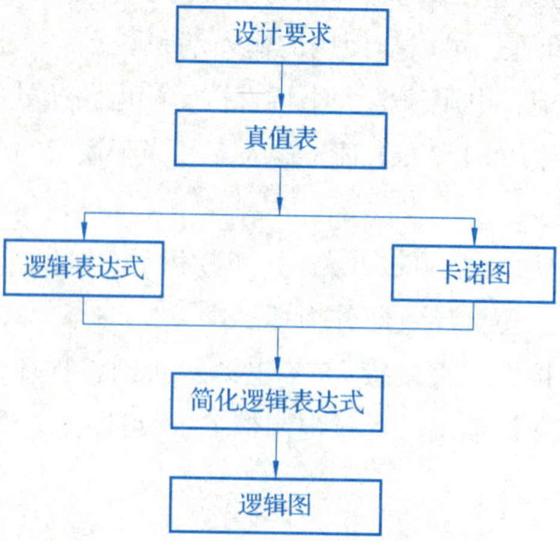

图 4.2.1 组合逻辑电路设计流程图

根据设计任务的要求，首先，建立输入、输出变量，并列出真值表。其次，用逻辑代数或卡诺图化简法求出简化的逻辑表达式，并按实际选用逻辑门的类型修改逻辑表达式。再次，根据简化后的逻辑表达式画出逻辑图，用标准器件构成逻辑电路。最后，用实验来验证设计的正确性。

4.2.2.2　组合逻辑电路设计举例

用“与非”门设计一个表决电路。当4个输入端中有3个或4个为“1”时，输出端才为“1”。

设计步骤：根据题意列出真值表如表4.2.1所示，再填入卡诺图表4.2.2中。

由卡诺图得出逻辑表达式，并演化成“与非”的形式

$$Z = ABC + BCD + ACD + ABD$$
$$= \overline{\overline{ABC} \cdot \overline{BCD} \cdot \overline{ACD} \cdot \overline{ABC}}$$

根据逻辑表达式画出用“与非门”构成的逻辑电路如图4.2.2所示。

表4.2.1　表决电路真值表

逻辑	真值															
D	0	0	0	0	0	0	0	0	1	1	1	1	1	1	1	1
A	0	0	0	0	1	1	1	1	0	0	0	0	1	1	1	1
B	0	0	1	1	0	0	1	1	0	0	1	1	0	0	1	1
C	0	1	0	1	0	1	0	1	0	1	0	1	0	1	0	1
Z	0	0	0	0	0	0	0	1	0	0	0	1	0	1	1	1

表4.2.2　表决电路卡诺图

BC	DA			
	00	01	11	10
00				
01			1	
11		1	1	1
10			1	

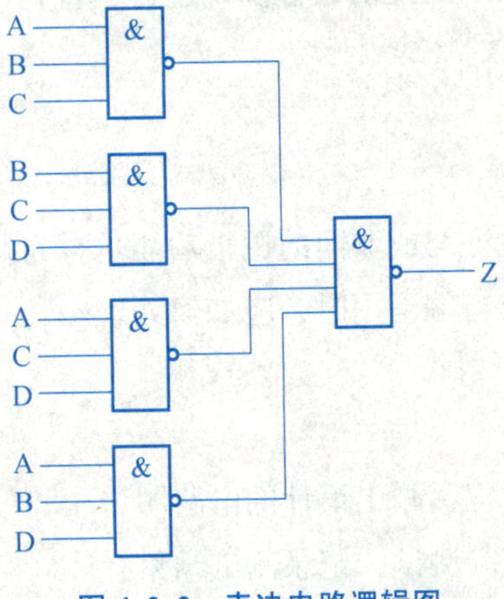

图4.2.2　表决电路逻辑图

用实验验证逻辑功能：在实验装置适当位置选定 3 个 14P 插座，按照集成块定位标记插好集成块 CC4012。

按图 4.2.2 接线，输入端 A、B、C、D 接至逻辑开关输出插口，输出端 Z 接逻辑电平显示输入插口，按真值表(自拟)的要求，逐次改变输入变量，测量相应的输出值，验证逻辑功能，与表 4.2.1 进行比较，验证所设计的逻辑电路是否符合要求。

4.2.3 实验设备与器件

①+5 V 直流电源。

②逻辑电平开关。

③逻辑电平显示器。

④直流数字电压表。

⑤CC4011×2(74LS00)、CC4012×3(74LS20)、CC4030(74LS86)、CC4081(74LS08)、74LS54×2(CC4085)、CC4001 (74LS02)。

4.2.4 实验内容

①试用二输入与非门设计一个三输入的组合逻辑电路，当输入的二进制码小于 3 时，输出为 0；当输入的二进制码大于等于 3 时，输出为 1。

②某足球评委会由 1 位教练和 3 位球迷组成，对裁判员的判罚进行表决。当满足以下条件时表示同意：有 3 人或 3 人以上同意，或者有 2 人同意，但其中 1 人是教练。试用 2 输入与非门设计该表决电路。

③设计一位全加器，要求用与或非门实现。

④设计一个对两个两位无符号的二进制数进行比较的电路：根据第一个数是否大于、等于、小于第二个数，使相应的三个输出端中的一个输出为“1”，要求用与门、与非门及或非门实现。

以上实验内容要求按本实验所述的设计步骤进行，直到测试电路逻辑功能符合设计要求为止。

4.2.5 分析思考

①如何用最简单的方法验证与或非门的逻辑功能是否完好？

②与或非门中，当某一组与端不用时，应如何处理？

4.2.6 实验报告

①列写实验任务的设计过程，画出设计的电路图。

②对所设计的电路进行实验测试，记录测试结果。

③组合电路设计体会。

注：四路 2-3-3-2 输入与或非门 74LS54 引脚排列和内部逻辑电路如图 4.2.3 所示。

逻辑表达式：$Y=\overline{A \cdot B+C \cdot D \cdot E+F \cdot G \cdot H+I \cdot J}$。

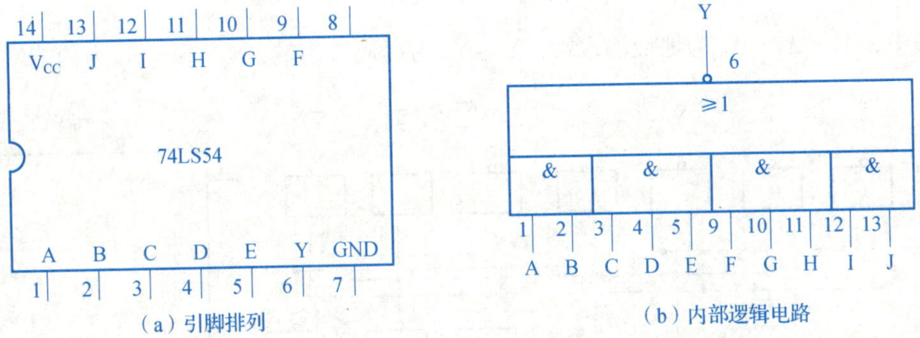

图 4.2.3　四路 2-3-3-2 输入与或非门 74LS54 引脚排列和内部逻辑电路

4.3　基础实验——译码器及其应用

【预习要求】

①复习译码器、编码器的工作原理和设计方法。

②熟悉实验中所用译码器、编码器集成电路的管脚排列和逻辑功能。

③提前绘制实验用逻辑状态表。

4.3.1　实验目的

①掌握中规模集成译码器的逻辑功能和使用方法。

②熟悉数码管的使用。

4.3.2　实验原理

译码器是一个多输入、多输出的组合逻辑电路。它的作用是把给定的代码进行"翻译"，使之变成相应的状态，并输出通道中相应的一路有信号输出。译码器在数字系统中有广泛的用途，不仅用于代码的转换、终端的数字显示，还用于数据分配、存储器寻址和组合控制信号等。不同的功能可选用不同种类的译码器。

译码器可分为通用译码器和显示译码器两大类。前者又分为变量译码器和代码变换译码器。

4.3.2.1　变量译码器

变量译码器(又称二进制译码器)，用以表示输入变量的状态，如 2 线-4 线、3 线-8

线和 4 线-16 线译码器。若有 n 个输入变量，则有 2^n 个不同的组合状态，有 2^n 个输出端供其使用。而每一个输出所代表的函数对应于 n 个输入变量的最小项。

以 3 线-8 线译码器 74LS138 为例进行分析，如图 4. 3. 1(a)(b)所示分别为其逻辑图及引脚排列。表 4. 3. 1 为 74LS138 功能表。

其中，A_2、A_1、A_0 为地址输入端，$\overline{Y}_0 \sim \overline{Y}_7$ 为译码输出端，S_1、$\overline{S}_2$、$\overline{S}_3$ 为使能端。

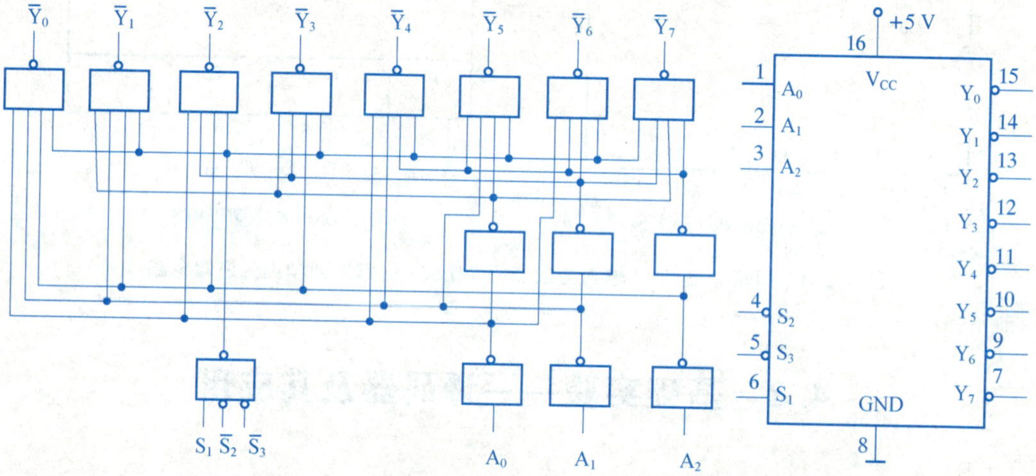

(a) 逻辑图　　(b) 引脚排列

图 4. 3. 1　3-8 线译码器 74LS138 逻辑图及引脚排列

当 $S_1=1$，$\overline{S}_2+\overline{S}_3=0$ 时，器件使能，地址码所指定的输出端有信号(为 0)输出，其他所有输出端均无信号(全为 1)输出；当 $S_1=0$，$\overline{S}_2+\overline{S}_3=X$ 时，或 $S_1=X$，$\overline{S}_2+\overline{S}_3=1$ 时，译码器被禁止，所有输出同时为 1。

表 4. 3. 1　74LS138 功能表

输入					输出							
S_1	$\overline{S}_2+\overline{S}_3$	A_2	A_1	A_0	$\overline{Y}_0$	$\overline{Y}_1$	$\overline{Y}_2$	$\overline{Y}_3$	$\overline{Y}_4$	$\overline{Y}_5$	$\overline{Y}_6$	$\overline{Y}_7$
1	0	0	0	0	0	1	1	1	1	1	1	1
1	0	0	0	1	1	0	1	1	1	1	1	1
1	0	0	1	0	1	1	0	1	1	1	1	1
1	0	0	1	1	1	1	1	0	1	1	1	1
1	0	1	0	0	1	1	1	1	0	1	1	1
1	0	1	0	1	1	1	1	1	1	0	1	1
1	0	1	1	0	1	1	1	1	1	1	0	1
1	0	1	1	1	1	1	1	1	1	1	1	0
0	×	×	×	×	1	1	1	1	1	1	1	1
×	1	×	×	×	1	1	1	1	1	1	1	1

二进制译码器实际上也是负脉冲输出的脉冲分配器。如果利用使能端中的一个输入端输入数据信息，器件就成为一个数据分配器(又称多路分配器)，如图4.3.2所示。若在S_1输入端输入数据信息，$\overline{S}_2=\overline{S}_3=0$，则地址码所对应的输出是$S_1$数据信息的反码；若从$\overline{S}_2$端输入数据信息，令$S_1=1$、$\overline{S}_3=0$，则地址码所对应的输出就是$\overline{S}_2$端数据信息的原码。若数据信息是时钟脉冲，则数据分配器便成为时钟脉冲分配器。

二进制译码器根据输入地址的不同组合译出唯一地址，故可用作地址译码器。接成多路分配器，可将一个信号源的数据信息传输到不同的地点。

二进制译码器还能方便地实现逻辑函数，如图4.3.3所示，实现的逻辑函数是$Z=\overline{A}\,\overline{B}\,\overline{C}+\overline{A}B\overline{C}+A\overline{B}\,\overline{C}+ABC$。

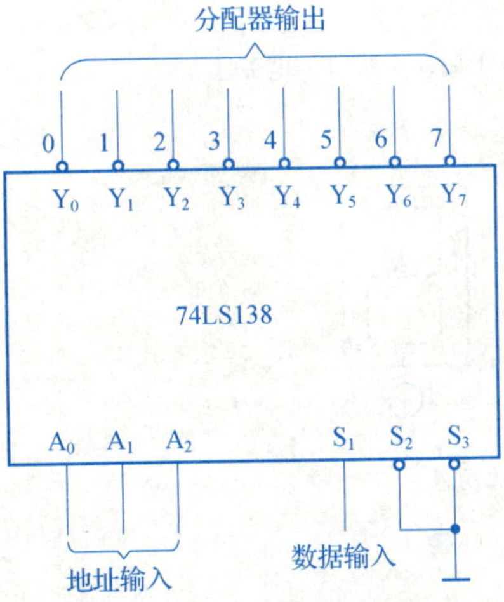

图4.3.2　作数据分配器

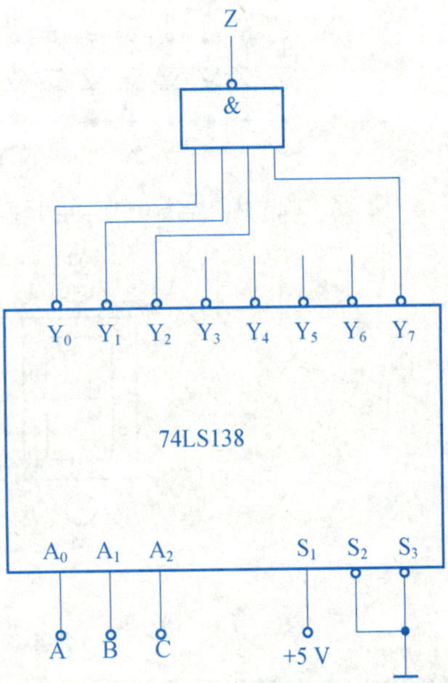

图4.3.3　实现逻辑函数

利用使能端能方便地将两个3/8译码器组合成一个4/16译码器，如图4.3.4所示。

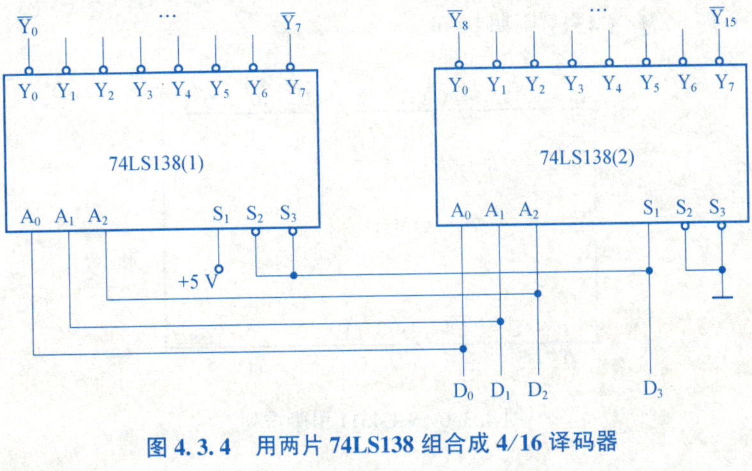

图4.3.4　用两片74LS138组合成4/16译码器

4.3.2.2 数码显示译码器

(1)七段发光二极管(LED)数码管

LED 数码管是目前最常用的数字显示器，图 4.3.5(a)、(b)分别为共阴管和共阳管的电路，(c)为两种不同出线形式的引出脚功能图。

一个 LED 数码管可用来显示一位 0~9 十进制数和一个小数点。小型数码管(0.5 寸和 0.36 寸)每段发光二极管的正向压降，随显示光(通常为红、绿、黄、橙色)的颜色不同略有差别，通常为 2~2.5 V，每个发光二极管的点亮电流在 5~10 mA。LED 数码管要显示 BCD 码所表示的十进制数字，就需要有一个专门的译码器，该译码器不但要完成译码功能，还要有相当的驱动能力。

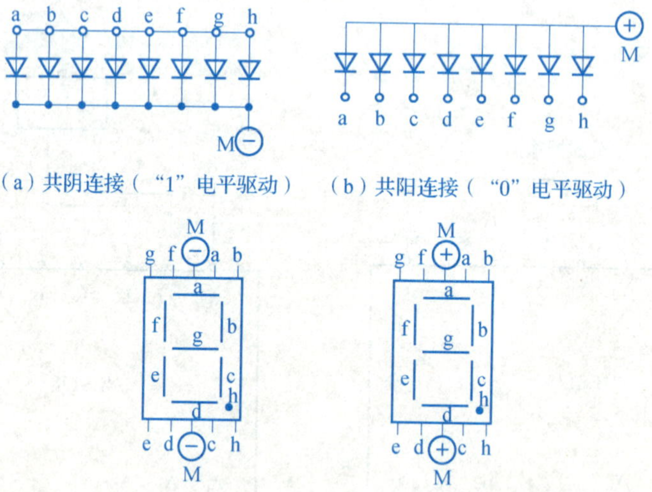

图 4.3.5 LED 数码管

(2)BCD 码七段译码驱动器

此类译码器的型号有 74LS47(共阳)、74LS48(共阴)、CC4511(共阴)等，本实验系采用 CC4511 BCD 码锁存/七段译码/驱动器，驱动共阴极 LED 数码管。

如图 4.3.6 所示为 CC4511 引脚排列。

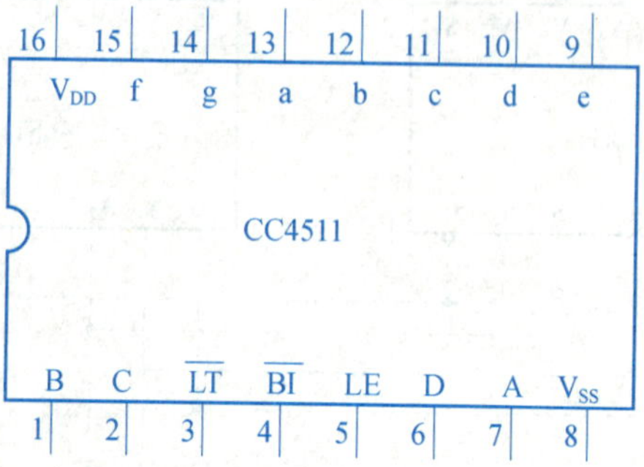

图 4.3.6 CC4511 引脚排列

其中，A、B、C、D 为 BCD 码输入端。a、b、c、d、e、f、g 为译码输出端，输出“1”有效，用来驱动共阴极 LED 数码管。$\overline{LT}$为测试输入端，$\overline{LT}$=“0”时，译码输出全为“1”。$\overline{BI}$为消隐输入端，$\overline{BI}$=“0”时，译码输出全为“0”。LE 为锁定端，LE=“1”时译码器处于锁定（保持）状态，译码输出保持在 $LE=0$ 时的数值，$LE=0$ 为正常译码。

表 4.3.2 为 CC4511 功能表。CC4511 内接有上拉电阻，故只需在输出端与数码管笔段之间串入限流电阻器即可工作。译码器还有拒伪码功能，当输入码超过 1001 时，输出全为“0”，数码管熄灭。

表 4.3.2　CC4511 功能表

输入							输出							
LE	$\overline{BI}$	$\overline{LT}$	D	C	B	A	a	b	c	d	e	f	g	显示字形
×	×	0	×	×	×	×	1	1	1	1	1	1	1	8
×	0	1	×	×	×	×	0	0	0	0	0	0	0	消隐
0	1	1	0	0	0	0	1	1	1	1	1	1	0	0
0	1	1	0	0	0	1	0	1	1	0	0	0	0	1
0	1	1	0	0	1	0	1	1	0	1	1	0	1	2
0	1	1	0	0	1	1	1	1	1	1	0	0	1	3
0	1	1	0	1	0	0	0	1	1	0	0	1	1	4
0	1	1	0	1	0	1	1	0	1	1	0	1	1	5
0	1	1	0	1	1	0	0	0	1	1	1	1	1	6
0	1	1	0	1	1	1	1	1	1	0	0	0	0	7
0	1	1	1	0	0	0	1	1	1	1	1	1	1	8
0	1	1	1	0	0	1	1	1	1	0	0	1	1	9
0	1	1	1	0	1	0	0	0	0	0	0	0	0	消隐
0	1	1	1	0	1	1	0	0	0	0	0	0	0	消隐
0	1	1	1	1	0	0	0	0	0	0	0	0	0	消隐
0	1	1	1	1	0	1	0	0	0	0	0	0	0	消隐
0	1	1	1	1	1	0	0	0	0	0	0	0	0	消隐
0	1	1	1	1	1	1	0	0	0	0	0	0	0	消隐
1	1	1	×	×	×	×	锁存							锁存

在本数字电路实验装置上已完成了译码器 CC4511 和数码管 BS202 之间的连接。实验时，只要接通+5 V 电源和将十进制数的 BCD 码接至译码器的相应输入端 A、B、C、D，就可显示 0~9 的数字。4 位数码管可接受 4 组 BCD 码输入。CC4511 与 LED 数码管的连接

如图 4.3.7 所示。

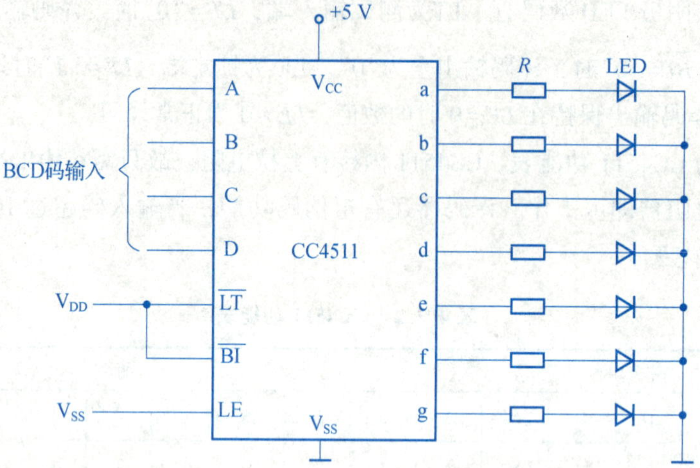

图 4.3.7　CC4511 驱动一位 LED 数码管

4.3.3　实验设备与器件

①+5 V 直流电源。

②双踪示波器。

③连续脉冲源。

④逻辑电平开关。

⑤逻辑电平显示器。

⑥拨码开关组。

⑦译码显示器。

⑧74LS138×2、CC4511。

4.3.4　实验内容

①数据拨码开关的使用。

将实验装置上的 4 组拨码开关的输出 A_i、B_i、C_i、D_i 分别接至 4 组显示译码/驱动器 CC4511 的对应输入口，LE、$\overline{BI}$、$\overline{LT}$接至 3 个逻辑开关的输出插口，接上+5 V 显示器的电源，然后按功能表 4.3.2 输入的要求揿动 4 个数码的增减键（"+"与"−"键）和操作与 LE、$\overline{BI}$、$\overline{LT}$对应的 3 个逻辑开关，观测拨码盘上的 4 位数与 LED 数码管显示的对应数字是否一致，以及译码显示是否正常。

②74LS138 译码器逻辑功能测试。

将译码器使能端 S_1、$\overline{S}_2$、$\overline{S}_3$ 及地址端 A_2、A_1、A_0 分别接至逻辑电平开关输出口，8

个输出端 $\overline{Y}_7 \cdots \overline{Y}_0$ 依次连接在逻辑电平显示器的 8 个输入口上，拨动逻辑电平开关，按表 4.3.1 逐项测试 74LS138 的逻辑功能。

③用 74LS138 实现逻辑函数 $L(A, B, C) = AB + A\overline{C} + BC$。

④用两片 74LS138 组合成一个 4 线-16 线译码器，并进行实验。

4.3.5 分析思考

用门电路组成组合电路和应用专门集成电路各有什么优缺点？

4.3.6 实验报告

①画出实验线路，把观察到的波形画在坐标纸上，并标上对应的地址码。

②对实验结果进行分析、讨论。

4.4 基础实验——数据选择器及其应用

【预习要求】

①复习数据选择器的工作原理。

②用数据选择器对实验内容中的各函数式进行预设计。

4.4.1 实验目的

①掌握中规模集成数据选择器的逻辑功能及使用方法。

②学习用数据选择器构成组合逻辑电路的方法。

4.4.2 实验原理

数据选择器又叫“多路开关”。数据选择器在地址码(或叫选择控制)电位的控制下，从几个数据输入中选择一个并将其送到一个公共的输出端。数据选择器的功能类似于一个多掷开关，如图 4.4.1 所示，图中有 4 路数据 $D_0 \sim D_3$，通过选择控制信号 A_1、A_0(地址码)，从 4 路数据中选中某一路数据送至输出端 Q。

数据选择器为目前逻辑设计中应用十分广泛的逻辑部件，它有 2 选 1、4 选 1、8 选 1、16 选 1 等类别。

数据选择器的电路结构一般由与或门阵列组成，也有用传输门开关和门电路混合而成的。

4.4.2.1 8 选 1 数据选择器 74LS151

74LS151 为互补输出的 8 选 1 数据选择器，其引脚排列如图 4.4.2 所示，功能如表

4.4.1 所示。

选择控制端(地址端)为 $A_2 \sim A_0$，按二进制译码，从 8 个输入数据 $D_0 \sim D_7$ 中选择一个需要的数据送到输出端 Q，$\overline{S}$ 为使能端，低电平有效。

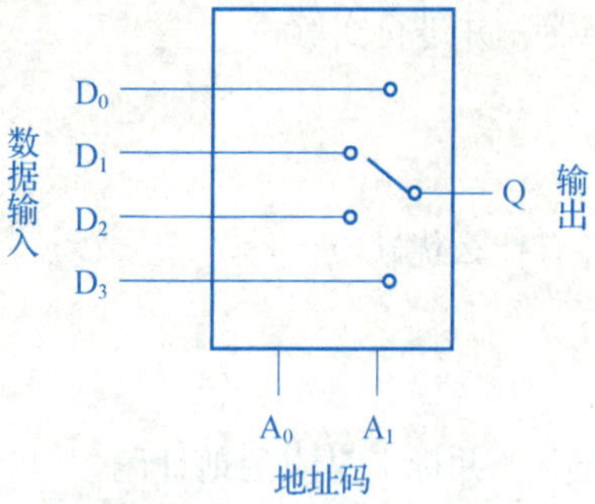

图 4.4.1　4 选 1 数据选择器示意图

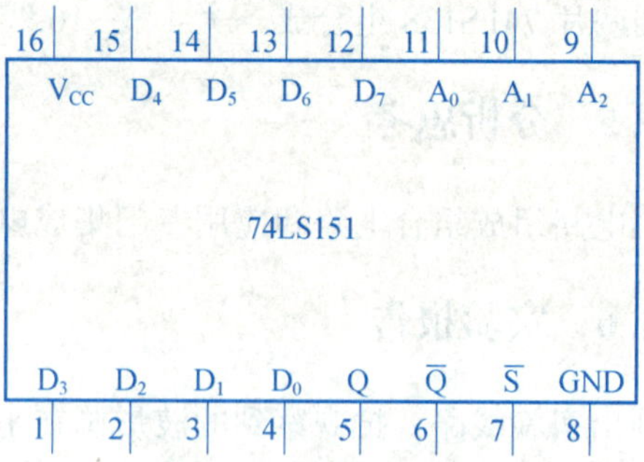

图 4.4.2　74LS151 引脚排列

表 4.4.1　74LS151 功能表

输入				输出	
$\overline{S}$	A_2	A_1	A_0	Q	$\overline{Q}$
1	×	×	×	0	1
0	0	0	0	D_0	$\overline{D_0}$
0	0	0	1	D_1	$\overline{D_1}$
0	0	1	0	D_2	$\overline{D_2}$
0	0	1	1	D_3	$\overline{D_3}$
0	1	0	0	D_4	$\overline{D_4}$
0	1	0	1	D_5	$\overline{D_5}$
0	1	1	0	D_6	$\overline{D_6}$
0	1	1	1	D_7	$\overline{D_7}$

①使能端 $\overline{S}=1$ 时，不论 $A_2 \sim A_0$ 状态如何，均无输出($Q=0$，$\overline{Q}=1$)，多路开关被禁止。

②使能端 $\overline{S}=0$ 时，多路开关正常工作，根据地址码 A_2、A_1、A_0 的状态选择 $D_0 \sim D_7$ 中某一个通道的数据输送到输出端 Q。

例如，若 $A_2A_1A_0=000$，则选择 D_0 数据到输出端，即 $Q=D_0$。

若 $A_2A_1A_0=001$，则选择 D_1 数据到输出端，即 $Q=D_1$，其余类推。

4.4.2.2　双 4 选 1 数据选择器 74LS153

所谓双 4 选 1 数据选择器，就是在一块集成芯片上有两个 4 选 1 数据选择器。其引脚排列如图 4.4.3 所示，功能如表 4.4.2 所示。

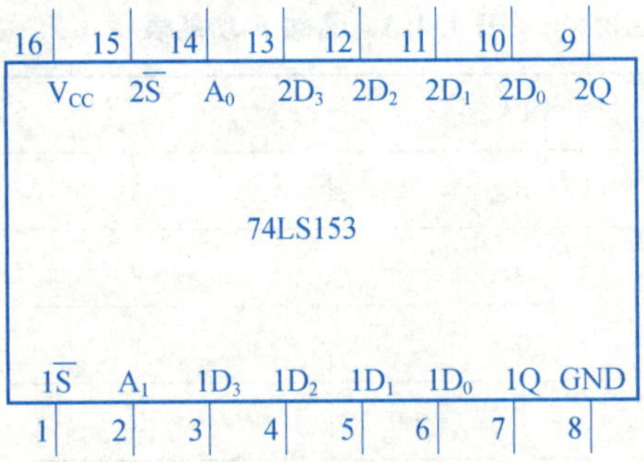

图 4.4.3　74LS153 引脚排列

表 4.4.2　74LS153 功能表

输入			输出
$\overline{S}$	A_1	A_0	Q
1	×	×	0
0	0	0	D_0
0	0	1	D_1
0	1	0	D_2
0	1	1	D_3

其中，$1\overline{S}$、$2\overline{S}$ 为两个独立的使能端，A_1、A_0 为公用的地址输入端，$1D_0\sim1D_3$ 和 $2D_0\sim2D_3$ 分别为两个 4 选 1 数据选择器的数据输入端，Q_1、Q_2 为两个输出端。

①当使能端 $1\overline{S}(2\overline{S})=1$ 时，多路开关被禁止，无输出，$Q=0$。

②当使能端 $1\overline{S}(2\overline{S})=0$ 时，多路开关正常工作，根据地址码 A_1、A_0 的状态，将相应的数据 $D_0\sim D_3$ 送到输出端 Q。

例如，若 $A_1A_0=00$，则选择 D_0 数据到输出端，即 $Q=D_0$。

若 $A_1A_0=01$，则选择 D_1 数据到输出端，即 $Q=D_1$，其余类推。

数据选择器的用途有很多，如多通道传输、数码比较、并行码变串行码，以及实现逻辑函数等。

4.4.2.3　数据选择器的应用——实现逻辑函数

例 1　用 8 选 1 数据选择器 74LS151 实现函数 $F=A\overline{B}+\overline{A}C+B\overline{C}$。

利用 8 选 1 数据选择器 74LS151 可实现任意三输入变量的组合逻辑函数。

列出函数 F 的功能表，如表 4.4.3 所示，将函数 F 功能表与 8 选 1 数据选择器的功能表相比较，可知：①将输入变量 C、B、A 作为 8 选 1 数据选择器的地址码 A_2、A_1、A_0；

②使 8 选 1 数据选择器的各数据输入 $D_0 \sim D_7$ 分别与函数 F 的输出值一一相对应。

表 4.4.3 函数 *F* 功能表

输入			输出
C	B	A	F
0	0	0	0
0	0	1	1
0	1	0	1
0	1	1	1
1	0	0	1
1	0	1	1
1	1	0	1
1	1	1	0

即若 $A_2A_1A_0=CBA$，$D_0=D_7=0$，$D_1=D_2=D_3=D_4=D_5=D_6=1$，则 8 选 1 数据选择器的输出 Q 便实现了函数 $F=A\overline{B}+\overline{A}C+B\overline{C}$，其接线图如图 4.4.4 所示。

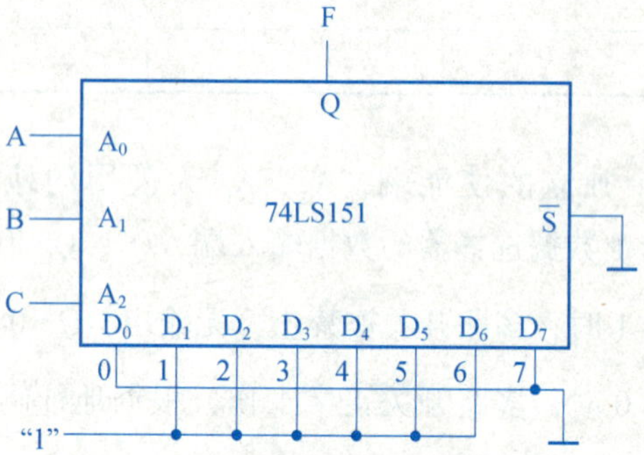

图 4.4.4 用 8 选 1 数据选择器实现 $F=A\overline{B}+\overline{A}C+B\overline{C}$

显然，采用具有 n 个地址端的数据选择实现 n 变量的逻辑函数时，应将函数的输入变量加到数据选择器的地址端(A)，选择器的数据输入端(D)按次序以函数 F 的输出值来赋值。

例 2 用 8 选 1 数据选择器 74LS151 实现函数 $F=A\overline{B}+\overline{A}B$。

①列出函数 F 的功能表，如表 4.4.4 所示。

表 4.4.4　函数 F 功能表

B	A	F
0	0	0
0	1	1
1	0	1
1	1	0

②将 A、B 加到地址端 A_1、A_0，而 A_2 接地，由表 4.4.4 可见，若将 D_1、D_2 接“1”及 D_0、D_3 接地，其余数据输入端 $D_4 \sim D_7$ 都接地，则 8 选 1 数据选择器的输出 Q 便实现了函数 $F=A\overline{B}+B\overline{A}$，其接线图如图 4.4.5 所示。

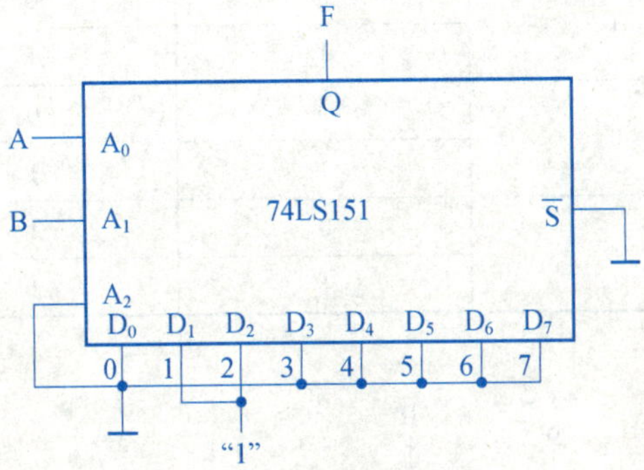

图 4.4.5　$F=A\overline{B}+\overline{A}B$ 接线图

显然，当函数的输入变量数小于数据选择器的地址端(A)时，应将不用的地址端及不用的数据输入端(D)都接地。

例 3　用 4 选 1 数据选择器 74LS153 实现函数 $F=\overline{A}BC+A\overline{B}C+AB\overline{C}+ABC$。

函数 F 的功能如表 4.4.5 所示。

表 4.4.5　函数 F 功能表

输入			输出
A	B	C	F
0	0	0	0
0	0	1	0
0	1	0	0
0	1	1	1
1	0	0	0
1	0	1	1
1	1	0	1
1	1	1	1

函数 F 有 3 个输入变量 A、B、C，而数据选择器有 2 个地址端 A_1、A_0，少于函数输入变量的个数，在设计时可任选 A 接 A_1，B 接 A_0。将函数功能表改画成表 4.4.6 所示形式，可见当将输入变量 A、B、C 中的 B 接选择器的地址端 A_1、A_0 时，由表 4.4.5 不难看出，$D_0=0$，$D_1=D_2=C$，$D_3=1$，则 4 选 1 数据选择器的输出实现了函数 $F=\overline{A}BC+A\overline{B}C+AB\overline{C}+ABC$。

表 4.4.6　函数 F 功能改画表

输入			输出	中选数据端
A	B	C	F	
0	0	0	0	$D_0=0$
		1	0	
0	1	0	0	$D_1=C$
		1	1	
1	0	0	0	$D_2=C$
		1	1	
1	1	0	1	$D_3=1$
		1	1	

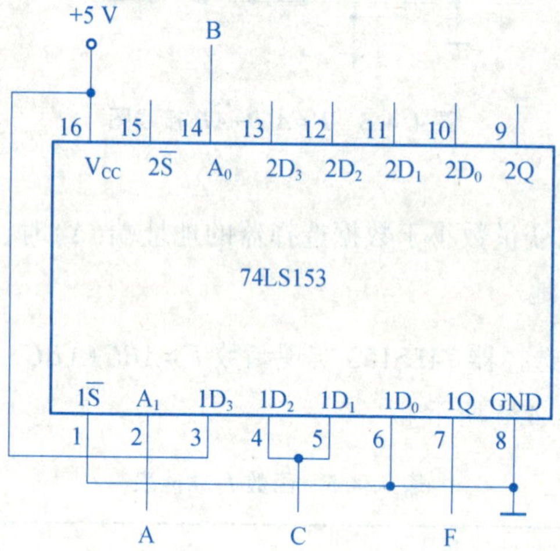

图 4.4.6　$F=\overline{A}BC+A\overline{B}C+AB\overline{C}+ABC$ 的接线图

当函数的输入变量大于数据选择器的地址端(A)数量时，可能随着选用函数输入变量作地址的方案不同而使其设计结果不同，需对几种方案进行比较，以获得最佳方案。

4.4.3　实验设备与器件

①+5 V 直流电源。

②逻辑电平开关。

③逻辑电平显示器。

④74LS151(或CC4512)、74LS153(或CC4539)。

4.4.4 实验内容

4.4.4.1 测试数据选择器74LS151的逻辑功能

按图4.4.7所示接线，地址端 A_2、A_1、A_0，数据端 $D_0 \sim D_7$，使能端 $\overline{S}$ 接逻辑开关，输出端Q接逻辑电平显示器，按74LS151功能表逐项进行测试，记录测试结果。

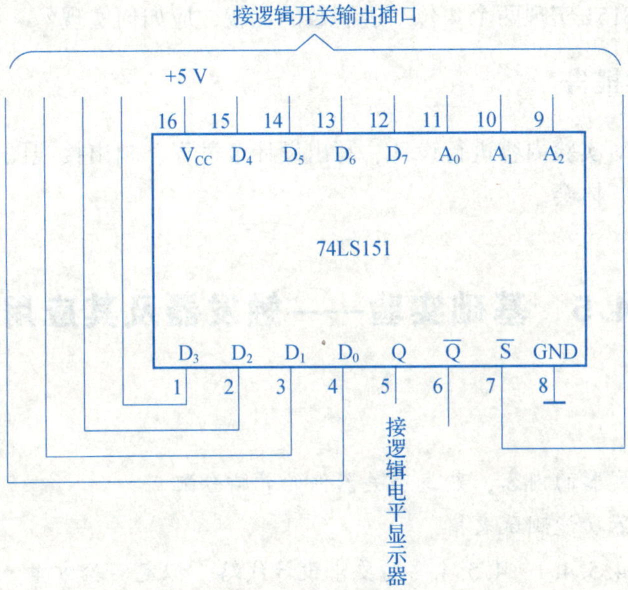

图4.4.7 74LS151逻辑功能测试

4.4.4.2 测试74LS153的逻辑功能

测试方法及步骤同4.4.4.1，记录之。

4.4.4.3 用8选1数据选择器74LS151设计三输入多数表决电路

①写出设计过程。

②画出接线图。

③验证逻辑功能。

4.4.4.4 用8选1数据选择器实现逻辑函数

①写出设计过程。

②画出接线图。

③验证逻辑功能。

4.4.4.5 用双 4 选 1 数据选择器 74LS153 实现全加器

①写出设计过程。

②画出接线图。

③验证逻辑功能。

4.4.5 分析思考

①用 74LS151 可以实现几变量的组合逻辑函数?

②用 74LS151 实现组合逻辑函数，应将逻辑函数变换成何种形式?

③用两块 74LS151 实现两个 4 位二进制数的比较，应如何实现?

4.4.6 实验报告

用数据选择器对实验内容进行设计、写出设计全过程、画出接线图、进行逻辑功能测试，总结实验收获、体会。

4.5 基础实验——触发器及其应用

【预习要求】

①复习有关触发器的内容，熟悉有关器件的管脚分配。

②列出各触发器功能测试表格。

③按实验内容 4.5.4.1、4.5.4.2 的要求设计线路，拟定实验方案。

4.5.1 实验目的

①掌握基本 RS、JK、D 和 T 触发器的逻辑功能。

②掌握集成触发器的逻辑功能及使用方法。

③熟悉触发器之间相互转换的方法。

4.5.2 实验原理

触发器具有两个稳定状态，用以表示逻辑状态“1”和“0”，在一定的外界信号作用下，它可以从一个稳定状态翻转到另一个稳定状态。触发器是一个具有记忆功能的二进制信息存储器件，是构成各种时序电路的最基本逻辑单元。

4.5.2.1 基本 RS 触发器

如图 4.5.1 所示，为由两个与非门交叉耦合构成的基本 RS 触发器，它是无时钟控制低电平直接触发的触发器。基本 RS 触发器具有置“0”、置“1”和“保持”3 种功能。通常称 $\overline{S}$ 为置“1”端，因为 $\overline{S}=0(\overline{R}=1)$ 时触发器被置“1”；$\overline{R}$ 为置“0”端，因为 $\overline{R}=0(\overline{S}=1)$ 时触发器被置“0”。当 $\overline{S}=\overline{R}=1$ 时状态保持；当 $\overline{S}=\overline{R}=0$ 时，触发器状态不定，应避免此种情况发生。表 4.5.1 为基本 RS 触发器的功能表。

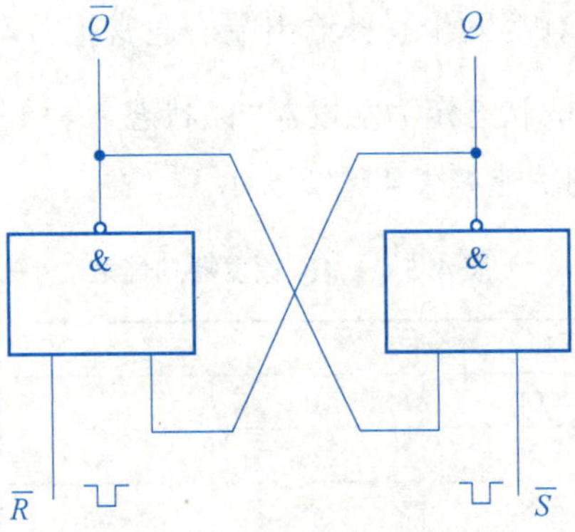

图 4.5.1　基本 RS 触发器

表 4.5.1　基本 RS 触发器功能表

输入		输出	
$\overline{S}$	$\overline{R}$	Q^{n+1}	$\overline{Q}^{n+1}$
0	1	1	0
1	0	0	1
1	1	Q^n	$\overline{Q}^n$
0	0	φ	φ

基本 RS 触发器也可以用两个“或非门”组成，此时为高电平触发有效。

4.5.2.2　JK 触发器

在输入信号为双端的情况下，JK 触发器是功能完善、使用灵活和通用性较强的一种触发器。本实验采用 74LS112 双 JK 触发器，它是下降边沿触发的边沿触发器。74LS112 双 JK 触发器的引脚功能及逻辑符号如图 4.5.2 所示。

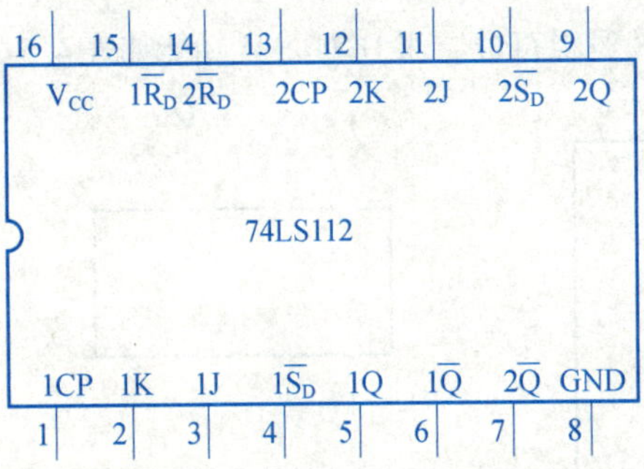

（a）引脚排列

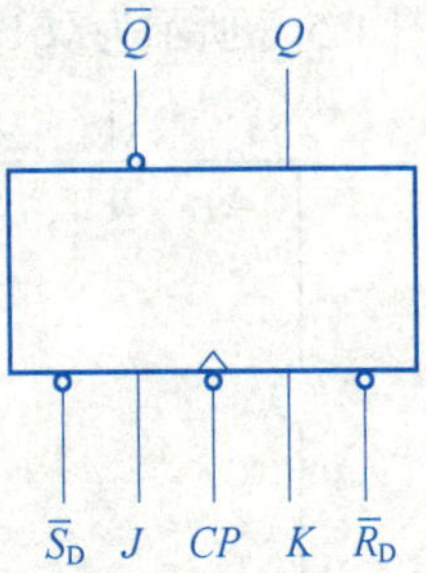

（b）逻辑符号

图 4.5.2　74LS112 双 JK 触发器的引脚排列及逻辑符号

JK 触发器的状态方程为：$Q^{n+1}=J\overline{Q^n}+\overline{K}Q^n$。

J 和 K 是数据输入端，是触发器状态更新的依据，当 J、K 有两个或两个以上输入端时，组成“与”的关系。Q 与 $\overline{Q}$ 为两个互补输出端。通常把 $Q=0$、$\overline{Q}=1$ 的状态定为触发器“0”状态；而把 $Q=1$、$\overline{Q}=0$ 的状态定为触发器“1”状态。

下降沿触发 JK 触发器的功能如表 4.5.2 所示。

表 4.5.2　JK 触发器功能表

输入					输出	
$\overline{S}_D$	$\overline{R}_D$	CP	J	K	Q^{n+1}	$\overline{Q}^{n+1}$
0	1	×	×	×	1	0
1	0	×	×	×	0	1
0	0	×	×	×	φ	φ
1	1	↓	0	0	Q^n	$\overline{Q}^n$
1	1	↓	1	0	1	0
1	1	↓	0	1	0	1
1	1	↓	1	1	$\overline{Q}^n$	Q^n
1	1	↑	×	×	Q^n	$\overline{Q}^n$

注：×—任意态；↓—高到低电平跳变；↑—低到高电平跳变；$Q^n(\overline{Q}^n)$—现态；$Q^{n+1}(\overline{Q}^{n+1})$—次态；φ—不定态。

JK 触发器常被用作缓冲存储器、移位寄存器和计数器。

4.5.2.3　D 触发器

当输入信号为单端时，D 触发器用起来最为方便，其状态方程为 $Q^{n+1}=D^n$，其输出状态的更新发生在 CP 脉冲的上升沿，故又称为上升沿触发的边沿触发器。触发器的状态只取决于时钟到来前 D 端的状态。D 触发器的应用很广，可用作数字信号的寄存、移位寄存、分频和波形发生等。有很多种型号可供各种用途的需要而选用。如双 D 74LS74、四 D 74LS175、六 D 74LS174 等。

如图 4.5.3 所示为双 D 74LS74 的引脚排列及逻辑符号。双 D 74LS74 功能如表 4.5.3 所示。

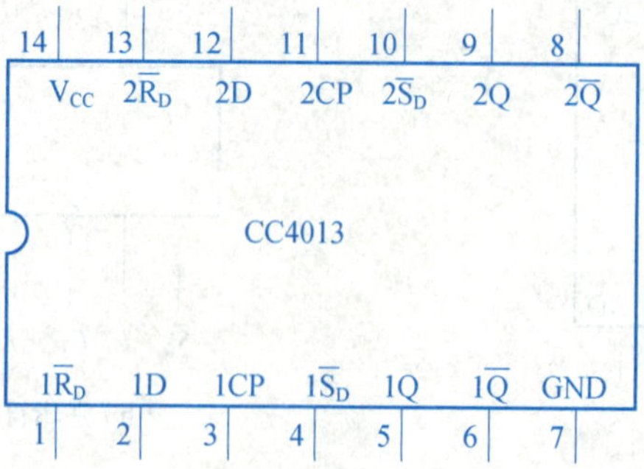

（a）引脚排列

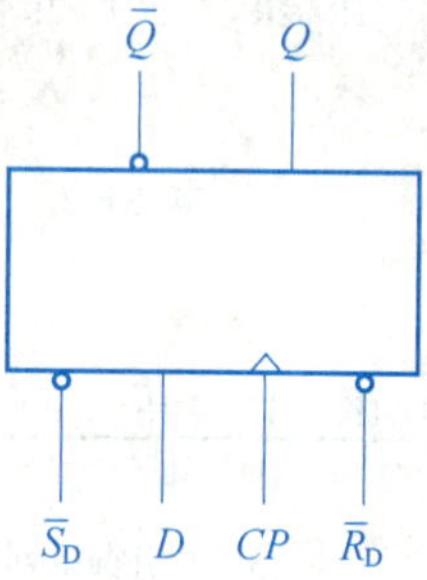

（b）逻辑符号

图 4.5.3　74LS74 引脚排列及逻辑符号

表 4.5.3　74LS74 功能表

输入				输出	
$\overline{S}_D$	$\overline{R}_D$	CP	D	Q^{n+1}	$\overline{Q}^{n+1}$
0	1	×	×	1	0
1	0	×	×	0	1
0	0	×	×	φ	φ
1	1	↑	1	1	0
1	1	↑	0	0	1
1	1	↓	×	Q^n	$\overline{Q}^n$

4.5.2.4　触发器之间的相互转换

在集成触发器的产品中，每一种触发器都有自己固定的逻辑功能。但可以利用转换的方法获得具有其他功能的触发器。例如，将 JK 触发器的 J、K 两端连在一起，并认它为 T 端，就得到所需的 T 触发器。如图 4.5.4(a)所示，其状态方程为 $Q^{n+1}=T\overline{Q^n}+\overline{T}Q^n$。

T 触发器的功能如表 4.5.4 所示。

表 4.5.4　T 触发器功能表

输入				输出
$\overline{S}_D$	$\overline{R}_D$	CP	T	Q^{n+1}
0	1	×	×	1
1	0	×	×	0
1	1	↓	0	Q^n
1	1	↓	1	$\overline{Q}^n$

由功能表可见，当 $T=0$ 时，时钟脉冲作用后，其状态保持不变；当 $T=1$ 时，时钟脉冲作用后，触发器状态翻转。所以，若将 T 触发器的 T 端置“1”，如图 4.5.4(b)所示，即得 T′触发器。在 T′触发器的 CP 端每来一个 CP 脉冲信号，触发器的状态就翻转一次，故称之为反转触发器，其广泛用于计数电路中。

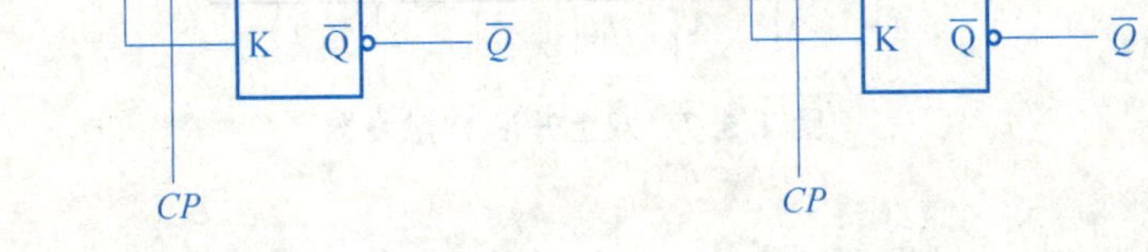

(a) T触发器　　(b) T′触发器

图 4.5.4　JK 触发器转换为 T、T′触发器

同样，若将 D 触发器的 $\overline{Q}$ 端与 D 端相连，便转换成 T′触发器，如图 4.5.5 所示。JK 触发器也可转换为 D 触发器，如图 4.5.6 所示。

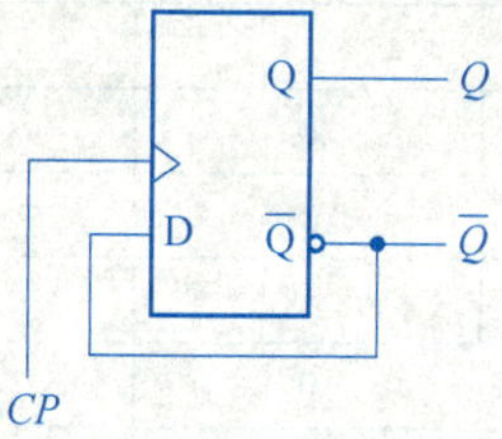

图 4.5.5　D 触发器转成 T′触发器

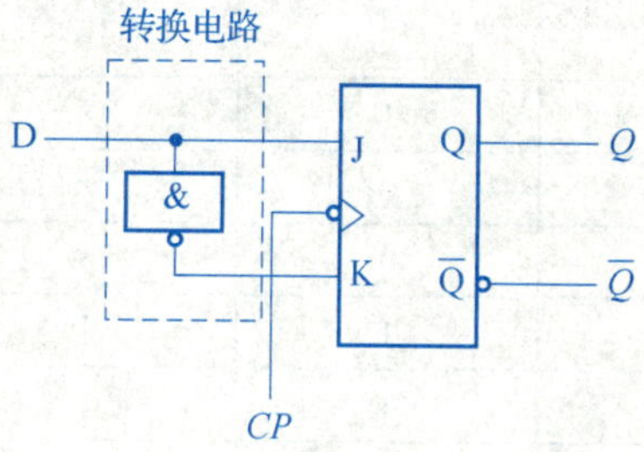

图 4.5.6　JK 触发器转成 D 触发器

4.5.2.5　CMOS 触发器

（1）CMOS 边沿型 D 触发器

CC4013 是由 CMOS 传输门构成的边沿型 D 触发器。它是上升沿触发的双 D 触发器，表 4.5.5 所示为其功能表，图 4.5.7 所示为其引脚排列。

表 4.5.5　CC4013 功能表

输入				输出
S	R	CP	D	Q^{n+1}
1	0	×	×	1
0	1	×	×	0
1	1	×	×	φ
0	0	↑	1	1
0	0	↑	0	0
0	0	↓	×	Q^n

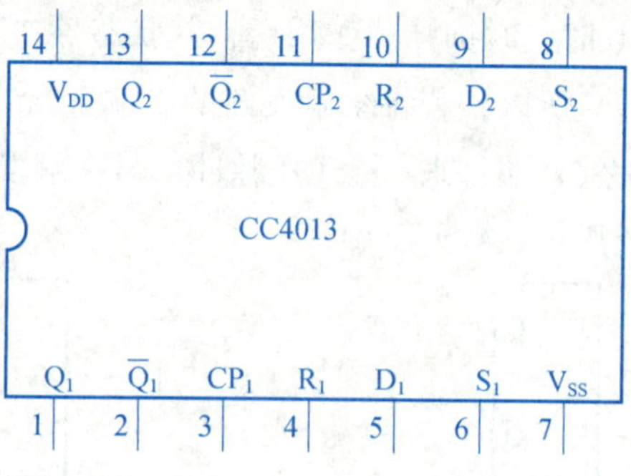

图 4.5.7　双上升沿 D 触发器

（2）CMOS 边沿型 JK 触发器

CC4027 是由 CMOS 传输门构成的边沿型 JK 触发器，它是上升沿触发的双 JK 触发器，

表 4.5.6 为其功能表，图 4.5.8 所示为其引脚排列。

表 4.5.6　CC4027 功能表

输入					输出
S	R	CP	J	K	Q^{n+1}
1	0	×	×	×	1
0	1	×	×	×	0
1	1	×	×	×	φ
0	0	↑	0	0	Q^n
0	0	↑	1	0	1
0	0	↑	0	1	0
0	0	↑	1	1	$\overline{Q}^n$
0	0	↓	×	×	Q^n

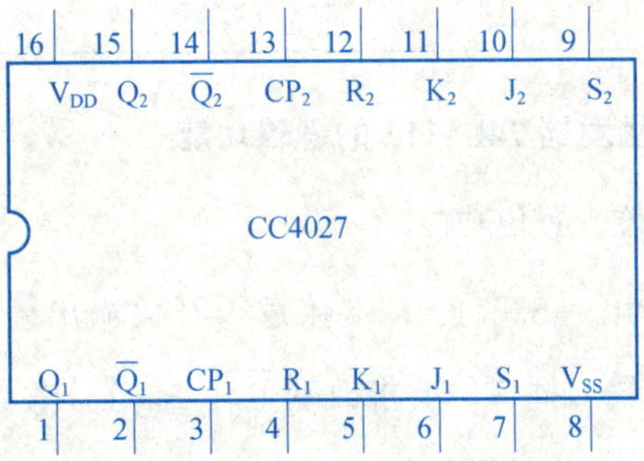

图 4.5.8　双上升沿 J-K 触发器

CMOS 触发器的直接置位、复位输入端 S 和 R 是高电平有效，当 $S=1$（或 $R=1$）时，触发器将不受其他输入端所处状态的影响，使触发器直接接置 1（或置 0）。但直接置位、复位输入端 S 和 R 必须遵守 $RS=0$ 的约束条件。CMOS 触发器在按逻辑功能工作时，S 和 R 必须均置 0。

4.5.3　实验设备与器件

①+5 V 直流电源。

②双踪示波器。

③连续脉冲源。

④单次脉冲源。

⑤逻辑电平开关。

⑥逻辑电平显示器。

⑦74LS112(或 CC4027)、74LS00(或 CC4011)、74LS74(或 CC4013)。

4.5.4 实验内容

4.5.4.1 测试基本 RS 触发器的逻辑功能

按图 4.5.1 所示，用两个与非门组成基本 RS 触发器，输入端 $\overline{R}$、$\overline{S}$ 接逻辑开关的输出插口，输出端 Q、$\overline{Q}$ 接逻辑电平显示输入插口，按表 4.5.7 所示要求进行测试并记录。

表 4.5.7 基本 RS 触发器逻辑功能测试表

$\overline{R}$	$\overline{S}$	Q	$\overline{Q}$
1	1→0		
	0→1		
1→0	1		
0→1			
0	0		

4.5.4.2 测试双 JK 触发器 74LS112 的逻辑功能

(1)测试 $\overline{R}_D$、$\overline{S}_D$ 的复位、置位功能

任取一只 JK 触发器，$\overline{R}_D$、$\overline{S}_D$、J、K 端接逻辑开关输出插口，CP 端接单次脉冲源，Q、$\overline{Q}$ 端接至逻辑电平显示输入插口。要求改变 $\overline{R}_D$、$\overline{S}_D$(J、K、CP 处于任意状态)，并在 $\overline{R}_D=0(\overline{S}_D=1)$或 $\overline{S}_D=0(\overline{R}_D=1)$作用期间任意改变 J、K 及 CP 的状态，观察 Q、$\overline{Q}$ 状态。自拟表格并记录之。

(2)测试 JK 触发器的逻辑功能

按表 4.5.8 所示的要求改变 J、K、CP 端状态，观察 Q、$\overline{Q}$ 状态变化，观察触发器的状态更新是否发生在 CP 脉冲的下降沿(*CP* 由 1→0)，记录之。

(3)将 JK 触发器的 J、K 端连在一起，构成 T 触发器

在 CP 端输入 1 Hz 连续脉冲，观察 Q 端的变化。

在 CP 端输入 1 kHz 连续脉冲，用双踪示波器观察 CP、Q、$\overline{Q}$ 端波形，注意相位关系，描绘之。

表 4.5.8 JK 触发器逻辑功能测试表

J	K	CP	Q^{n+1}	
			$Q^n=0$	$Q^n=1$
0	0	0→1		
		1→0		

续表

J	K	CP	Q^{n+1}	
			$Q^n=0$	$Q^n=1$
0	1	0→1		
		1→0		
1	0	0→1		
		1→0		
1	1	0→1		
		1→0		

4.5.4.3　测试双 D 触发器 74LS74 的逻辑功能

(1)测试 $\overline{R}_D$、$\overline{S}_D$ 的复位、置位功能

测试方法同实验内容 4.5.4.2(1)，自拟表格记录。

(2)测试 D 触发器的逻辑功能

按表 4.5.9 所示要求进行测试，并观察触发器的状态更新是否发生在 CP 脉冲的上升沿(*CP* 由 0→1)，记录之。

表 4.5.9　D 触发器逻辑功能测试表

D	CP	Q^{n+1}	
		$Q^n=0$	$Q^n=1$
0	0→1		
	1→0		
1	0→1		
	1→0		

(3)将 D 触发器的 $\overline{Q}$ 端与 D 端相连接，构成 T′触发器

测试方法同实验内容 4.5.4.3(3)，记录之。

4.5.4.4　双相时钟脉冲电路

用 JK 触发器及与非门构成的双相时钟脉冲电路如图 4.5.9 所示，此电路将时钟脉冲 CP 转换成两相时钟脉冲 CP_A 及 CP_B，其频率相同、相位不同。

分析电路工作原理，并按图 4.5.9 所示接线，用双踪示波器同时观察 CP、CP_A；CP、CP_B；CP_A、CP_B 波形，并描绘之。

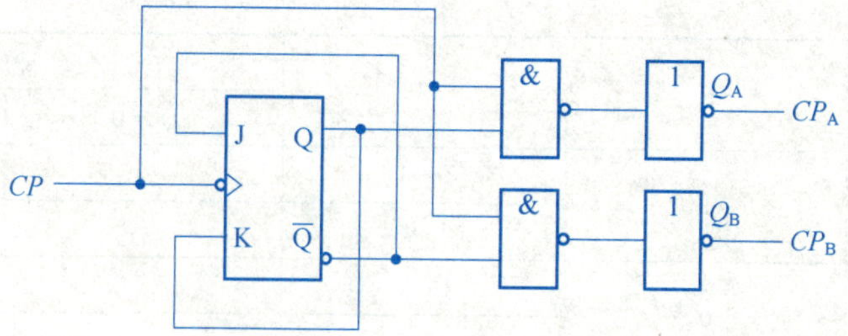

图 4.5.9　双相时钟脉冲电路

4.5.4.5　乒乓球练习电路

电路功能要求：模拟两名运动员在练球时乒乓球能往返运转。

提示：采用双 D 触发器 74LS74 设计实验线路，两个 CP 端的触发脉冲分别由两名运动员操作，两触发器的输出状态用逻辑电平显示器显示。

4.5.5　分析思考

①如何用或非门构造一个基本 RS 触发器？

②实验中使用的 D 触发器和 JK 触发器的触发机制相同吗？请说明其异同。

③利用普通的机械开关组成的数据开关所产生的信号是否可作为触发器的时钟脉冲信号？为什么？是否可以用作触发器的其他输入端的信号？这又是为什么？

4.5.6　实验报告

①列表整理各类触发器的逻辑功能。

②总结观察到的波形，说明触发器的触发方式。

③体会触发器的应用。

4.6　创新实验——计数器及其应用

【预习要求】

①复习教材中计数器的原理和应用的相关内容。

②复习和熟悉 D 触发器的基本功能。

③拟出各实验内容所需的测试记录表格。

④查手册，给出并熟悉实验所用各集成块的引脚排列图。

4.6.1　实验目的

①学习用集成触发器构成计数器的方法。

②掌握中规模集成计数器的使用及功能测试方法。

③运用集成计数器构成 1/N 分频器。

4.6.2　实验原理

计数器是一个用以实现计数功能的时序部件，它不仅可用来计脉冲数，还常用于数字系统的定时、分频和执行数字运算以及其他特定的逻辑功能。

计数器的种类有很多。按构成计数器中的各触发器是否使用一个时钟脉冲源来分，有同步计数器和异步计数器。根据计数制的不同，分为二进制计数器、十进制计数器和任意进制计数器。根据计数的增减趋势，又分为加法计数器、减法计数器和可逆计数器。还有可预置数计数器和可编程序功能计数器等。目前，无论是 TTL 还是 CMOS 集成电路，都有品种较齐全的中规模集成计数器，使用者只要借助于器件手册提供的功能表和工作波形图以及引出端的排列，就能正确地运用这些器件。

4.6.2.1　用 D 触发器构成异步二进制加/减计数器

如图 4.6.1 所示，是用 4 只 D 触发器构成的 4 位二进制异步加法计数器，它的连接特点是将每只 D 触发器接成 T′触发器，再由低位触发器的 $\overline{Q}$ 端和高一位的 CP 端相连接。

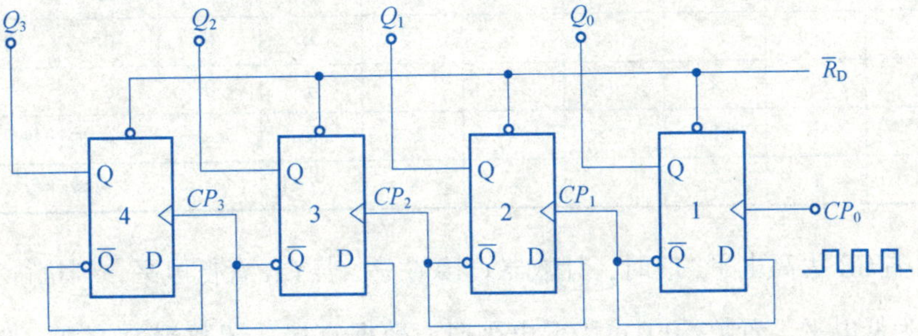

图 4.6.1　4 位二进制异步加法计数器

如果将图 4.6.1 稍加改动，即将低位触发器的 Q 端与高一位的 CP 端相连接，就构成了一个 4 位二进制减法计数器。

4.6.2.2　中规模十进制计数器

CC40192 是同步十进制可逆计数器，它具有双时钟输入，并具有清除和置数等功能，其引脚排列及逻辑符号如图 4.6.2 所示。

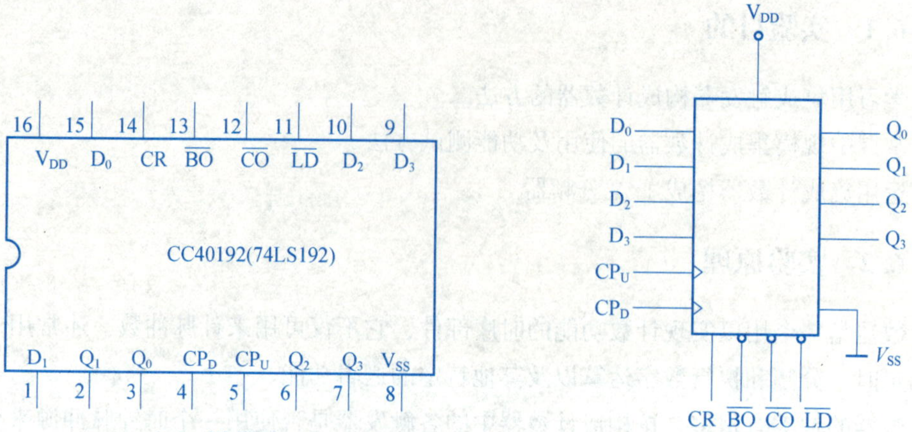

（a）引脚排列　　（b）逻辑符号

$\overline{LD}$—置数端；CP_U—加计数端；CP_D—减计数端；$\overline{CO}$—非同步进位输出端；$\overline{BO}$—非同步借位输出端；

D_0、D_1、D_2、D_3—计数器输入端；Q_0、Q_1、Q_2、Q_3—数据输出端；CR—清除端。

图 4.6.2　CC40192 引脚排列及逻辑符号

CC40192(同 74LS192，二者可互换使用)的功能如表 4.6.1 所示，说明如下。

表 4.6.1　CC40192 功能表

输入								输出			
CR	$\overline{LD}$	CP_U	CP_D	D_3	D_2	D_1	D_0	Q_3	Q_2	Q_1	Q_0
1	×	×	×	×	×	×	×	0	0	0	0
0	0	×	×	d	c	b	a	d	c	b	a
0	1	↑	1	×	×	×	×	加计数			
0	1	1	↑	×	×	×	×	减计数			

当清除端 CR 为高电平“1”时，计数器直接清零；若 CR 置低电平，则执行其他功能。

当 CR 为低电平，置数端$\overline{LD}$也为低电平时，数据直接从置数端 D_0、D_1、D_2、D_3 置入计数器。

当 CR 为低电平，$\overline{LD}$为高电平时，执行计数功能。执行加计数时，减计数端 CP_D 接高电平，计数脉冲由 CP_U 输入；在计数脉冲上升沿进行 8421 码十进制加法计数。执行减计数时，加计数端 CP_U 接高电平，计数脉冲由减计数端 CP_D 输入。如表 4.6.2 所示，为 8421 码十进制加、减计数器的状态转换表。

表 4.6.2　8421 码十进制加、减计数器的状态转换表

输入脉冲数	输出			
	Q_3	Q_2	Q_1	Q_0
0	0	0	0	0
1	0	0	0	1
2	0	0	1	0
3	0	0	1	1
4	0	1	0	0
5	0	1	0	1
6	0	1	1	0
7	0	1	1	1
8	1	0	0	0
9	1	0	0	1

加法计数↓　　减法计数↑

4.6.2.3　计数器的级联使用

一个十进制计数器只能表示 0~9 十个数，为了扩大计数器范围，常用多个十进制计数器级联使用。

同步计数器往往设有进位(或借位)输出端，故可选用其进位(或借位)输出信号驱动下一级计数器。

如图 4.6.3 所示，是由 CC40192 利用进位输出$\overline{CO}$控制高一位的 CP_U 端构成的加数级联图。

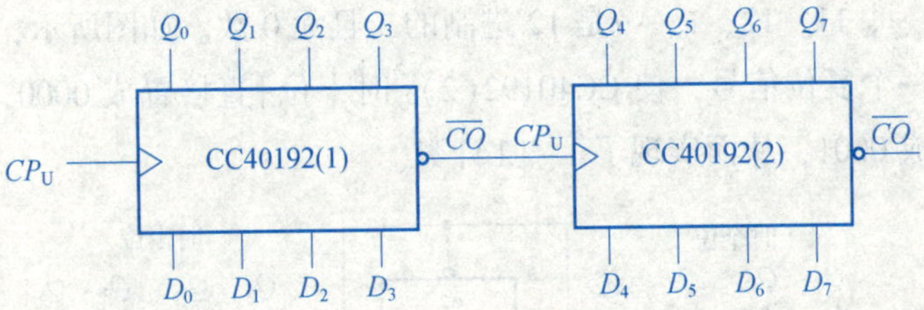

图 4.6.3　CC40192 级联电路

4.6.2.4　实现任意进制计数

(1)用复位法获得任意进制计数器

当已有 N 进制计数器，而需要得到一个 M 进制计数器时，只要 $M<N$，用复位法使计数器计数到 M 时置“0”，就获得 M 进制计数器。如图 4.6.4 所示，为一个由 CC40192 十进制计数器接成的六进制计数器。

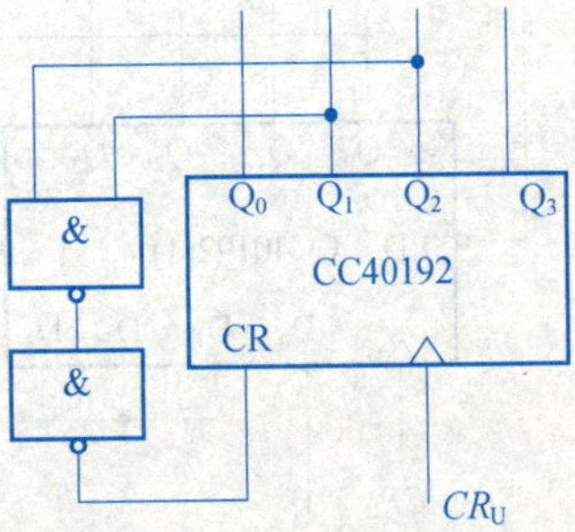

图 4.6.4　六进制计数器

(2)利用预置功能获得 M 进制计数器

如图 4.6.5 所示，为用 3 个 CC40192 组成的 421 进制计数器。

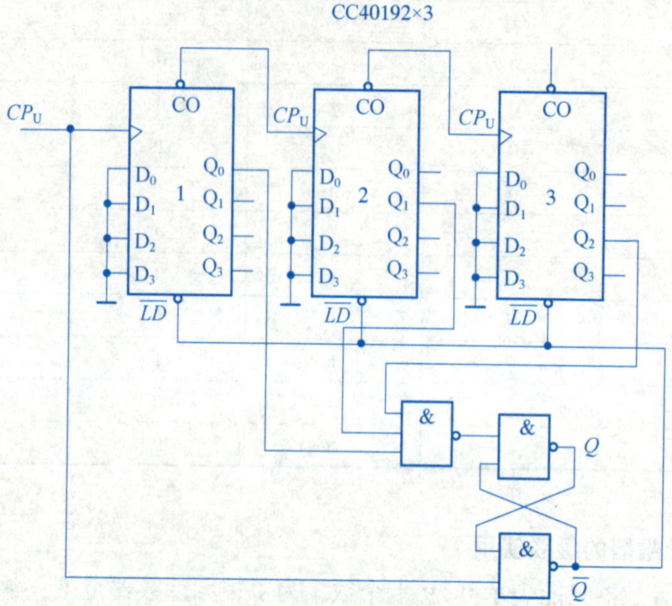

图 4.6.5　421 进制计数器

外加的由与非门构成的锁存器可以克服器件计数速度的离散性，保证在反馈置“0”信号作用下计数器可靠置“0”。

如图 4.6.6 所示，是一个特殊 12 进制的计数器电路方案。在数字钟里，对时位的计数序列是 1、2、…、11，12、1、…是 12 进制的，且无 0 数。如图所示，当计数到 13 时，通过与非门产生一个复位信号，使 CC40192(2)［时十位］直接置成 0000，而 CC40192(1)即时个位直接置成 0001，从而实现了 1~12 计数。

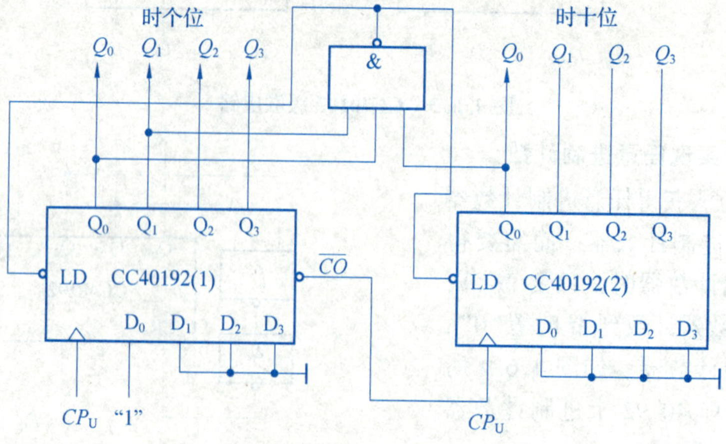

图 4.6.6　特殊 12 进制计数器

4.6.3　实验设备与器件

①+5 V 直流电源。

②双踪示波器。

③连续脉冲源。

④单次脉冲源。

⑤逻辑电平开关。

⑥逻辑电平显示器。

⑦译码显示器。

⑧ CC4013 × 2（74LS74）、CC40192 × 3（74LS192）、CC4011（74LS00）、CC4012（74LS20）。

4.6.4　实验内容

①用 CC4013 或 74LS74 D 触发器构成 4 位二进制异步加法计数器。

Ⅰ. 按图 4.6.1 所示接线，$\overline{R}_D$ 接至逻辑开关输出插口，将低位 CP_0 端接单次脉冲源，输出端 Q_3、Q_2、Q_1、Q_0 接逻辑电平显示输入插口，各 $\overline{S}_D$ 接高电平“1”。

Ⅱ. 清零后，将 Q_3 ~ Q_0 逐个送入单次脉冲，观察并列表记录 Q_3 ~ Q_0 的状态。

Ⅲ. 将单次脉冲改为 1 Hz 的连续脉冲，观察 Q_3 ~ Q_0 的状态。

Ⅳ. 将 1 Hz 的连续脉冲改为 1 kHz，用双踪示波器观察 CP、Q_3、Q_2、Q_1、Q_0 端的波形，描绘之。

Ⅴ. 将图 4.6.1 所示电路中的低位触发器的 Q 端与高一位的 CP 端相连接，构成减法计数器，按实验内容Ⅱ ~ Ⅳ进行实验，观察并列表记录 Q_3 ~ Q_0的状态。

②测试 CC40192 或 74LS192 同步十进制可逆计数器的逻辑功能。

计数脉冲由单次脉冲源提供，清除端 CR，置数端$\overline{LD}$，数据输入端 D_3、D_2、D_1、D_0 分别接逻辑开关，输出端 Q_3、Q_2、Q_1、Q_0 接实验设备的一个译码显示输入相应插口 A、B、C、D；$\overline{CO}$和$\overline{BO}$接逻辑电平显示插口。按表 4.6.1 所示逐项测试并判断该集成块的功能是否正常。

Ⅰ. 清除。令 $CR=1$，其他输入为任意态，这时 $Q_3Q_2Q_1Q_0=0000$，译码数字显示为 0。清除功能完成后，置 $CR=0$。

Ⅱ. 置数。$CR=0$，CP_U、CP_D 任意，数据输入端输入任意一组二进制数，令$\overline{LD}=0$，观察计数译码显示输出，予置功能是否完成，此后置$\overline{LD}=1$。

Ⅲ. 加计数。$CR=0$，$\overline{LD}=CP_D=1$，CP_U 接单次脉冲源，清零后送入 10 个单次脉冲，

观察译码数字显示是否按 8421 码十进制状态转换表进行，输出状态变化是否发生在 CP_U 的上升沿。

Ⅳ. 减计数。$CR=0$，$\overline{LD}=CP_U=1$，CP_D 接单次脉冲源，参照Ⅲ. 进行实验。

③如图 4. 6. 3 所示，用两片 CC40192 组成两位十进制加法计数器，输入 1 Hz 连续计数脉冲，进行由 00—99 累加计数，记录之。

④将两位十进制加法计数器改为两位十进制减法计数器，实现由 99—00 递减计数，记录之。

⑤按图 4. 6. 4 所示电路进行实验，记录之。

⑥按图 4. 6. 5 或图 4. 6. 6 所示进行实验，记录之。

⑦设计一个数字钟移位 60 进制计数器并进行实验。

4.6.5 分析思考

多片集成计数器扩展计数范围的方法有哪些？

4.6.6 实验报告

①画出实验线路图，记录、整理实验现象及实验所得的有关波形。对实验结果进行分析。

②总结使用集成计数器的体会。

4.7 基础实验——移位寄存器及其应用

【预习要求】

①复习有关寄存器及串行、并行转换器有关内容。

②查阅 CC40194、CC4011 及 CC4068 逻辑线路，熟悉它们的逻辑功能及引脚排列。

③绘好完整的实验线路图和所需的实验记录表格。

4.7.1 实验目的

①掌握中规模 4 位双向移位寄存器的逻辑功能及使用方法。

②熟悉移位寄存器的应用——实现数据的串行、并行转换和构成环形计数器。

4.7.2 实验原理

移位寄存器是一种具有移位功能的寄存器，它可以使寄存器中所存的代码在移位脉冲的作用下依次左移或右移。既能左移又能右移的移位寄存器称为双向移位寄存器，它只需要改变左、右移的控制信号便可实现双向移位要求。根据移位寄存器存取信息的方式不同，它可分为串入串出、串入并出、并入串出、并入并出 4 种形式。

本实验选用的 4 位双向通用移位寄存器型号为 CC40194 或 74LS194，两者功能相同，可互换使用，其逻辑符号及引脚排列如图 4.7.1 所示。

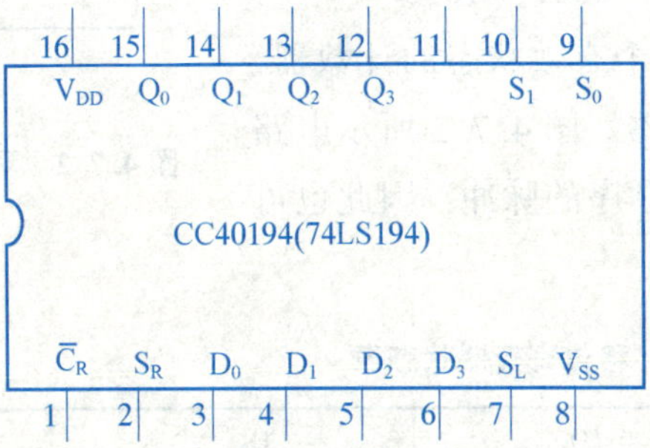

（a）引脚排列

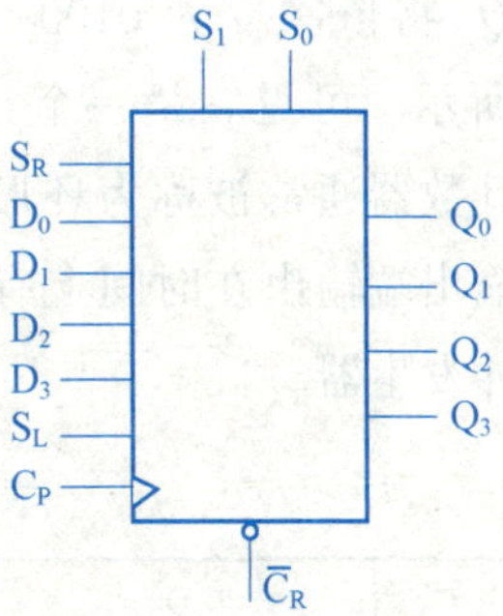

（b）逻辑符号

图 4.7.1 CC40194 的引脚排列及逻辑符号

其中，D_0、D_1、D_2、D_3 为并行输入端；Q_0、Q_1、Q_2、Q_3 为并行输出端；S_R 为右移串行输入端，S_L 为左移串行输入端；S_1、S_0 为操作模式控制端；$\overline{C}_R$ 为直接无条件清零端；CP 为时钟脉冲输入端。

CC40194 有 5 种不同的操作模式：并行送数寄存、右移（方向由 $Q_0 \rightarrow Q_3$）、左移（方向由 $Q_3 \rightarrow Q_0$）、保持及清零。

S_1、S_0 和 $\overline{C}_R$ 端的控制作用如表 4.7.1 所示。

表 4.7.1 74LS194 功能表

功能	输入										输出			
	CP	$\overline{C}_R$	S_1	S_0	S_R	S_L	D_0	D_1	D_2	D_3	Q_0	Q_1	Q_2	Q_3
清除	×	0	×	×	×	×	×	×	×	×	0	0	0	0
送数	↑	1	1	1	×	×	a	b	c	d	a	b	c	d
右移	↑	1	0	1	D_{SR}	×	×	×	×	×	D_{SR}	Q_0	Q_1	Q_2
左移	↑	1	1	0	×	D_{SL}	×	×	×	×	Q_1	Q_2	Q_3	D_{SL}
保持	↑	1	0	0	×	×	×	×	×	×	Q_0^n	Q_1^n	Q_2^n	Q_3^n
保持	↓	1	×	×	×	×	×	×	×	×	Q_0^n	Q_1^n	Q_2^n	Q_3^n

移位寄存器的应用很广，它可构成移位寄存器型计数器、顺序脉冲发生器、串行累加器，可用作数据转换，即把串行数据转换为并行数据，或把并行数据转换为串行数据等。本实验研究移位寄存器用作环形计数器和数据的串、并行转换。

4.7.2.1 环形计数器

把移位寄存器的输出反馈到它的串行输入端，就可以进行循环移位。如图 4.7.2 所示，把输出端 Q_3 和右移串行输入端 S_R 相连接，设初始状态 $Q_0Q_1Q_2Q_3=1000$，则在时钟脉冲的作用下，$Q_0Q_1Q_2Q_3$ 将依次变为 0100→0010→0001→1000→……，如表 4.7.2 所示。可见它是一个具有 4 个有效状态的计数器，这种类型的计数器通常被称为环形计数器。图 4.7.2 所示电路可以由各个输出端输出在时间上有先后顺序的脉冲，因此也可作为顺序脉冲发生器。

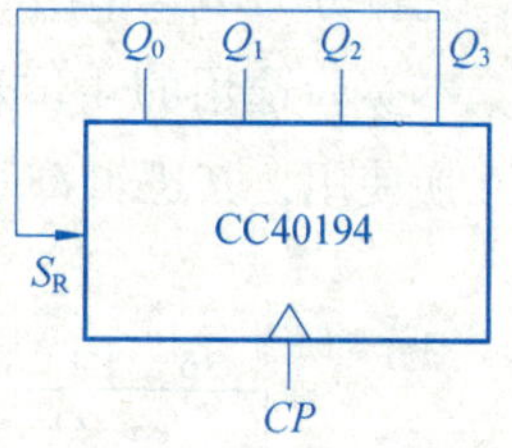

图 4.7.2 环形计数器

表 4.7.2 移位寄存器状态表

CP	Q_0	Q_1	Q_2	Q_3
0	1	0	0	0
1	0	1	0	0
2	0	0	1	0
3	0	0	0	1

如果将输出端 Q_o 与左移串行输入端 S_L 相连接，就可达左移循环移位。

4.7.2.2 实现数据串、并行转换

(1)串行/并行转换器

串行/并行转换是指串行输入的数码经转换电路之后变换成并行输出。

如图 4.7.3 所示，是用二片 CC40194(74LS194)4 位双向移位寄存器组成的 7 位串/并行数据转换电路。

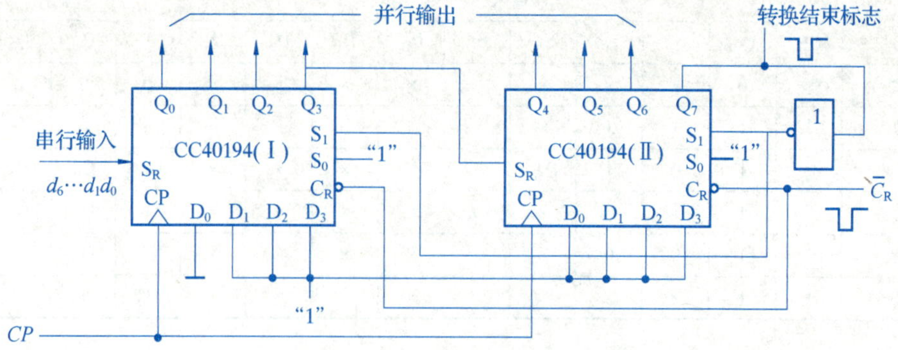

图 4.7.3 7 位串行/并行转换器

电路中 S_0 端接高电平 1，S_1 受 Q_7 控制，二片寄存器连接成串行输入右移工作模式。Q_7 是转换结束标志。当 $Q_7=1$ 时，S_1 为 0，使之成为 $S_1S_0=01$ 的串入右移工作方式；当 $Q_7=0$ 时，$S_1=1$，有 $S_1S_0=10$，则串行送数结束，标志着串行输入的数据已转换成并行输出了。

串行/并行转换的具体过程如下：

转换前，$\overline{C}_R$ 端加低电平，使 1、2 两片寄存器的内容清 0，此时 $S_1S_0=11$，寄存器执行并行输入工作方式。当第一个 CP 脉冲到来后，寄存器的输出状态 $Q_0\sim Q_7$ 为 01111111，与此同时 S_1S_0 变为 01，转换电路变为执行串入右移工作方式，串行输入数据由 1 片的 S_R 端加入。随着 CP 脉冲的依次加入，输出状态的变化可如表 4.7.3 所示。

表 4.7.3　寄存器输出状态表

CP	Q_0	Q_1	Q_2	Q_3	Q_4	Q_5	Q_6	Q_7	说明
0	0	0	0	0	0	0	0	0	清零
1	0	1	1	1	1	1	1	1	送数
2	d_0	0	1	1	1	1	1	1	右移操作 7 次
3	d_1	d_0	0	1	1	1	1	1	
4	d_2	d_1	d_0	0	1	1	1	1	
5	d_3	d_2	d_1	d_0	0	1	1	1	
6	d_4	d_3	d_2	d_1	d_0	0	1	1	
7	d_5	d_4	d_3	d_2	d_1	d_0	0	1	
8	d_6	d_5	d_4	d_3	d_2	d_1	d_0	0	
9	0	1	1	1	1	1	1	1	送数

由表 4.7.3 可见，右移操作 7 次之后，Q_7 变为 0，S_1S_0 又变为 11，说明串行输入结束。这时，串行输入的数码已经转换成并行输出了。

当再来一个 CP 脉冲时，电路又重新执行一次并行输入，为第二组串行数码转换做好了准备。

(2)并行/串行转换器

并行/串行转换器是指并行输入的数码经转换电路之后换成串行输出。

如图 4.7.4 所示，是用两片 CC40194(74LS194)组成的 7 位并行/串行转换电路，它比图 4.7.3 多了两只与非门 G_1 和 G_2，电路工作方式同样为右移。

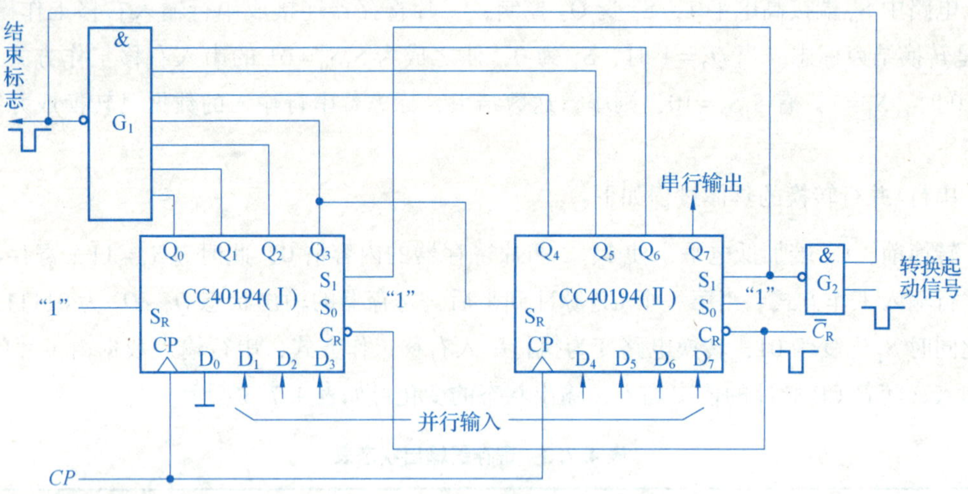

图 4.7.4　7 位并行/串行转换器

寄存器清"0"后，加一个转换起动信号(负脉冲或低电平)。此时，由于方式控制 S_1S_0 为 11，因此转换电路执行并行输入操作。当第一个 CP 脉冲到来后，$Q_0Q_1Q_2Q_3Q_4Q_5Q_6Q_7$ 的状态为 $0D_1D_2D_3D_4D_5D_6D_7$，并行输入数码存入寄存器。从而使得 G_1 输出为 1，G_2 输出为 0，结果 S_1S_2 变为 01。转换电路随着 CP 脉冲的加入，开始执行右移串行输出。随着 CP 脉冲的依次加入，输出状态依次右移，待右移操作 7 次后，$Q_0 \sim Q_6$ 的状态都为高电平 1，与非门 G_1 输出为低电平，G_2 门输出为高电平，S_1S_2 又变为 11，表示并/串行转换结束，且为第二次并行输入创造了条件。转换过程如表 4.7.4 所示。

表 4.7.4　寄存器状态转换

CP	Q_0	Q_1	Q_2	Q_3	Q_4	Q_5	Q_6	Q_7	串行输出						
0	0	0	0	0	0	0	0	0							
1	0	D_1	D_2	D_3	D_4	D_5	D_6	D_7							
2	1	0	D_1	D_2	D_3	D_4	D_5	D_6	D_7						
3	1	1	0	D_1	D_2	D_3	D_4	D_5	D_6	D_7					
4	1	1	1	0	D_1	D_2	D_3	D_4	D_5	D_6	D_7				
5	1	1	1	1	0	D_1	D_2	D_3	D_4	D_5	D_6	D_7			
6	1	1	1	1	1	0	D_1	D_2	D_3	D_4	D_5	D_6	D_7		
7	1	1	1	1	1	1	0	D_1	D_2	D_3	D_4	D_5	D_6	D_7	
8	1	1	1	1	1	1	1	0	D_1	D_2	D_3	D_4	D_5	D_6	D_7
9	0	D_1	D_2	D_3	D_4	D_5	D_6	D_7							

中规模集成移位寄存器，其位数往往以 4 位居多，当需要的位数多于 4 位时，可把几

片移位寄存器用级连的方法来扩展。

4.7.3　实验设备及器件

①+5 V 直流电源。

②单次脉冲源。

③逻辑电平开关。

④逻辑电平显示器。

⑤CC40194×2(74LS194)、CC4011(74LS00)、CC4068(74LS30)。

4.7.4　实验内容

4.7.4.1　测试 CC40194(或 74LS194)的逻辑功能

按图 4.7.5 所示接线，$\overline{C}_R$、S_1、S_0、S_L、S_R、D_0、D_1、D_2、D_3 分别接至逻辑开关的输出插口，Q_0、Q_1、Q_2、Q_3 接至逻辑电平显示输入插口，CP 端接单次脉冲源。按表 4.7.5 所规定的输入状态逐项进行测试。

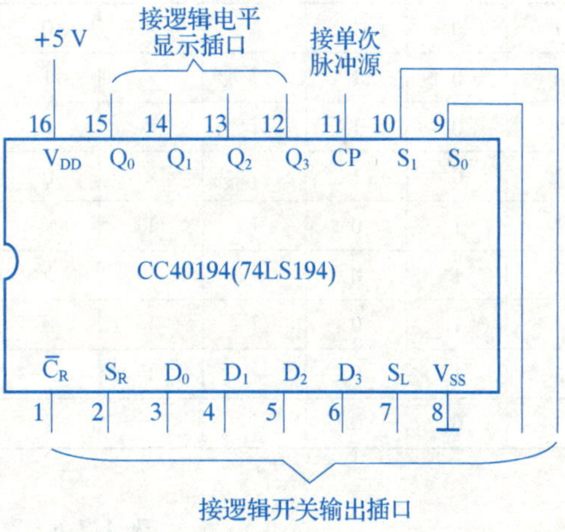

图 4.7.5　CC40194 逻辑功能测试

(1)清除

令 $\overline{C}_R=0$，其他输入均为任意态，这时寄存器输出的 Q_0、Q_1、Q_2、Q_3 应均为 0。清除后，置 $\overline{C}_R=1$ 。

(2)送数

令 $\overline{C}_R=S_1=S_0=1$，送入任意 4 位二进制数，如 $D_0D_1D_2D_3=abcd$，加 CP 脉冲，观察 $CP=0$ 、CP 由 0→1、CP 由 1→0 三种情况下寄存器输出状态的变化，观察寄存器输出状态的变化是否发生在 CP 脉冲的上升沿。

(3)右移

清零后，令 $\overline{C}_R=1$、$S_1=0$、$S_0=1$，由右移输入端 S_R 送入二进制数码如 0100，由 CP 端连续加 4 个脉冲，观察输出情况，记录之。

(4)左移

先清零或予置，再令 $\overline{C}_R=1$、$S_1=1$、$S_0=0$，由左移输入端 S_L 送入二进制数码如 1111，连续加 4 个 CP 脉冲，观察输出端的情况，记录之。

(5)保持

寄存器予置任意4位二进制数码 $abcd$，令 $\overline{C}_R=1$、$S_1=S_0=0$，加CP脉冲，观察寄存器的输出状态，记录之。

4.7.4.2 环形计数器

自拟实验线路用并行送数法予置寄存器为某二进制数码(如0100)，然后进行右移循环，观察寄存器输出端状态的变化，将结果记入表4.7.6中。

表4.7.5 74LS194功能表

清除	模式		时钟	串行		输入				输出				功能总结
$\overline{C}_R$	S_1	S_0	CP	S_L	S_R	D_0	D_1	D_2	D_3	Q_0	Q_1	Q_2	Q_3	
0	×	×	×	×	×	×	×	×	×					
1	1	1	↑	×	×	a	b	c	d					
1	0	1	↑	×	0	×	×	×	×					
1	0	1	↑	×	1	×	×	×	×					
1	0	1	↑	×	0	×	×	×	×					
1	0	1	↑	×	0	×	×	×	×					
1	1	0	↑	1	×	×	×	×	×					
1	1	0	↑	1	×	×	×	×	×					
1	1	0	↑	1	×	×	×	×	×					
1	1	0	↑	1	×	×	×	×	×					
1	0	0	↑	×	×	×	×	×	×					

表4.7.6 寄存器输出状态

CP	Q_0	Q_1	Q_2	Q_3
0	0	1	0	0
1				
2				
3				
4				

4.7.4.3 实现数据的串、并行转换

(1)串行输入、并行输出

按图4.7.3所示接线，进行右移串入、并出实验，串入数码自定。再改接线路用左移方式实现并行输出。自拟表格，记录之。

(2)并行输入、串行输出

按图4.7.4所示接线，进行右移并入、串出实验，并入数码自定。再改接线路用左移

方式实现串行输出。自拟表格，记录之。

4.7.5　分析思考

①在对 CC40194 进行送数后，要使输出端改成另外的数码，是否一定要使寄存器清零？

②使寄存器清零，除通过 $\overline{C}_R$ 输入低电平外，可否采用右移或左移的方法？可否使用并行送数法？若可行，则如何进行操作？

③若进行循环左移，则图 4.7.4 接线应如何改接？

④画出用两片 CC40194 构成的 7 位左移串 / 并行转换器线路。

⑤画出用两片 CC40194 构成的 7 位左移并 / 串行转换器线路。

4.7.6　实验报告

①分析表 4.7.4 中的实验结果，总结移位寄存器 CC40194 的逻辑功能并写入表格功能总结一栏中。

②根据实验内容 4.7.4.2 的结果，画出 4 位环形计数器的状态转换图及波形图。

③分析串 / 并、并/ 串转换器所得结果的正确性。

4.8　基础实验——555 时基电路及其应用

【预习要求】

①复习有关 555 定时器的工作原理及其应用。

②拟定实验中所需的数据、波形表格。

③设计出用 555 定时器的延时开关电路。

4.8.1　实验目的

①熟悉 555 型集成时基电路的结构、工作原理及其特点。

②掌握 555 型集成时基电路的基本应用。

4.8.2　实验原理

集成时基电路又称为集成定时器或 555 电路，是一种数字、模拟混合型的中规模集成电路，应用十分广泛。它是一种产生时间延迟和多种脉冲信号的电路，由于内部电压标准使用了 3 个 5 k 电阻，因此取名 555 电路。其电路类型有双极型和 CMOS 型两大类，二者的结构与工作原理类似。几乎所有的双极型产品型号最后的 3 位数码都是 555 或 556；所有的 CMOS 产品型号最后的 4 位数码都是 7555 或 7556，二者的逻辑功能和引脚排列完全相同，易于互换。555 和 7555 是单定时器，556 和 7556 是双定时器。双极型的电源电压 V_{CC} = +5 ~ +15 V，输出的最大电流可达 200 mA，CMOS 型的电源电压为+3 ~ +18 V。

4.8.2.1 555 电路的工作原理

555 电路的内部电路方框图如图 4.8.1 所示。

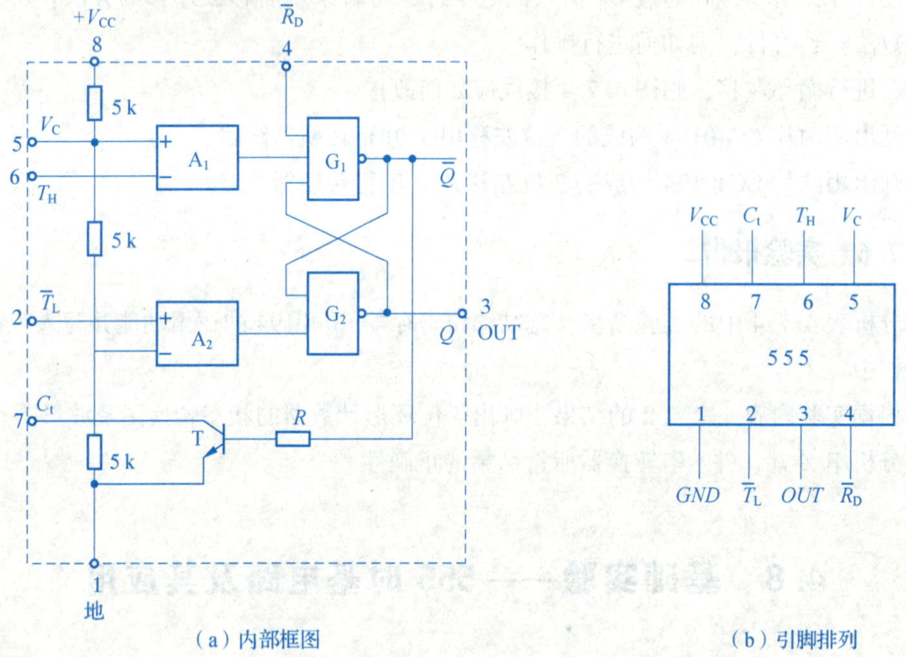

图 4.8.1　555 定时器内部框图及引脚排列

555 电路含有两个电压比较器、一个基本 RS 触发器、一个放电开关管 T，比较器的参考电压由 3 只 5 kΩ 的电阻器构成的分压器提供。它们分别使高电平比较器 A_1 的同相输入端和低电平比较器 A_2 的反相输入端的参考电平为$\frac{2}{3}V_{CC}$和$\frac{1}{3}V_{CC}$。A_1 与 A_2 的输出端控制 RS 触发器的状态和放电管的开关状态。当输入信号自 6 脚，即高电平触发输入并超过参考电平$\frac{2}{3}V_{CC}$时，触发器复位，555 的输出端 3 脚输出低电平，同时放电开关管导通；当输入信号自 2 脚输入并低于$\frac{1}{3}V_{CC}$时，触发器置位，555 的 3 脚输出高电平，同时放电开关管截止。

$\overline{R}_D$ 是复位端(4 脚)，当 $\overline{R}_D$=0 时，555 输出低电平。平时 $\overline{R}_D$ 端开路或接 V_{CC}。

V_C 是控制电压端(5 脚)，平时输出$\frac{2}{3}V_{CC}$作为比较器 A_1 的参考电平，当 5 脚外接一个输入电压，即改变了比较器的参考电平，从而实现对输出的另一种控制，在不接外加电压时，通常接一个 0.01 μF 的电容器到地，起滤波作用，以消除外来的干扰，确保参考电平的稳定。

T 为放电管，当 T 导通时，将给接于脚 7 的电容器提供低阻放电通路。

555 定时器主要是与电阻器、电容器构成充放电电路，并由两个比较器来检测电容器上的电压，以确定输出电平的高低和放电开关管的通断。这就很方便地构成从微秒到数十分钟的延时电路，可方便地构成单稳态触发器、多谐振荡器、施密特触发器等脉冲产生或波形变换电路。

4.8.2.2 555 定时器的典型应用

(1) 构成单稳态触发器

图 4.8.2(a) 所示为由 555 定时器和外接定时元件 R、C 构成的单稳态触发器。其触发电路由 C_1、R_1、D 构成，其中 D 为箝位二极管。稳态时 555 电路的输入端处于电源电平，内部放电开关管 T 导通，输出端 F 输出低电平，当有一个外部负脉冲触发信号经 C_1 加到 2 端，并使 2 端电位瞬时低于 $\frac{1}{3}V_{CC}$ 时，低电平比较器动作，单稳态电路即开始一个暂态过程，电容器 C 开始充电，V_C 按指数规律增长。当 V_C 充电到 $\frac{2}{3}V_{CC}$ 时，高电平比较器动作，比较器 A_1 翻转，输出 V_0 从高电平返回低电平，放电开关管 T 重新导通，电容器 C 上的电荷很快经放电开关管放电，暂态结束，恢复稳态，为下一个触发脉冲的来到做好准备。波形图如图 4.8.2(b) 所示。

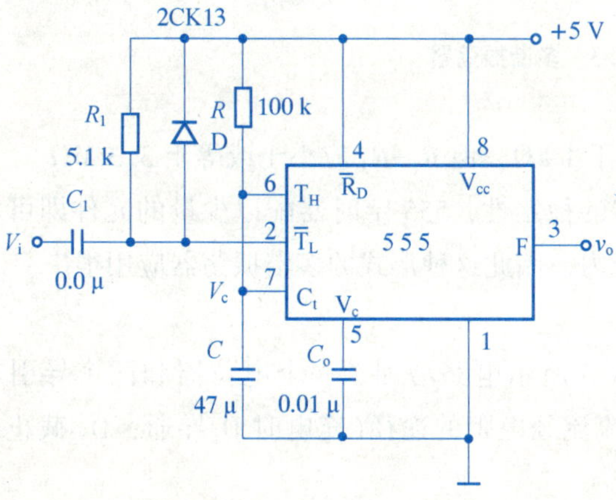

(a) 单稳态触发器

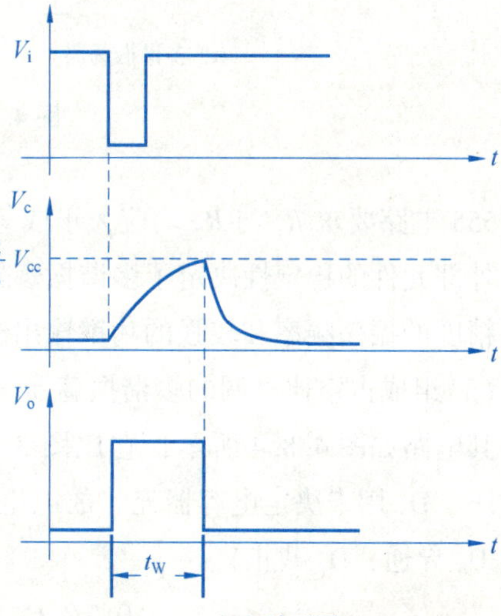

(b) 波形图

图 4.8.2 单稳态触发器

暂稳态的持续时间 t_w(延时时间)取决于外接元件 R、C 的值，$t_w = 1.1\ RC$。

通过改变 R、C 的大小，可使延时时间在几个微秒到几十分钟之间变化。当这种单稳态电路作为计时器时，可直接驱动小型继电器，并可以使用复位端(4 脚)接地的方法来中止暂态，重新计时。此外尚须用一个续流二极管与继电器线圈并接，以防继电器线圈反电势损坏内部功率管。

(2)构成多谐振荡器

如图 4.8.3(a)所示，由 555 定时器和外接元件 R_1、R_2、C 构成多谐振荡器，脚 2 与脚 6 直接相连。电路没有稳态，仅存在两个暂稳态。电路亦不需要外加触发信号，利用电源通过 R_1、R_2 向 C 充电，以及 C 通过 R_2 向放电端 C_t 放电，使电路产生振荡。电容器 C 在 $\frac{1}{3}V_{CC}$ 和 $\frac{2}{3}V_{CC}$ 之间充电和放电，其波形如图 4.8.3(b)所示。输出信号的时间参数是 $T = t_{w1} + t_{w2}$，$t_{w1} = 0.7(R_1 + R_2)C$，$t_{w2} = 0.7R_2C$。

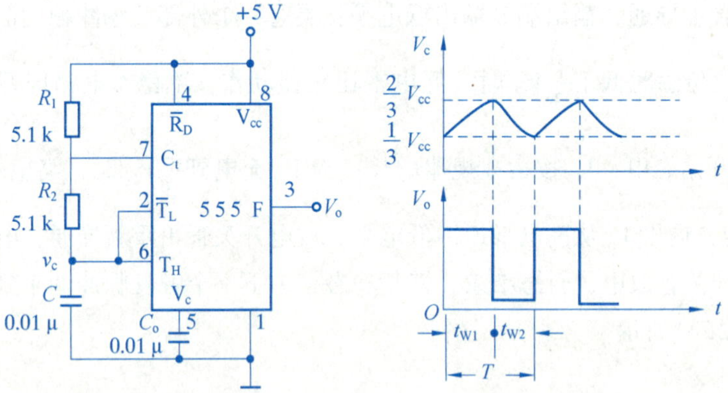

(a) 多谐振荡器　　　　(b) 波形图

图 4.8.3　多谐振荡器

555 电路要求 R_1 与 R_2 均应大于或等于 1 kΩ，但 R_1+R_2 应小于或等于 3.3 MΩ。

外部元件的稳定性决定了多谐振荡器的稳定性，555 定时器配以少量的元件即可获得较高精度的振荡频率和较强的功率输出能力，因此这种形式的多谐振荡器应用很广。

(3)组成占空比可调的多谐振荡器

其电路如图 4.8.4 所示，它比图 3.8.3 所示电路增加了一个电位器和两个导引二极管。D_1、D_2 用来决定电容器充、放电电流流经电阻的途径(充电时 D_1 导通，D_2 截止；放电时 D_2 导通，D_1 截止)。

占空比 $P = \dfrac{t_{w1}}{t_{w1} + t_{w2}} \approx \dfrac{0.7R_AC}{0.7C(R_A + R_B)} = \dfrac{R_A}{R_A + R_B}$，可见，若取 $R_A = R_B$，则电路可输出占空比为 50% 的方波信号。

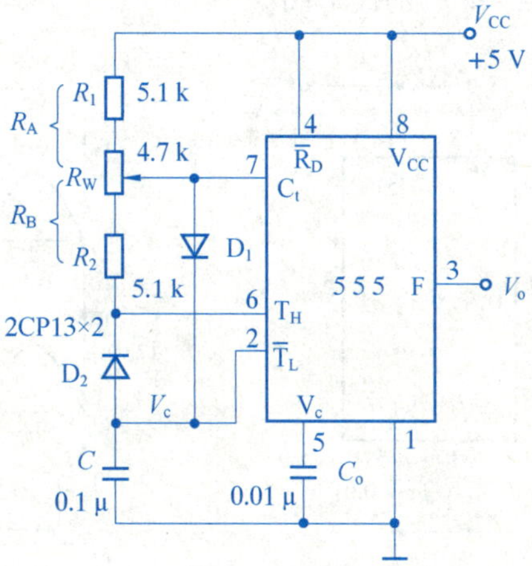

图 4.8.4　占空比可调的多谐振荡器

(4)组成占空比连续可调并能调节振荡频率的多谐振荡器

其电路如图 4.8.5 所示，对 C_1 进行充电时，充电电流通过 R_1、D_1、R_{W2}和 R_{W1}，放电时通过 R_{W1}、R_{W2}、D_2、R_2。当 $R_1=R_2$、R_{W2} 调至中心点时，因充放电时间基本相等，故其占空比约为 50%，此时调节 R_{W1} 仅改变频率，占空比不变。若将 R_{W2} 调至偏离中心点，再调节 R_{W1}，则不仅振荡频率改变，而且对占空比也有影响。R_{W1} 不变，调节 R_{W2}，仅改变占空比，对频率无影响。因此，当接通电源后，应先调节 R_{W1} 使频率至规定值，再调节 R_{W2}，以获得需要的占空比。若频率调节的范围比较大，则还可以用波段开关改变 C_1 的值。

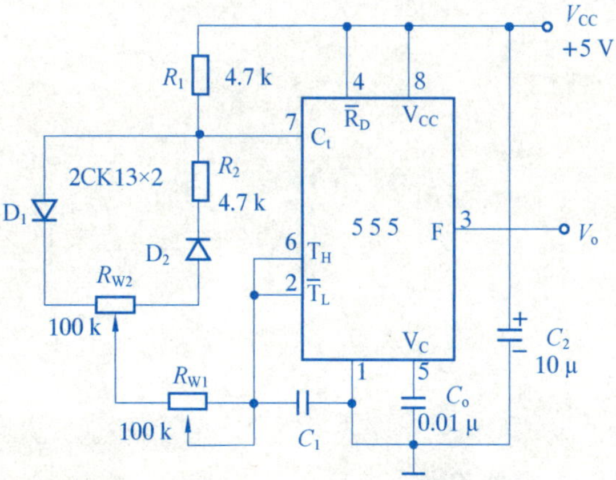

图 4.8.5　占空比与频率均可调的多谐振荡器

(5)组成施密特触发器

其电路如图 4.8.6 所示，只要将脚 2、6 连在一起作为信号输入端，就得到施密特触发器。图 4.8.7 给出了 v_s、v_i 和 v_o 的波形图。

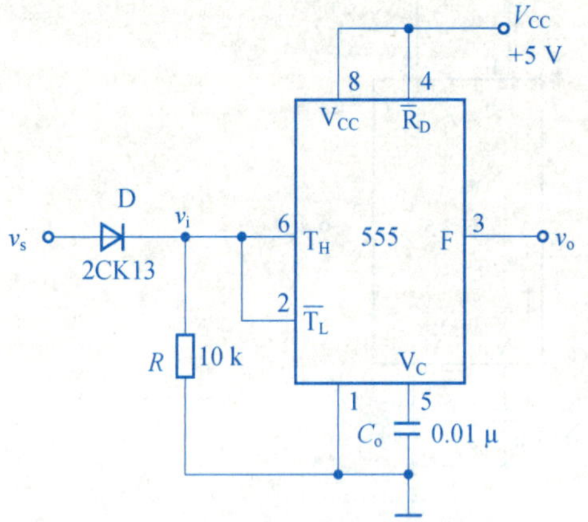

图 4.8.6 施密特触发器

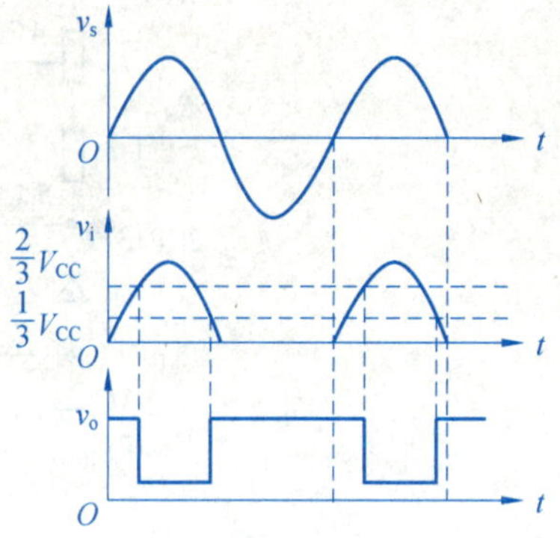

图 4.8.7 波形变换图

设被整形变换的电压为正弦波 v_s，其正半波通过二极管 D 同时加到 555 定时器的 2 脚和 6 脚，得 v_i 为半波整流波形。当 v_i 上升到$\frac{2}{3}V_{CC}$时，v_o 从高电平翻转为低电平；当 v_i 下降到$\frac{1}{3}V_{CC}$时，v_o 又从低电平翻转为高电平。电路的电压传输特性曲线如图 4.8.8 所示。

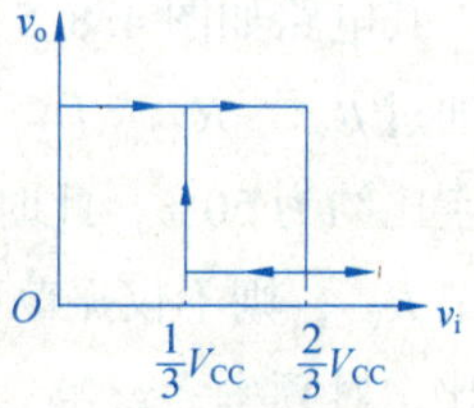

图 4.8.8 电压传输特性

回差电压 $\Delta V=\frac{2}{3}V_{CC}-\frac{1}{3}V_{CC}=\frac{1}{3}V_{CC}$。

4.8.3 实验设备与器件

①+5 V 直流电源。

②双踪示波器。

③连续脉冲源。

④单次脉冲源。

⑤音频信号源。

⑥数字频率计。

⑦逻辑电平显示器。

⑧555×2、2CK13×2。

⑨电位器、电阻器、电容器若干。

4.8.4 实验内容

4.8.4.1 单稳态触发器

①按图 4.8.2 所示连线，取 $R=100\ k\Omega$、$C=47\mu F$，输入信号 v_i 由单次脉冲源提供，

用双踪示波器观测 v_i、v_C、v_o 的波形，测定幅度与暂稳时间。

②将 R 改为 1 kΩ，C 改为 0.1 μF，输入端加 1 kHz 的连续脉冲，观测波形 v_i、v_C、v_o，测定幅度及暂稳时间。

4.8.4.2　多谐振荡器

①按图 4.8.3 所示接线，用双踪示波器观测 v_C 与 v_o 的波形，测定频率。

②按图 4.8.4 所示接线，组成占空比为 50% 的方波信号发生器，观测 v_C、v_o 的波形，测定波形参数。

③按图 4.8.5 所示接线，通过调节 R_{W1} 和 R_{W2} 来观测输出波形。

4.8.4.3　施密特触发器

按图 4.8.6 所示接线，输入信号由音频信号源提供，预先调好 v_S 的频率为 1 kHz，接通电源，逐渐加大 v_S 的幅度，观测输出波形，测绘电压传输特性，算出回差电压 ΔU。

4.8.4.4　模拟声响电路

按图 4.8.9 所示接线，组成两个多谐振荡器，调节定时元件，使 Ⅰ 输出较低频率、Ⅱ 输出较高频率，连好线，接通电源，试听音响效果。调换外接阻容元件，再试听音响效果。

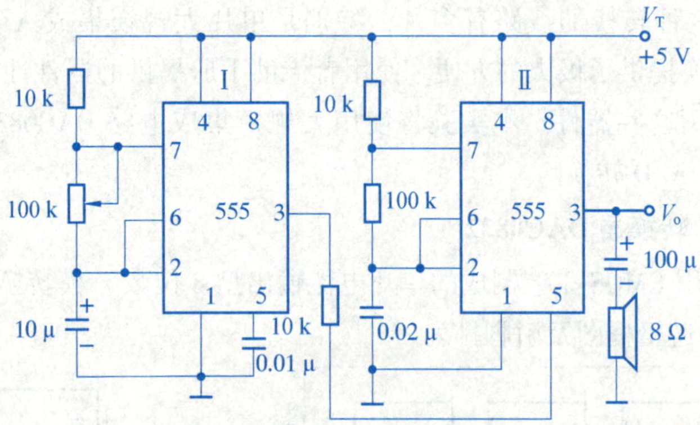

图 4.8.9　模拟声响电路

4.8.5　分析思考

如何用示波器测定施密特触发器的电压传输特性曲线？

4.8.6　实验报告

①绘出详细的实验线路图，定量绘出观测到的波形。

②分析、总结实验结果。

4.9 基础实验——D/A、A/D 转换器

【预习要求】

①复习 A/D、D/A 转换的工作原理。

②熟悉 ADC0809、DAC0832 各引脚的功能、使用方法。

③绘好完整的实验线路图和所需的实验记录表格。

4.9.1 实验目的

①了解 D/A 和 A/D 转换器的基本工作原理和基本结构。

②掌握大规模集成 D/A 和 A/D 转换器的功能及其典型应用。

4.9.2 实验原理

在数字电子技术的很多应用场合，往往需要把模拟量转换为数字量，称为模/数转换器(A/D 转换器，简称 ADC)；或把数字量转换成模拟量，称为数/模转换器(D/A 转换器，简称 DAC)。完成这种转换的线路有多种，特别是单片大规模集成 A/D、D/A 转换器问世，为实现上述转换提供了极大的方便。使用者借助手册提供的器件性能指标及典型应用电路，即可正确使用这些器件。本实验将使用大规模集成电路 DAC0832 实现 D/A 转换，使用 ADC0809 实现 A/D 转换。

4.9.2.1 D/A 转换器 DAC0832

DAC0832 是采用 CMOS 工艺制成的单片电流输出型 8 位数 / 模转换器。如图 4.9.1 所示，是 DAC0832 的逻辑框图及引脚排列。

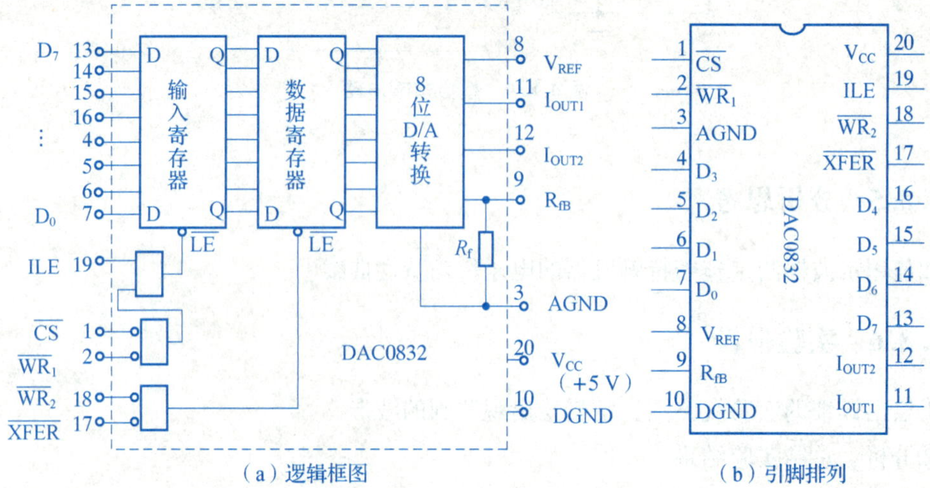

图 4.9.1 DAC0832 单片 D/A 转换器逻辑框图和引脚排列

器件的核心部分采用倒 T 型电阻网络的 8 位 D/A 转换器，如图 4.9.2 所示。它由倒 T 型 R-2R 电阻网络、模拟开关、运算放大器和参考电压 V_{REF} 四部分组成。

运放的输出电压为：$V_o=\dfrac{V_{REF}\cdot R_f}{2^nR}(D_{n-1}\cdot 2^{n-1}+D_{n-2}\cdot 2^{n-2}+\cdots+D_0\cdot 2^0)$。

由上式可见，输出电压 V_o 与输入的数字量成正比，这就实现了从数字量到模拟量的转换。

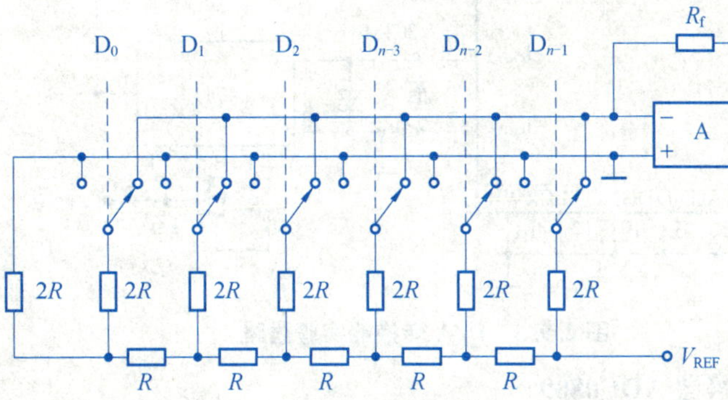

图 4.9.2　倒 T 型电阻网络 D/A 转换电路

一个 8 位的 D/A 转换器有 8 个输入端，每个输入端都是 8 位二进制数的一位，有一个模拟输出端，输入可有 $2^8=256$ 个不同的二进制组态，输出为 256 个电压之一，即输出电压不是整个电压范围内的任意值，而只能是 256 个可能值。

DAC0832 的引脚功能说明如下：

D_0-D_7：数字信号输入端。

ILE：输入寄存器允许，高电平有效。

$\overline{CS}$：片选信号，低电平有效。

$\overline{WR}_1$：写信号 1，低电平有效。

$\overline{XFER}$：传送控制信号，低电平有效。

$\overline{WR}_2$：写信号 2，低电平有效。

I_{OUT1}、I_{OUT2}：DAC 电流输出端。

R_{fB}：反馈电阻，是集成在片内的外接运放的反馈电阻。

V_{REF}：基准电压(-10~+10)V。

V_{CC}：电源电压(+5~+15)V。

AGND：模拟地。

NGND：数字地，可与 AGND 接在一起使用。

DAC0832 输出的是电流，要转换为电压还必须经过一个外接的运算放大器，实验线路如图 4.9.3 所示。

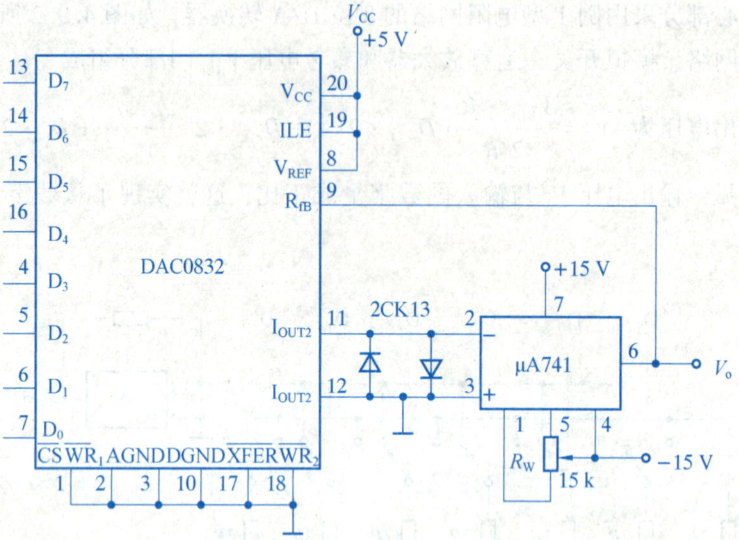

图 4.9.3 D/A 转换器实验线路

4.9.2.2 A/D 转换器 ADC0809

ADC0809 是采用 CMOS 工艺制成的单片 8 位 8 通道逐次渐近型模/数转换器，其逻辑框图及引脚排列如图 4.9.4 所示。

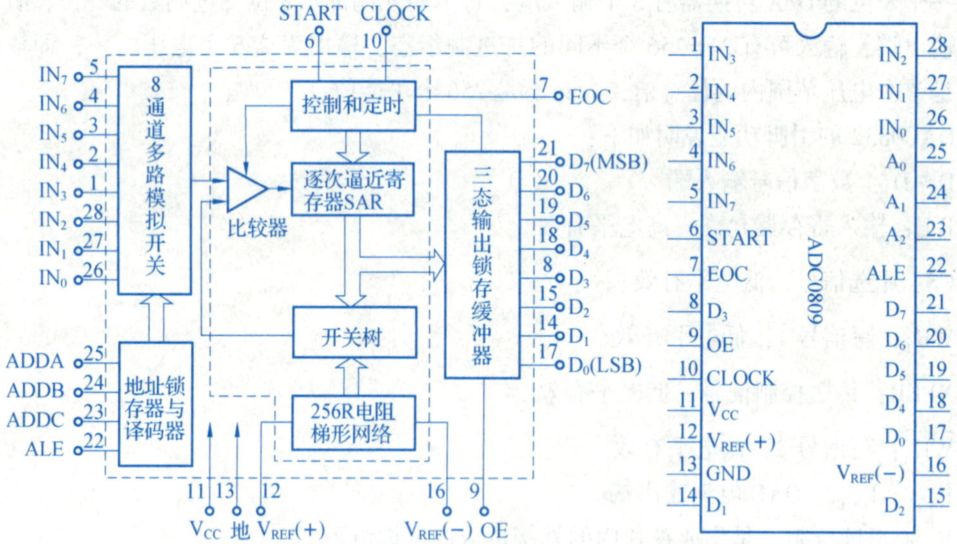

图 4.9.4 ADC0809 转换器的逻辑框图及引脚排列

器件的核心部分是 8 位 A/D 转换器，它由比较器、逐次渐近寄存器、D/A 转换器、控制和定时 5 部分组成。

ADC0809 的引脚功能说明如下：

IN_0-IN_7：8 路模拟信号输入端。

A_2、A_1、A_0：地址输入端。

ALE：地址锁存允许输入信号，在此脚施加正脉冲，上升沿有效，此时锁存地址码，从而选通相应的模拟信号通道，以便进行 A/D 转换。

START：启动信号输入端，应在此脚施加正脉冲，当上升沿到达时，内部逐次逼近寄存器复位；在下降沿到达后，开始 A/D 转换过程。

EOC：转换结束输出信号(转换结束标志)，高电平有效。

OE：输入允许信号，高电平有效。

CLOCK(CP)：时钟信号输入端，外接时钟频率一般为 640 kHz。

V_{CC}：+5 V 单电源供电。

$V_{REF}(+)$、$V_{REF}(-)$：基准电压的正极、负极。一般 $V_{REF}(+)$ 接+5 V 电源，$V_{REF}(-)$ 接地。

D_7-D_0：数字信号输出端。

(1)模拟量输入通道选择

8 路模拟开关由 A_2、A_1、A_0 三个地址输入端选通 8 路模拟信号中的任何一路进行 A/D 转换，地址译码与模拟输入通道的选通关系如表 4.9.1 所示。

表 4.9.1　ADC0809 输入与输出状态

被选模拟通道	地址		
	A_2	A_1	A_0
IN_0	0	0	0
IN_1	0	0	1
IN_2	0	1	0
IN_3	0	1	1
IN_4	1	0	0
IN_5	1	0	1
IN_6	1	1	0
IN_7	1	1	1

(2)D/A 转换过程

在启动端(START)加启动脉冲(正脉冲)，D/A 转换即开始。若将启动端(START)与转换结束端(EOC)直接相连，则转换将是连续的，因此在用这种转换方式时，开始应在外部加启动脉冲。

4.9.3　实验设备及器件

①+5 V、±15 V 直流电源。

②双踪示波器。

③计数脉冲源。

④逻辑电平开关。

⑤逻辑电平显示器。

⑥直流数字电压表。

⑦DAC0832、ADC0809、μA741、电位器、电阻器、电容器若干。

4.9.4 实验内容

4.9.4.1 D/A 转换器——DAC0832

①按图 4.9.3 所示接线，电路接成直通方式，即 $\overline{CS}$、$\overline{WR_1}$、$\overline{WR_2}$、$\overline{XFER}$ 接地，ALE、V_{CC}、V_{REF} 接+5 V 电源，运放电源接±15 V，$D_0 \sim D_7$ 接逻辑开关的输出插口，输出端 V_0 接直流数字电压表。

②调零。令 $D_0 \sim D_7$ 全置零，调节运放的电位器使 μA741 输出为零。

③按表 4.9.2 所示的输入数字信号，用数字电压表测量运放的输出电压 V_0，并将测量结果填入表中，并与理论值进行比较。

表 4.9.2 DAC0832 数-模转换测试数据

输入数字量								输出模拟量 V_0/V
D_7	D_6	D_5	D_4	D_3	D_2	D_1	D_0	V_{CC}=+5 V
0	0	0	0	0	0	0	0	
0	0	0	0	0	0	0	1	
0	0	0	0	0	0	1	0	
0	0	0	0	0	1	0	0	
0	0	0	0	1	0	0	0	
0	0	0	1	0	0	0	0	
0	0	1	0	0	0	0	0	
0	1	0	0	0	0	0	0	
1	0	0	0	0	0	0	0	
1	1	1	1	1	1	1	1	

4.9.4.2 A/D 转换器——ADC0809

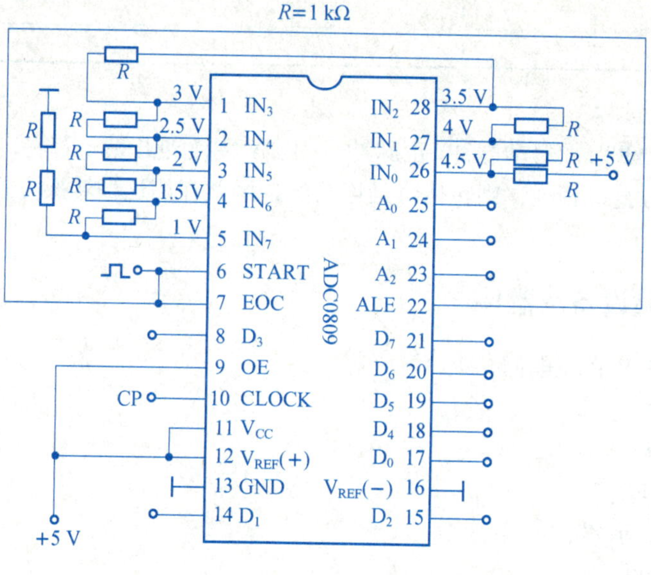

图 4.9.5 ADC0809 实验线路

①八路输入模拟信号 1~4.5 V，由+5 V 电源经电阻器 R 分压组成；变换结果 D_0 ~ D_7 接逻辑电平显示器输入插口，CP 时钟脉冲由计数脉冲源提供，取 f= 100 kHz；A_0 ~ A_2 地址端接逻辑电平输出插口。

②接通电源后，在启动端(START)加一正单次脉冲，下降沿一到即开始 A/D 转换。

③按表 4.9.3 所示的要求观察，记录 IN_0 ~ IN_7 八路模拟信号的转换结果，并将转换结果换算成十进制数表示的电压值，并与数字电压表实测的各路输入电压值进行比较，分析误差原因。

表 4.9.3　ADC0809 模-数转换测试数据

被选模拟通道	输入模拟量	地址			输出数字量								
IN	V_i/V	A_2	A_1	A_0	D_7	D_6	D_5	D_4	D_3	D_2	D_1	D_0	十进制
IN_0	4.5	0	0	0									
IN_1	4.0	0	0	1									
IN_2	3.5	0	1	0									
IN_3	3.0	0	1	1									
IN_4	2.5	1	0	0									
IN_5	2.0	1	0	1									
IN_6	1.5	1	1	0									
IN_7	1.0	1	1	1									

4.9.5　分析思考

A/D 和 D/A 会有哪些因素决定系统的精度和速度?

4.9.6　实验报告

整理实验数据，分析实验结果。

4.10　综合实验——智力竞赛抢答装置

【预习要求】

①复习触发器、计数器、脉冲产生电路的相关知识。

②熟悉智力竞赛抢答装置的原理图。

4.10.1 实验目的

①学习数字电路中 D 触发器、分频电路、多谐振荡器、CP 时钟脉冲源等单元电路的综合运用。

②熟悉智力竞赛抢答器的工作原理。

③了解简单数字系统实验、调试及故障排除方法。

4.10.2 实验原理

如图 4.10.1 所示，为供 4 人用的智力竞赛抢答装置线路，用以判断抢答优先权。

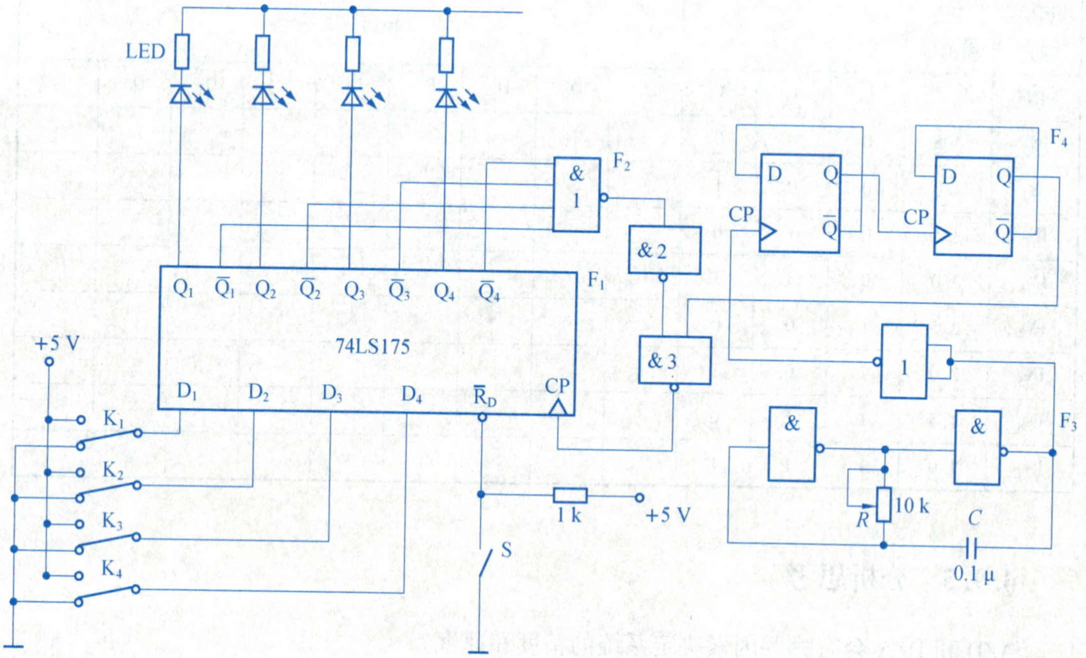

图 4.10.1　智力竞赛抢答装置原理图

图中，F_1 为四 D 触发器 74LS175，它具有公共置 0 端和公共 CP 端，其引脚排列见附录；F_2 为双四输入与非门 74LS20；F_3 是由 74LS00 组成的多谐振荡器；F_4 是由 74LS74 组成的四分频电路。F_3、F_4 组成抢答电路中的 CP 时钟脉冲源，抢答开始时，由主持人清除信号，按下复位开关 S，74LS175 的输出 $Q_1 \sim Q_4$ 全为 0，所有发光二极管 LED 均熄灭；当主持人宣布“抢答开始”后，首先做出判断的参赛者立即按下开关，对应的发光二极管点亮，同时，通过与非门 F_2 送出信号锁住其余 3 个抢答者的电路，不再接受其他信号，直到主持人再次清除信号为止。

4.10.3　实验设备与器件

①+5 V 直流电源。

②逻辑电平开关。

③逻辑电平显示器。

④双踪示波器。

⑤数字频率计。

⑥直流数字电压表。

⑦74LS175、74LS20、74LS74、74LS00。

4.10.4　实验内容

①测试各触发器及各逻辑门的逻辑功能。

测试方法参照 4.2 及 4.9 有关内容，判断器件的好坏。

②按图 3.10.1 所示接线，抢答器 5 个开关接实验装置上的逻辑开关、发光二极管接逻辑电平显示器。

③断开抢答器电路中的 CP 脉冲源电路，单独对多谐振荡器 F_3 及分频器 F_4 进行调试，调整多谐振荡器 10 k 电位器，使其输出脉冲频率约为 4 kHz，观察 F_3 及 F_4 的输出波形及测试其频率(参照 4.10 有关内容)。

④测试抢答器电路功能。

接通+5 V 电源，CP 端接实验装置上的连续脉冲源，取重复频率约为 1 kHz。

Ⅰ. 抢答开始前，开关 K_1、K_2、K_3、K_4 均置“0”，准备抢答，将开关 S 置“0”，发光二极管全熄灭，再将 S 置“1”。抢答开始，K_1、K_2、K_3、K_4 某一开关置“1”，观察发光二极管的亮、灭情况，然后再将其他 3 个开关中任一个置“1”，观察发光二极管的亮、灭有否改变。

Ⅱ. 重复Ⅰ. 的内容，改变 K_1、K_2、K_3、K_4 任一个开关的状态，观察抢答器的工作情况。

Ⅲ. 整体测试。断开实验装置上的连续脉冲源，接入 F_3 及 F_4，再进行实验。

4.10.5　分析思考

如果在图 4.10.1 所示电路中加一个计时功能，要求计时电路显示时间精确到秒，最多限制为 2 分钟，一旦超出限，就取消抢答权，那么电路如何改进？

4.10.6 实验报告

①分析智力竞赛抢答装置各部分的功能及工作原理。

②总结数字系统的设计、调试方法。

③分析实验中出现的故障及解决办法。

4.11 综合实验——电子秒表

【预习要求】

①复习数字电路中 RS 触发器、单稳态触发器和计数器等部分内容。

②复习不同类型时钟源及其用法，绘制电路图。

③列出电子秒表单元电路的测试表格。

④列出调试电子秒表的步骤。

4.11.1 实验目的

①学习数字电路中基本 RS 触发器、单稳态触发器、时钟发生器及计数、译码显示等单元电路的综合应用。

②学习电子秒表的调试方法。

4.11.2 实验原理

如图 4.11.1 所示，为电子秒表的电原理图。按功能将其分成 4 个单元电路进行分析。

4.11.2.1 基本 RS 触发器

图 4.11.1 中单元 I 为用集成与非门构成的基本 RS 触发器，它属低电平直接触发的触发器，有直接置位、复位的功能。

它的一路输出 $\overline{Q}$ 作为单稳态触发器的输入，另一路输出 Q 作为与非门 5 的输入控制信号。

按动按钮开关 K_2(接地)，则门 1 输出 $\overline{Q}=1$，门 2 输出 $Q=0$；K_2 复位后，Q、$\overline{Q}$ 状态保持不变。再按动按钮开关 K_1，则 Q 由 0 变为 1，门 5 开启，为计数器的启动做好准备。$\overline{Q}$ 由 1 变 0，送出负脉冲，启动单稳态触发器工作。

基本 RS 触发器在电子秒表中的职能是启动和停止秒表的工作。

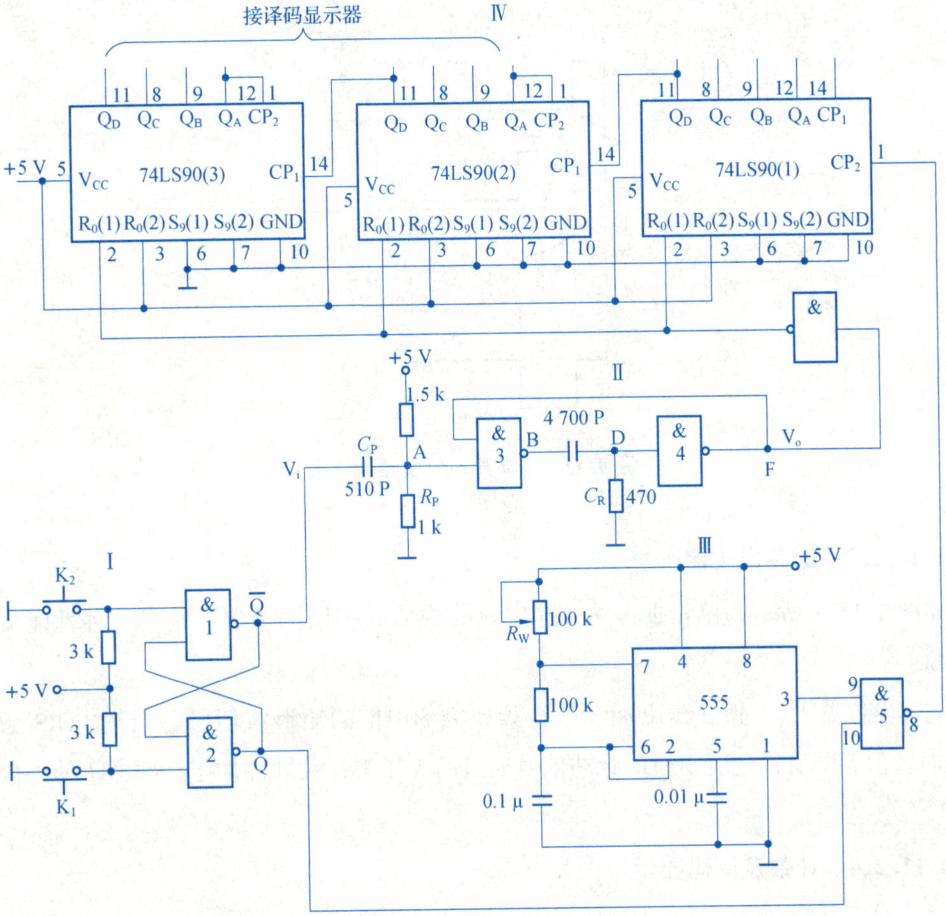

图 4.11.1　电子秒表原理图

4.11.2.2　单稳态触发器

图 4.11.1 中单元Ⅱ为用集成与非门构成的微分型单稳态触发器，图 4.11.2 所示为各点波形图。

单稳态触发器的输入触发负脉冲信号 V_i 由基本 RS 触发器 $\overline{Q}$ 端提供，输出负脉冲 V_o 通过非门加到计数器的清除端 R。

静态时，门 4 应处于截止状态，故电阻 R 必须小于门的关门电阻 R_{Off}。定时元件 R、C 的取值不同，输出脉冲的宽度也不同。当触发脉冲宽度小于输出脉冲宽度时，可以省去输入微分电路的 R_P 和 C_P。

单稳态触发器在电子秒表中的职能是为计数器提供清零信号。

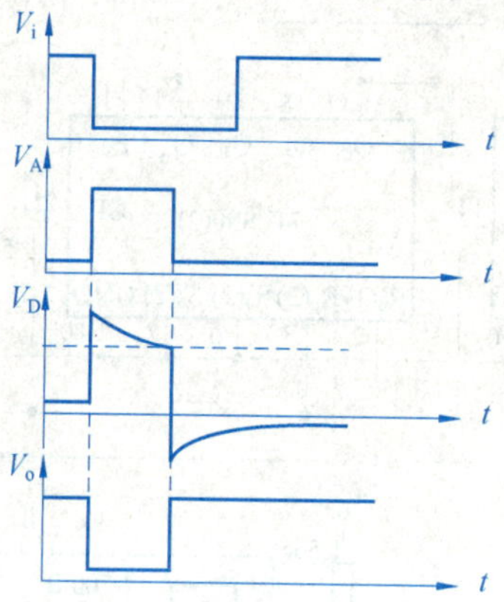

图 4.11.2　单稳态触发器波形图

4.11.2.3　时钟发生器

如图 4.11.1 所示，单元Ⅲ为用 555 定时器构成的多谐振荡器，它是一种性能较好的时钟源。

调节电位器 R_W，使在输出端 3 获得频率为 50 Hz 的矩形波信号，当基本 RS 触发器 $Q=1$ 时，门 5 开启，此时 50 Hz 脉冲信号通过门 5 作为计数脉冲加于计数器①的计数输入端 CP_2。

4.11.2.4　计数及译码显示

二—五—十进制加法计数器 74LS90 构成电子秒表的计数单元，如图 4.11.1 中单元Ⅳ所示。其中计数器①接成五进制形式，对频率为 50 Hz 的时钟脉冲进行五分频，在输出端 Q_D 取得周期为 0.1 s 的矩形脉冲，作为计数器②的时钟输入。计数器②及计数器③接成 8421 码十进制形式，其输出端与实验装置上译码显示单元的相应输入端连接，可显示 0.1~0.9 s；1~9.9 s 计时。

注意：集成异步计数器 74LS90。

74LS90 是异步二—五—十进制加法计数器，它既可以作二进制加法计数器，又可以作五进制和十进制加法计数器。

如图 4.11.3 所示，为 74LS90 的引脚排列，表 4.11.1 为其功能表。

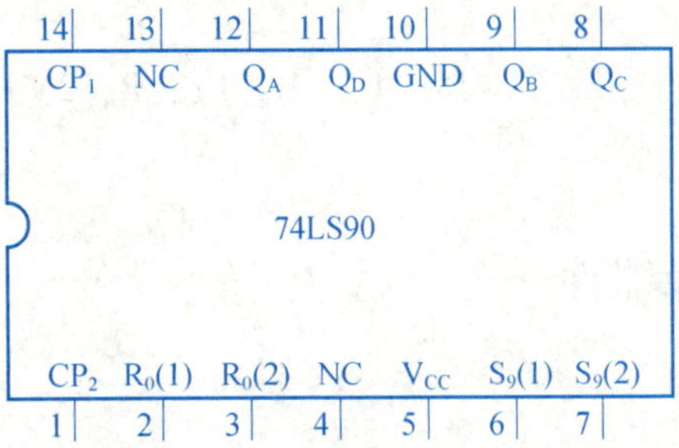

图 4.11.3　74LS90 引脚排列

表 4.11.1　74LS90 功能表

输入						输出				功能
清 0		置 9		时钟		Q_D	Q_C	Q_B	Q_A	
$R_0(1)$	$R_0(2)$	$S_9(1)$	$S_9(2)$	CP_1	CP_2					
1	1	0 ×	× 0	×	×	0	0	0	0	清 0
0 ×	× 0	1	1	×	×	1	0	0	1	置 9
0 ×	× 0	0 ×	× 0	↓	1	Q_A 输出				二进制计数
				1	↓	$Q_DQ_CQ_B$ 输出				五进制计数
				↓	Q_A	$Q_DQ_CQ_BQ_A$ 输出 8421BCD 码				十进制计数
				Q_D	↓	$Q_AQ_DQ_CQ_B$ 输出 5421BCD 码				十进制计数
				1	1	不变				保持

通过不同的连接方式，74LS90 可以实现 4 种不同的逻辑功能。还可借助 $R_0(1)$、$R_0(2)$ 对计数器清零，借助 $S_9(1)$、$S_9(2)$ 将计数器置 9。其具体功能详述如下：

①计数脉冲从 CP_1 输入，Q_A 作为输出端，为二进制计数器。

②计数脉冲从 CP_2 输入，$Q_DQ_CQ_B$ 作为输出端，为异步五进制加法计数器。

③若将 CP_2 和 Q_A 相连，计数脉冲由 CP_1 输入，Q_D、Q_C、Q_B、Q_A 作为输出端，则构成异步 8421 码十进制加法计数器。

④若将 CP_1 与 Q_D 相连，计数脉冲由 CP_2 输入，Q_A、Q_D、Q_C、Q_B 作为输出端，则构成异步 5421 码十进制加法计数器。

⑤清零、置 9 功能。

Ⅰ. 异步清零。当 $R_0(1)$、$R_0(2)$ 均为“1”，$S_9(1)$、$S_9(2)$ 中有“0”时，实现异步清零

功能，即 $Q_DQ_CQ_BQ_A=0000$。

Ⅱ. 置 9 功能。当 $S_9(1)$、$S_9(2)$ 均为“1”，$R_0(1)$、$R_0(2)$ 中有“0”时，实现置 9 功能，即 $Q_DQ_CQ_BQ_A=1001$。

4.11.3 实验设备及器件

①+5 V 直流电源。

②双踪示波器。

③直流数字电压表。

④数字频率计。

⑤单次脉冲源。

⑥连续脉冲源。

⑦逻辑电平开关。

⑧逻辑电平显示器。

⑨译码显示器。

⑩74LS00×2、555×1、74LS90×3、电位器、电阻器、电容器若干。

4.11.4 实验内容

由于实验电路中使用器件较多，因此实验前必须合理安排各器件在实验装置上的位置，使电路逻辑清楚、接线较短。

实验时，应按照实验任务的次序，将各单元电路逐个进行接线和调试，即分别测试基本 RS 触发器、单稳态触发器、时钟发生器及计数器的逻辑功能，待各单元电路工作正常后，再将有关电路逐级连接起来进行测试……直到测试电子秒表整个电路的功能。

这样的测试方法有利于检查和排除故障，保证实验顺利进行。

4.11.4.1 基本 RS 触发器的测试

测试方法参考 4.9。

4.11.4.2 单稳态触发器的测试

(1) 静态测试

用直流数字电压表测量 A、B、D、F 各点的电位值，记录之。

(2) 动态测试

输入端接 1 kHz 连续脉冲源，用示波器观察并描绘 D 点(V_D、) F 点(V_0)的波形，若嫌单稳输出脉冲持续时间太短，难以观察，则可适当加大微分电容 C(如改为 0.1 μ)，待测试完毕，再恢复 4700 p。

4.11.4.3　时钟发生器的测试

测试方法参考 4.10，用示波器观察输出电压波形并测量其频率，调节 R_W，使输出矩形波的频率为 50 Hz。

4.11.4.4　计数器的测试

①计数器①接成五进制形式，$R_0(1)$、$R_0(2)$、$S_9(1)$、$S_9(2)$接逻辑开关输出插口，CP_2 接单次脉冲源，CP_1 接高电平“1”，$Q_D \sim Q_A$ 接实验设备上译码显示输入端 D、C、B、A，按表 4.11.1 所示测试其逻辑功能，记录之。

②计数器②及计数器③接成 8421 码十进制形式，同内容①进行逻辑功能测试，记录之。

③将计数器①、②、③级连，进行逻辑功能测试，记录之。

4.11.4.5　电子秒表的整体测试

各单元电路测试正常后，按图 4.11.1 所示把几个单元电路连接起来，进行电子秒表的总体测试。

先按一下按钮开关 K_2，此时电子秒表不工作，再按一下按钮开关 K_1，则计数器清零后便开始计时，观察数码管显示的计数情况是否正常。若不需要计时或暂停计时，则按一下开关 K_2，计时立即停止，但数码管保留所计时之值。

4.11.4.6　电子秒表准确度的测试

利用电子钟或手表的秒计时功能对电子秒表进行校准。

4.11.5　分析思考

如果要求电子秒表计数范围扩展为 00″00～99″99，并实现其控制，那么应该如何改动？

4.11.6　实验报告

①总结电子秒表的整个调试过程。

②分析调试中发现的问题及故障排除方法。

课后习题

一、判断题

1. 与 CMOS 电路相比，TTL 电路的主要优点是速度快。　　(　　)
2. 采用“OC 门”可提高电路的负载能力，它主要应用于灌电流负载。　　(　　)

3. 触发器的异步复位端不受时钟脉冲的控制。（ ）

4. 多谐振荡器无须外加触发脉冲就能产生周期性脉冲信号。（ ）

5. 输入一个时钟脉冲其输出状态就翻转一次的触发器是 T 触发器。（ ）

6. 逻辑函数的化简是为了使表达式简化而与硬件电路无关。（ ）

7. 同步计数器的计数速度比异步计数器快。（ ）

8. 移位寄存器 74LS194 可串行输入并行输出，但不能串行输入串行输出。（ ）

9. 将几个 D 触发器进行串接，前一级触发器的输出与后一级触发器的输入连接起来，就构成了移位寄存器。（ ）

10. 采用显示译码器是因为用 BCD 码不能直接使数码管显示正确字符。（ ）

二、分析题

1. 某逻辑功能测试实验，已知该逻辑电路有 3 个输入端(图 4.1)，实验测量的数据如表 4.1 所示，请依据该数据表分析其逻辑功能。

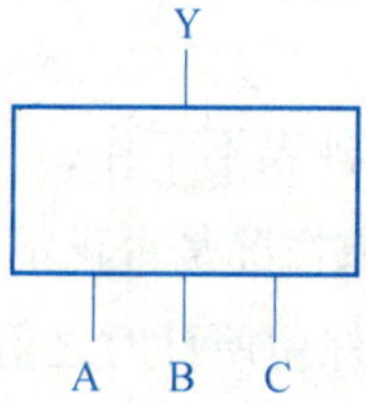

图 4.1　逻辑电路测试示意图

表 4.1　实验测量数据

C	B	A	Y
0	0	0	1
0	0	1	0
0	1	0	0
0	1	1	0
1	0	0	0
1	0	1	0
1	1	0	0
1	1	1	0

2. 实验电路如图 4.2 所示，分析选用的数据端口并依据输入信号的波形画出输出信号的波形。

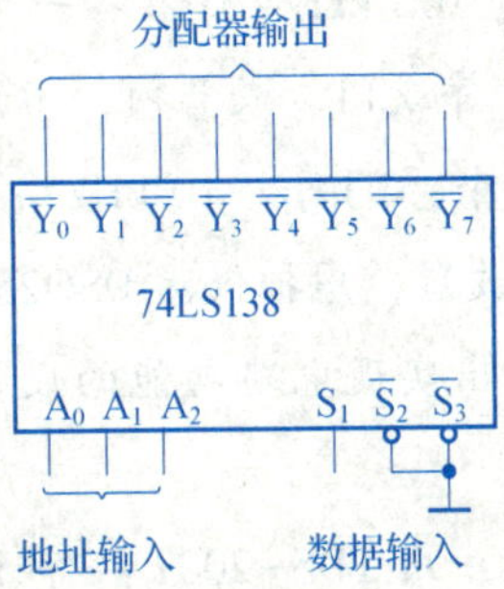

图 4.2　74LS138 实验电路示意图

三、设计题

1. 设计一个三输入表决电路，要求：用与非逻辑实现。

(1)写出设计过程；

(2)画出接线图。

2. 用双 4 选 1 数据选择器 74LS153 及非门、或门实现 8 选 1 数据选择器功能的实验电路。

3. 用 8 选 1 数据选择器 74LS151 设计三输入多数表决电路的实验电路。

4. 某黑匣子有 4 个输入端口 IN_1、IN_2、IN_3、IN_4 和两个输出端口，如图 4.3 所示，已知该匣子内是简单的数字电路，现给该匣子加上工作电源，并将其 4 个输入端口分别接在四位二进制计数器 74LS161 的 QA、QB、QC、QD 上，计数器的 CLK 输入 1 kHz 方波信号，用示波器测得各路波形如下，请根据该波形图，设计一电路来实现该匣子的电路功能，要求器件数量最少。

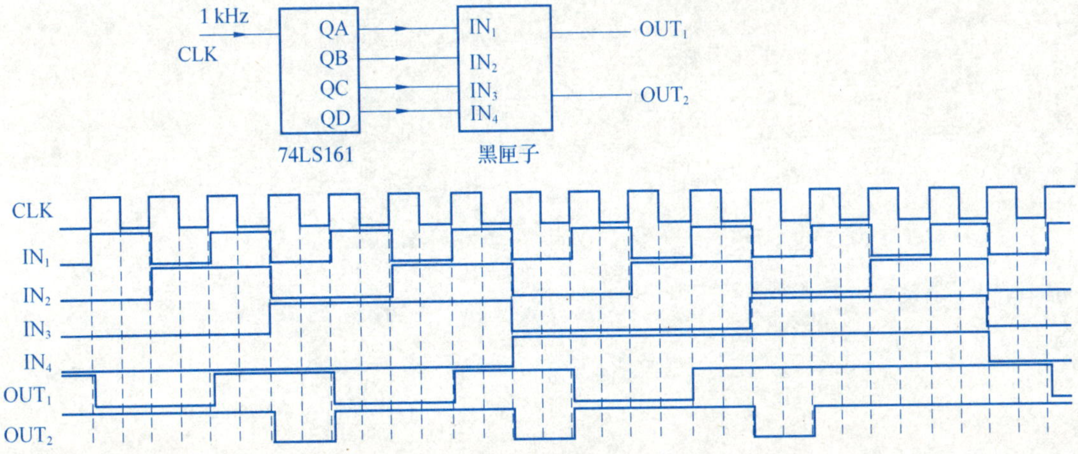

图 4.3　黑匣子测试电路及对应波形图

(1)提供器材：1 kΩ、10 kΩ、100 kΩ 电位器各一个，四位二进制计数器 74LS161 一片，J-K 触发器、与非门、或门、异或门、或非门、不同阻值电阻器若干，时基电路 555 一片，0.1 μF、0.01 μF 电容各一个，1 kHz、10 kHz 方波信号源各一个，+5 V 直流稳压电源，万用表，TDS-2002 数字示波器，虚拟仪器 DSO2516A 等。

(2)按照上面提供的条件，写出实现电路功能的设计过程，必须有完整的理论推导，画出实验原理图。

(3)按照实验原理图进行接线，用 TDS-2002 数字示波器观察并描绘 IN_1、IN_2、IN_3、IN_4、OUT_1、OUT_2 的波形，注意波形要同步。

(4)完成上面内容后，用虚拟仪器 DSO2516A 的逻辑分析仪观察 IN_1、IN_2、IN_3、IN_4、OUT_1、OUT_2 的波形(不必画波形图)。

(5)写出详细的实验步骤、理论分析与方程化简，使波形符合要求，对测量结果进行分析等。

第二部分

电子技术课程设计

电子技术课程设计包含模拟电子技术课程设计和数字电子技术课程设计，是电子技术课程的实践性教学环节，是对学生学习电子技术的综合性训练，培养学生运用课程所学到的理论知识与实践紧密结合，独立解决实际问题的能力。

本章主要介绍模拟电子技术课程设计和数字电子技术课程设计的基础知识和设计方法，旨在帮助学生解决电子技术课程入门之难。

电子电路的设计方法一般有两种：一是人工设计，电路结构的确定、元器件参数的选取、电路各项指标的计算等各个设计环节均由设计人员完成；二是计算机辅助设计（CAD），电路的各项指标的计算由计算机完成。由于技术的进步，现代电子设计基本都采用第二种方法，常用的软件有 Multisim、Protues、Altium Designer 等。本教材选用 Multisim 软件。

1. 课程设计的目的和要求

（1）课程设计的目的

电子技术课程设计的基本任务是通过指导学生循序渐进地独立完成电子电路仿真和设计，加深学生对理论知识的理解，有效提高学生的动手能力、分析问题和解决问题能力、协调能力和创造性思维能力。

（2）课程设计的要求

①能够实现设计任务的基本功能。

②依据要求，运用模拟电子技术和数字电子技术的理论设计、制订实验方案，并论证方案。

③学习电路仿真过程，绘制电路图，进行基本的仿真实验对设计的电路进行性能分析。

④撰写课程设计论文，要求符合模板的相关要求，字数一般要求 4 000 字以上。

2. 课程设计的一般方法和步骤

电子电路的一般设计方法和步骤：分析设计任务和性能指标，选择总体方案，设计单元电路，计算参数，选择器件，画总体电路图，进行仿真试验和性能测试。实际设计过程中，往往反复进行以上各步骤，才能达到设计要求，因此需要灵活掌握。

课程设计的具体步骤如下。

（1）设计任务分析

对系统的设计任务进行具体分析，充分了解系统的性能、指标内容及要求，以便明确系统应完成的任务。

（2）总体方案选择

用具有一定功能的若干单元电路组成一个整体来实现设计任务提出的各项要求和技术指标，并画出一个能表示各单元功能的整机原理框图。设计过程中往往有多种方案可以选择，应针对任务要求查阅资料，权衡各方案的优缺点，从中选优。根据掌握的知识和资料，针对系统提出的任务、要求和条件，完成系统的功能设计。在这个过程中，要勇于探索、勇于创新，力争做到设计方案合理、可靠、经济，功能齐全，技术先进，并且对方案要不断进行可行性和优缺点的分析，最后设计出一个完整框图。框图必须正确反映系统应完成的任务和各组成部分的功能，清楚表示系统的基本组成和相互关系。

(3)单元电路的设计

单元电路是整机的一部分，只有把各单元电路设计好才能提高整体设计水平。每个单元电路在设计前，都需明确本单元电路的任务，详细拟订单元电路的性能指标，明确单元电路与前后级之间的关系，分析电路的组成形式。具体设计时，可模仿成熟的先进电路，也可进行创新或改进，但都必须保证性能要求。同时，不仅单元电路本身要设计合理，各单元电路之间也要相互配合，注意各部分的输入信号、输出信号和控制信号的关系。

设计单元电路的一般方法和步骤如下。

①根据设计要求和选定的总体方案原理图，确定对各单元电路的设计要求。必要时，应详细拟订主要单元电路的性能指标。

②拟订出各单元电路的要求后，对它们进行设计。

③应采用符合的电平标准进行单元电路设计。

④注意各单元之间的匹配连接。

(4)参数计算

为保证单元电路达到功能指标要求，需要用相关电子技术的知识对参数进行计算。例如，放大电路中各阻值放大倍数的计算；振荡器中电阻、电容、振荡频率等参数的计算。只有很好地理解电路的工作原理，正确利用计算公式，计算的参数才能满足设计要求。

一般计算参数时，应注意以下 4 点：

①器件的工作电压、电流、频率和功耗等应在允许的范围内，并留有适当裕量。

②对于环境温度、交流电网等工作条件，计算参数时应按最不利的情况考虑。

③涉及元件的极限参数时，必须留有足够的裕量，一般按 1.5 倍左右考虑。

④应把计算确定的各参数值标在电路图的适当位置。

(5)器件选择

选择元器件应从“需要什么”和“有什么”两个方面来考虑。“需要什么”是指根据设计方案需要什么样的元器件，该元器件应具有哪些功能和性能指标。“有什么”是指有哪些元器件，哪些能在市场上买得到，其性能特点怎么样。

在保证电路性能的前提下，尽量选用常见的、通用性好的、价格相对低的、手头有的或容易买到的器件。一般优先选择集成电路。

(6)画总体电路图

画总体电路图时需注意以下几点。

①应注意信号的流向。通常从输入端或信号源画起，按从左到右或从上到下的顺序依次画出各单元电路。电路图排布应美观、合理。

②电路图中所有的连线应标示清楚。各元件之间的绝大多数连线应在图样上标出。连线通常应画成横平竖直，交叉相连接的线应在交叉处用圆点标出。

③集成电路通常用框图表示。在框图中标出其型号，框的边线两侧标出每根引线的功

能名称和管脚号。

(7)仿真调试

随着计算机的普及和EDA技术的发展，电子电路设计中的实验演变为仿真和实验相结合。本教材用Multisim 14.0对所设计的电路进行仿真，验证所设计的电路是否达到设计要求的技术指标，或是通过调整电路中元器件的参数使所设计的电路性能达到最佳。

电路仿真具有以下优点。

①电路仿真不受工作场地、仪器设备、元器件品种及数量的限制，使用方便、快捷，不会有经济损失。

②对电路中只能依据经验来确定的元器件参数，用电路仿真的方法很容易确定，并且参数容易调整。

③对于可能存在错误的电路，或者在实验时搭接电路出错而损坏元器件，或者在调试中损坏仪器，从而造成损失，使用电路仿真时不会出现这些情况。

如果设计需要做出实物，还包括以下步骤：

(8)安装调试

安装与调试过程应按照“先局部、后整机”的原则，先根据信号的流向逐块调试，使各功能块都达到各自技术指标的要求，然后把它们连接起来进行统一调试和系统测试。调试包括调整和测试两部分。调整主要是调节电路中可变元器件或更换器件，使之达到性能的改善；测试是采用电子仪器测量相关点的数据与波形，以便准确判断设计电路的性能。

装配前，必须对元器件进行性能参数测试。根据设计任务的不同，有时需进行印制电路板设计制作，并在印制电路板上进行装配和调试。电路安装完毕，不要急于通电调试，而要先对照电路图认真检查连线是否正确，有无接触不良，检查元器件安装是否有误，电源端对地是否存在短路，可用数字万用表的蜂鸣器挡来检查。

(9)故障检查

调试中，若发现电路不能正常工作，则表明电路发生了故障。查找故障的顺序可以从输入到输出，也可以从输出到输入。查找故障的一般方法如下：

①直接观察法。

直接观察法是指不用任何仪器，利用人的视、听、嗅、触等来发现问题，寻找和分析故障。直接观察包括不通电检查和通电观察，检查仪器的选用和使用是否正确，电源电压的等级和极性是否符合要求，电解电容的极性，二极管和三极管的管脚，集成电路的引脚有无错接、漏接、短路等情况，布线是否合理，电阻、电容有无烧焦和炸裂，等等。

②电压法。

用万用表直流电压挡检查电源电压与逻辑电平是否符合要求。

③示波器观察法。

对于时序逻辑电路，可用示波器逐级观察其波形及幅值的变化情况，哪一级异常，故障就在该级。

④对比法。

当怀疑某一电路存在问题时，可将此电路的参数与工作状态和相同的正常电路的参数（或理论分析的电流、电压、波形等）一一进行对比，从中找出电路中的不正常情况，进而分析故障原因，判断故障点。

⑤元器件替换法。

有时电路中的故障比较隐蔽，不能一眼看出，这时若有与故障电路同型号的元器件，则可将好的元器件替换故障电路中的相应部件，以便于缩小故障范围，进一步查找故障。

⑥短路法。

短路法是采取临时性短接一部分电路来寻找故障的方法。短路法对检查断路性故障最有效，但要注意对电源（电路）不能采用短路法。

⑦断路法。

断路法用于检查短路故障最有效。断路法也是一种使故障怀疑点逐步缩小范围的方法。例如，某稳压电源因接入一个带有故障的电路，而使输出电流过大，这时就需要采取依次断开电路的某一支路的办法来检查故障。若断开该支路后电流恢复正常，则故障发生在此支路。

实际调试时，寻找故障原因的方法多种多样，以上仅列举了几种常用的方法。这些方法的使用可根据设备条件、故障情况灵活掌握。对于简单的故障，用一种方法即可查找出故障点，但对于较复杂的故障，则需采取多种方法互相补充、互相配合，才能找出故障点。

（10）衡量设计的标准

衡量设计的标准是：工作稳定、可靠；能达到预定的性能指标，并留有适当的裕量；电路简单，成本低，功耗低；器件数目少，集成体积小，便于生产和维护。

3. 课程设计报告要求

根据任务书完成的课程设计报告主要包含以下内容：

①题目名称。

②设计任务、主要技术指标及要求。

③电路的设计。

Ⅰ. 方案的论证，考虑了哪些方案，经过比较，最后选定方案。

Ⅱ. 单元电路的设计和元器件的选择。

Ⅲ. 画出完整的电路图和必要的波形图，并说明主要工作原理。

Ⅳ. 计算出各元器件的主要参数，并标在电路中恰当的位置。

④整理性能测试数据，并分析是否满足要求。

⑤在仿真中遇到的问题是如何解决的。

⑥元器件清单。

⑦课程设计的收获、体会和建议。

⑧参考文献。

第5章 模拟电子技术课程设计

培养目标

1. 知识目标

(1)结合模拟电子技术中所学的理论知识，掌握根据设计要求独立设计模拟电路方案和完成功能调试的能力。

(2)根据系统指标和功能框图明确任务，进行各单元电路的设计、参数计算和元器件选择。

(3)归纳总结设计过程中存在的问题和结果，认真撰写课程设计报告。

2. 能力目标

(1)培养学生综合运用所学知识完成小型电子技术应用电路的设计仿真的能力，锻炼学生识读电子电路图，让他们学会分析电子电路的工作原理。

(2)提升学生查阅资料、确定电路设计方案、计算与选择元器件参数、安装与调试电路，并能使用相关仪器进行指标测试的能力。

(3)在项目的完成中提升学生做决定与计划能力，自我控制与管理能力，评价(自我、他人)能力，时间管理能力，学习能力等。

3. 思政目标

(1)在完成项目中培养学生实事求是、严谨认真的作风和科学、客观的工作态度。

(2)培养学生团队协作、人际交流、分析问题与解决问题的能力。

(3)鼓励学生了解模拟电子技术在工业生产领域的应用现状和发展趋势，鼓励学生设计自己感兴趣的创新型应用电路。

5.1　设计题目——可控直流稳压电源的设计与仿真

可控直流稳压电源是一种用于提供可控电压和稳定直流电流的电子设备。可控直流稳压电源因其性能稳定可靠、调节方便和性价比高等优点，被广泛应用于电子制作、实验、测试、工业自动化和电子数码产品研发等领域，是现代电子技术不可或缺的一部分。在做此设计之前，要做到：

①了解直流稳压电源的组成及其工作原理。理解整流电路、滤波电路和稳压电路的功能和应用。

②收集并阅读相关文献资料，了解直流稳压电源设计的最新技术和应用。学习 Multisim 软件的用法和操作技巧。

③学会串联型稳压电路的组成及可控电压范围的计算，学会在 Multisim 仿真环境中调试系统，以使系统达到设计要求。

5.1.1　设计目的

①加深对模拟电子技术理论知识的理解，结合实践进一步加深对单元电路基本功能的掌握和应用。

②通过具体的电路模型，掌握一种常用电子电路仿真软件，使学生能利用所学理论知识完成实际电路的设计、仿真和制作。

③学会利用万用表检测稳压二极管的好坏，了解稳压电路中稳压管的作用。

④掌握在桥式整流电路和有电容滤波的桥式整流电路中，输入电压与输出电压之间的关系。

5.1.2　设计要求

①将 220 V/50 Hz 交流电源输出±12 V(±5 V)直流电压。

②仿真直流稳压电源。

③电网供给的交流电压 U_1 为 220 V、50 Hz，变压器输出的电压 U_2 为 18～20 V、50 Hz。

④稳压电源输出的直流电压可控，且输出的电流可扩展。

5.1.3　设计思路

可控直流稳压电源的电路结构包括变压电路、整流电路、滤波电路和稳压电路，如图 5.1.1 所示。根据电路结构设计各个部分的组成电路，经过调试实现直流稳压电源。

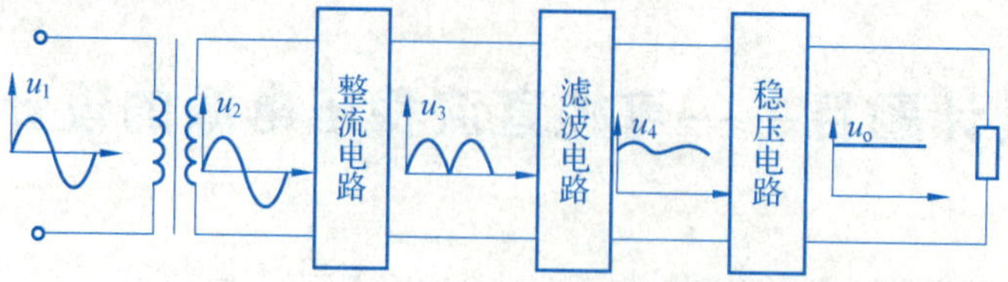

图 5.1.1　可控直流稳压电源的设计思路

稳压电源的设计是根据稳压电源的输出电压 U_o、输出电流 I_o、输出纹波电压 ΔU_{OP-P} 的性能指标要求，正确地确定出变压器、集成稳压器、整流二极管和滤波电路中所用元器件的性能参数，从而合理地选择这些器件。

整个电路由变压器、整流电路、滤波电路、稳压电路、调压电路五部分组成，实际设计中应根据实际情况分别设计。本教材设计方案是由交流电压源提供 220 V 和 50 Hz 的交流电压，经过电源变压器变为较小的交流电压，再经过整流管将交流电压变为直流电压。信号经过滤波电路时滤除直流电压中含有的较大的纹波电压，示波器可以用来检测电压信号显示输出电压的波形，并在电路中加入滑动电阻器，实现输出电压可控。

变压器是交换交流电压、电流和阻抗的器件，当初级线圈中通有交流电时，铁芯(或磁芯)中便产生磁通，使次级线圈中感应出电压(或电流)。变压器就是一种利用电磁互感应变换电压、电流和阻抗的器件，它利用整流电路将交流电压变换为单方向脉动的直流电压。单相桥式整流器电路的工作原理就是电路中的 4 个二极管两两导通，使交流电输入的负半周翻折过去，得到全波整流的波形。如图 5.1.2 所示，可以看出在交流输入 U_2 的正半周内，二极管 D_1、D_3 导通，另外两个截止，在负半周的时候，四个二极管导通和截止的状况恰恰相反。

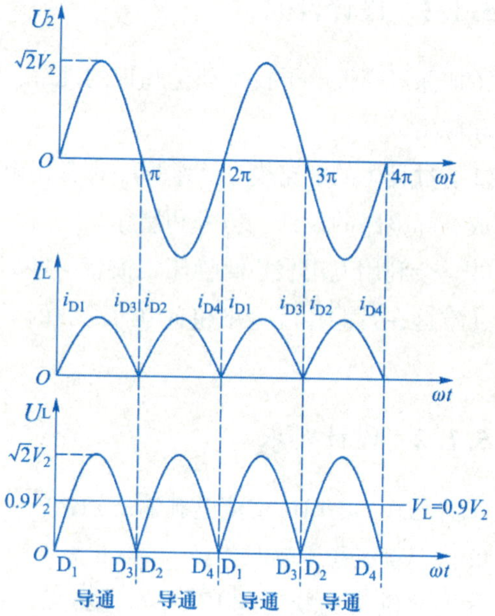

图 5.1.2　桥式整流电路波形示意图

5.1.4　设计报告要求

报告的组成按照要求撰写。除此之外，还要求：

①文字表述要清晰准确，避免使用过于专业或生僻的词汇。

②可控直流稳压电源的原理图、各模块的原理图要清晰，连线要规范，要有仿真结果截图、有调试过程。

③格式排版要规范，包括字体、字号、行间距、页边距等，使得报告的整体效果美观大方。

5.2　设计题目——函数信号发生器的设计与仿真

函数信号发生器是一种重要的电子设备，常用于实验研究、生产测试等多个场合，通过连接到电源并设置适当的参数，可以产生各种类型的信号，如正弦波、方波、三角波、锯齿波等。这些信号可以用于实验中观察和分析信号的特性、生产中的测试故障分析等。在做此设计之前，要做到：

①熟悉函数信号发生器的电路组成，理解 RC 振荡器、运放微积分电路、放大电路的工作原理、功能和应用。

②收集并阅读相关文献资料，了解该系统的最新技术和应用。学习 Multisim 软件的用法和操作技巧。

③学会振荡器、波形处理电路的设计，学会在 Multisim 仿真环境中调试系统，以使系统达到设计要求。

5.2.1　设计目的

①加深对模拟电子技术理论知识的理解，结合实践进一步加深对单元电路基本功能的掌握和应用。

②通过具体的电路模型，掌握一种常用电子电路仿真软件，使学生能利用所学理论知识完成实际电路的设计、仿真和制作。

③能用仪器、仪表调试、测量函数信号发生器的主要指标。

④理解函数信号发生器的组成框图及工作流程。

5.2.2　设计要求

①设计一个方波-三角波-正弦波发生器。

②频率范围分别为 10~100 Hz、100 Hz~1 kHz、1 kHz~10 kHz。

③正弦波 $U_{pp}\approx 3$ V，三角波 $U_{pp}\approx 5$ V，方波 $U_{pp}\approx 14$ V。

④幅度连续可调，线性失真小。

5.2.3　设计方案

函数发生器一般是指能自动产生正弦波、三角波、方波、锯齿波及阶梯波等电压波形的电路或仪器。此次所要设计的函数信号发生器，主要是先产生正弦波，然后将正弦波转换为方波，再由方波转换为三角波，最后由三角波转换为正弦波，其设计思路如图 5.2.1 所示。

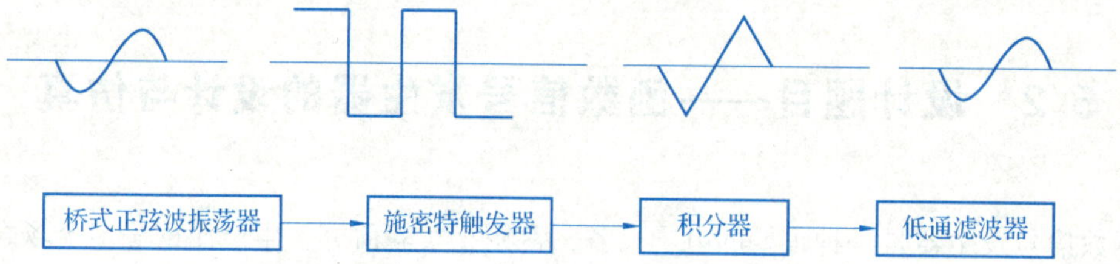

图 5.2.1 函数信号发生器的设计思路

由桥式正弦波振荡电路产生正弦波，然后由触发器将正弦波转换为方波，再由积分放大电路将方波转换为三角波，最后由低通滤波电路将三角波转换为正弦波。

5.2.4 设计报告要求

报告的组成按照要求撰写。除此之外，还要求：

①文字表述要清晰准确，避免使用过于专业或生僻的词汇。

②函数信号发生器的组成框图和原理图、各模块电路图、输出波形图的测试要规范，要能够更好地理解设计的内容。计算振荡频率的公式要规范表示，有合理的计算推导过程。

③结论和建议要有理有据，避免主观臆断和无根据地推断。

④格式排版要规范，包括字体、字号、行间距、页边距等，使得报告的整体效果美观大方。

5.3 设计题目——有源滤波器的设计与仿真

在各种应用系统中，有源滤波器的应用非常广泛。比如，在无线通信系统中，有源滤波器用于滤除噪声和干扰信号，增强有效信号的可靠性和清晰度；在音频系统中，有源滤波器用于调节音频信号的频率和幅度，实现音频的均衡、混响和延迟等效果。做此设计之前，要做到：

①理解有源滤波器的电路组成、工作原理、功能和应用。

②收集并阅读相关文献资料，了解该系统的最新技术和应用。学习 Multisim 软件的用法和操作技巧。

③掌握低通、高通、带通滤波电路的电路组成及仿真调试，学会在 Multisim 仿真环境中调试系统，以使系统达到设计要求。

5.3.1　设计目的

①加深对模拟电子技术理论知识的理解，结合实践进一步加深对单元电路基本功能的掌握和应用。

②通过具体的电路模型，掌握一种常用电子电路仿真软件，使学生能利用所学理论知识完成实际电路的设计、仿真和制作。

③掌握有源滤波器设计和调试的方法。

5.3.2　设计要求

①设计二阶 RC 低通、高通、带通滤波器电路，计算电路原件参数。

②通过具体的电路模型，掌握一种常用电子电路仿真软件，使学生能利用所学理论知识完成实际拟订的测试方案和步骤，分析有源滤波器的幅频特性并仿真。

③计算所设计的电路，测试其性能指标能否达到设计要求。

④调整修改元件参数后再计算，直到满足放大器性能的指标要求，并测试其性能指标。

5.3.3　设计方案

有源滤波器主要包含放大电路、反馈网络、选频网络和稳幅环节，因为稳幅环节可选用热敏电阻器实现自动稳定，所以一般电路设计应包含前 3 个部分，如图 5.3.1 所示。

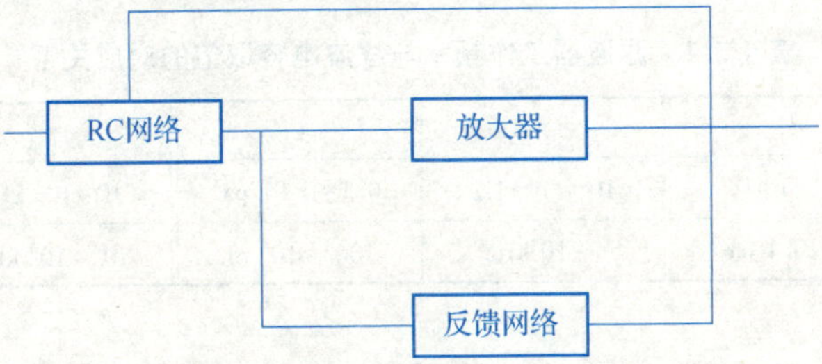

图 5.3.1　有源滤波器的设计方案

5.3.3.1　关于滤波器的选择

集总低通原型滤波器是现代网络综合法设计滤波器的基础，各种低通、高通、带通、带阻滤波器大都是根据此特性推导出来的。正因如此，才使得滤波器的设计得以简化、精度得以提高。

理想的低通滤波器应该能使所有低于截止频率的信号无损通过，而所有高于截止频率的信号都应该被无限地衰减，从而在幅频特性曲线上呈现矩形，故而也将其称为矩形滤波器(brick-wallfilter)。遗憾的是，如此理想的特性是无法实现的，所有的设计只不过是力图逼近矩形滤波器的特性而已。根据所选的逼近函数的不同，可以得到不同的响应。

5.3.3.2 级数选择

滤波器的级数主要根据带外衰减特殊性的要求来确定。每一阶低通或高通电路可获得-6 dB 每倍频程(-20 dB 每十倍频程)的衰减，每二阶低通或高通电路可获得-12 dB 每倍频程(-40 dB 每十倍频程)的衰减。多级滤波器串接时，传输函数总特性的阶数等于各级阶数之和。当要求的带外衰减特性为 $-m$ dB 每倍频程(或 m dB 每十倍频程)时，取级数 n 应满足 n 大于等于 $m/6$(或 n 大于等于 $m/20$)。

5.3.3.3 运放的要求

在无特殊要求的情况下，可选用通用型运算放大器。为得到足够深的反馈以保证所需滤波特性，运放的开环增益应在 80 dB 以上。对运放频率特性的要求，由其工作频率的上限确定。设工作频率的上限为 f_h，则运放的单位增益宽带应满足下式：$BWG \geqslant (3 \sim 5) A_e f_h$，式中 A_e 为滤波通带的传输系数。

若滤波器的输入信号较小，如在 10 mV 以下，则选低漂移运放。若滤波器工作于超低频，以致使 RC 网络中电阻器元件的值超过 100 kΩ，则应选低漂移高输入阻抗的运放。

5.3.3.4 元器件的选择

一般设计滤波器时都要给定截止频率 $f_c(\omega_c)$ 带内增益 A_v，以及品质因数 Q(二阶低通或高通一般为 0.707)。在设计时经常出现待确定其值的元件的数目多于限制元件取值的参数与数目，因此有许多个元件均可满足给定的要求，这就需要设计者自行选定某些元件的值。常见 RC 振荡器中滤波频率与滤波电容的取值对应如表 5.3.1 所示。

表 5.3.1 滤波器工作频率与滤波电容取值的对应关系

f	C	f	C	f	C
1~10 Hz	20~10 F	$10^2 \sim 10^3$ Hz	0.1~0.01 μF	$10 \sim 10^3$ kHz	$10^3 \sim 10^2$ pF
$10 \sim 10^2$ Hz	10~0.1 μF	1~10 kHz	$100^3 \sim 10^3$ pF	$10^2 \sim 10^3$ kHz	$10^2 \sim 10$ pF

5.3.4 设计报告要求

报告的组成按照要求撰写。除此之外，还要求：

①文字表述要清晰准确，避免使用过于专业或生僻的词汇。

②通过具体的电路模型，掌握一种常用电子电路仿真软件，使学生能利用所学理论知识完成实际低通、高通和带通有源滤波电路的原理图、各模块电路图、波特图的调试仿真。计算滤波器截止频率的过程要有详细、合理的计算推导过程。

③结论和建议要有理有据，避免主观臆断和无根据地推断。

④格式排版要规范，包括字体、字号、行间距、页边距等，使得报告的整体效果美观大方。

5.4　设计题目——对讲机放大电路的设计与仿真

对讲机信号放大器在不同应用场景中发挥着非常重要的作用。它可以有效地放大信号，以满足不同应用场景的需求，从而提高设备的性能。在做此设计之前，要做到：

①理解对讲机放大器的电路组成、工作原理、功能和应用。

②收集并阅读相关文献资料，了解该系统的最新技术和应用。学习 Multisim 软件的用法和操作技巧。

③掌握差动输入、电压放大、功率放大的电路组成及仿真调试，学会在 Multisim 仿真环境中调试系统，以使系统达到设计要求。

5.4.1　设计目的

①加深对模拟电子技术理论知识的理解，结合实践进一步加深对单元电路基本功能的掌握和应用。

②通过具体的电路模型，掌握一种常用电子电路仿真软件，使学生能利用所学理论知识完成实际电路的设计、仿真和制作。

③掌握对讲机放大器的电路组成，以及设计和调试的方法。

5.4.2　设计要求

①设计对讲机放大器电路，包括输入级、中间级和输出级。

②所设计的放大电路不仅有信号放大功能，而且能起稳定电路的作用。

③满足以下参数：电源电压 $V_{CC}=12$ V；前置放大级电压放大倍数 $A_v=100$；输入阻抗 $R_i \geqslant 100$ kΩ；最大输出功率 $P_{om} \geqslant 0.25$ W；负载电阻 $R_L=8$ Ω；效率 $\eta \geqslant 50\%$。

④调整修改元件参数再计算，直到满足放大器性能的指标要求，并测试其性能指标。

5.4.3　设计方案

对讲机的工作原理如图 5.4.1(a)所示。放大器是其核心部分，它的作用是把话筒送来的微弱信号放大到足以使扬声器发出声音。Y_1、Y_2 为扬声器，K 为双刀双掷开关，利用开关 K 的切换作用，可以改变 Y_1、Y_2 与放大电路连接的位置，使 Y_1、Y_2 交替作为话筒和扬声器使用。

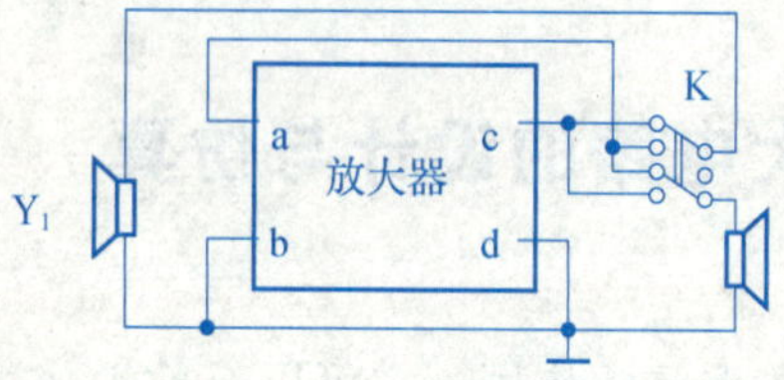

（a）工作原理

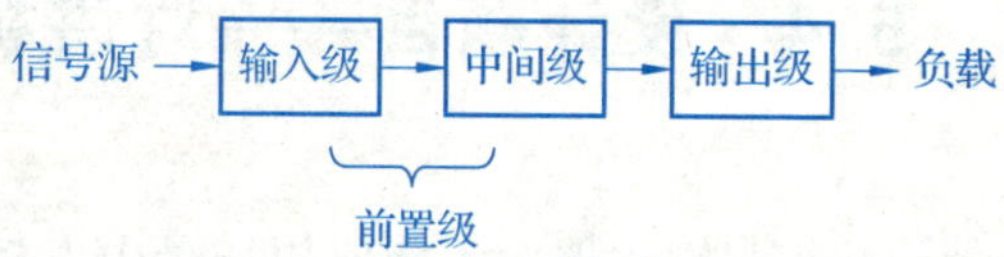

（b）电路组成

图 5.4.1　对讲机放大电路的设计方案

图中，Y_2 通过 K 连接到放大器的输入端成为话筒，Y_1 则连接到输出端成为扬声器，此时若有人对着 Y_2 讲话，则 Y_2 把声音信号转换成电信号加到放大器的输入端，经放大器放大后可带动扬声器 Y_1 发出声音，从而可在 Y_1 处听到 Y_2 处的讲话。当 K 拨到另一位置时，可在 Y_1 处讲话，在 Y_2 处接听。通过 K 的开关控制，能够实现双向有线通话，因此将能实现这一功能的设备称为对讲机。

对讲机放大器的电路组成方框图如图 5.4.1(b)所示，该电路由输入级、中间级、输出级构成。前置级由两级放大器组成，放大器第一级的输入端与传感器相连，故也称为输入级。放大器的第二级把输入级输出的电压信号再次进行放大传给输出级，故这一级也称作中间级。输出级由 OTL 功率放大器组成，它通过把前置级的电压信号的功率放大，带动扬声器。

前置放大器是指置于信号源与放大器级之间的电路或电子设备，是专为接受来自信号源的微弱电压信号而设计的。前置放大器在放大有用信号的同时也将噪声放大，低噪声前置放大器就是使电路的噪声系数达到最小值的前置放大器。输入级的输入电阻尽可能高，以最大限度地利用信号源的信号电压，中间级提高放大倍数。

5.4.4　设计报告要求

报告的组成按照要求撰写。除此之外，还要求：

①文字表述要清晰准确，避免使用过于专业或生僻的词汇。

②对讲机放大器的原理图、各模块的原理图要清晰，连线要规范，要有输入、输出信号仿真对比的结果截图、有调试过程。

③格式排版要规范，包括字体、字号、行间距、页边距等，使得报告的整体效果美观大方。

5.5　设计题目——多级放大电路的设计与仿真

多级放大电路广泛应用于不同的领域，其主要目的是增强信号的强度和/或质量，以满足各种设备和应用的需求。在音响系统中，多级放大电路用于将输入的音频信号进行多级放大，以达到所需的音量水平，同时保持音质的清晰度和细腻度；在无线通信中，多级放大电路用于处理微弱信号，将其放大到可用的功率级别，以确保信号能够在较长的距离上有效传播。在做此设计之前，要做到：

①理解多级放大电路的组成、工作原理、功能和应用。

②收集并阅读相关文献资料，了解该系统的最新技术和应用，提出至少两种可实现设计指标的多级放大电路方案。

③掌握基本放大电路、负反馈放大电路的电路组成及仿真调试，学会在 Multisim 仿真环境中调试系统，以使系统达到设计要求。

5.5.1　设计目的

①加深对模拟电子技术理论知识的理解，结合实践进一步加深对单元电路基本功能的掌握和应用。

②通过具体的电路模型，掌握一种常用电子电路仿真软件，使学生能利用所学理论知识完成实际电路的设计、仿真和制作。

③学会放大电路设计和调试的方法。

④掌握电压放大倍数的测量方法及幅频特性的测量方法。

5.5.2　设计要求

①能够实现三极管放大电路、负反馈放大电路的基本功能。

②能够实现设计任务的基本功能。

③依据要求运用模拟电子技术的理论设计、制订实验方案，并论证方案。

④学习电路仿真过程，绘制电路图，进行基本的仿真试验并对设计的电路进行性能分析。

5.5.3　设计方案

多级放大电路的总体电路结构如图 5.5.1 所示。

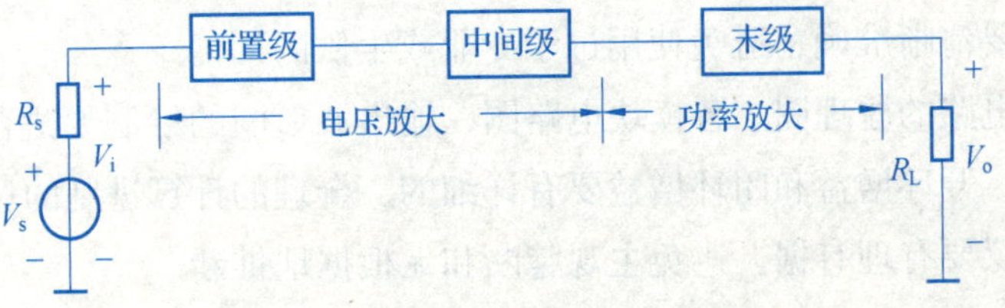

图 5.5.1　多级放大电路的设计方案

若采用单级放大电路，则在共射电路、共集电路、共基电路、共源电路、共漏电路 5

种基本放大电路中，不可能使用单个放大电路达到设计要求，因此至少需采用二级放大电路。复合管的组成原则是同一种导电类型(NPN 型或 PNP 型)的 BJT 构成复合管时，应将 T_1 管的发射极接至 T_2 管的基极；不同导电类型(NPN 型与 PNP 型)的 BJT 构成复合管时，应将 T_1 管的集电极接至 T_2 管的基极，以实现两次电流放大作用。必须保证两只 BJT 均工作在放大状态。

5.5.3.1 前置级的作用

前置级一般根据信号源是电压源还是电流源来选定，它与中间级的主要作用是放大信号电压。

5.5.3.2 中间级的作用

中间级一般都由共发射极电路或组合电路组成。

5.5.3.3 末级的作用

末级要求有一定的输出功率供给负载 R_L，称为功率放大器，一般用共集电极电路或互补推挽电路，有时也用变压器耦合放大电路。

用一个三极管组成的基本放大电路的 A_v 一般可达几十倍，但实际工作中为放大非常微弱的信号，这样的放大倍数往往不够，为达到更高的放大倍数，常将几个基本放大电路连接起来，组成多级放大电路。多级放大电路内部各级间的连接方式称为耦合方式。多级放大电路的连接产生了单元电路间的级联问题，即耦合问题。放大电路的级间耦合必须保证信号的传输，且保证各级的静态工作点正确。

直接耦合——耦合电路采用直接连接或电阻连接，不采用电抗性元件。直接耦合电路可传输低频甚至直流信号，因而缓慢变化的漂移信号也可以通过直接耦合放大电路。

电抗性元件耦合——级间采用电容器或变压器耦合。电抗性元件耦合只能传输交流信号，漂移信号和低频信号不能通过。

根据输入信号的性质，可决定级间耦合电路的形式。

5.5.4 设计报告要求

报告的组成按照要求撰写。除此之外，还要求：

①文字表述要清晰准确，避免使用过于专业或生僻的词汇。

②多级放大电路的原理图、各模块电路图、输出波形图的绘制要规范，要能够更好地理解设计的内容。开环增益和闭环增益要有详细的、合理的计算进制的过程。

③结论和建议要有理有据，避免主观臆断和无根据地推断。

④格式排版要规范，包括字体、字号、行间距、页边距等，使得报告的整体效果美观大方。

5.6　设计题目——双声道 BTL 功放电路的设计与仿真

双声道 BTL 功放电路通常在袖珍式盒式录音机、收录机和多媒体有源音箱中作音频放大器。它具有电路简单、音质好、电压范围宽等特点。在做此设计之前，要做到：

①理解 BTL 功放电路的电路组成、工作原理、功能和应用。

②收集并阅读相关文献资料，了解该系统的最新技术和应用。学习 Multisim 软件的用法和操作技巧。

③掌握 OCL 功放电路的电路组成及仿真调试，掌握最大输出功率和效率的计算，学会在 Multisim 仿真环境中调试系统，以使系统达到设计要求。

5.6.1　设计目的

①加深对模拟电子技术理论知识的理解，结合实践进一步加深对单元电路基本功能的掌握和应用。

②通过具体电路模型，掌握一种常用电子电路仿真软件，使学生能利用所学理论知识完成实际电路的设计、仿真和制作。

③学会功放电路设计和调试的方法。

5.6.2　设计要求

①具体参数要求：设计产生±12 V 的直流电源；设置前置放大器，为左、右声道各提供一级同向比例运算放大器(电压串联负反馈电路)进行电压放大，电压放大倍数约为 6，可消除高频杂波；设计双声道 BTL 功放电路，8 Ω 负载上的输出功率大于 20 W。

②能够实现设计任务的基本功能。

③依据要求运用模拟电子技术的理论设计、制订实验方案，并论证方案。

④学习电路仿真过程，绘制电路图，进行基本的仿真试验，对设计的电路进行性能分析。

5.6.3　设计方案

OCL 和 OTL 两种功放电路的效率虽然很高，但是它们的缺点是电源的利用率都不高，其主要原因是在输入正弦信号时，在每半个信号周期中，电路只有一个晶体管和一个电源在工作。为了提高电源的利用率，也就是在较低电源电压的作用下使负载获得较大的输出功率，一般采用平衡式无输出变压器电路。其又称为 BTL 电路，基本电路组成或设计方案如图 5.6.1 所示。

BTL 是英文 Balanced Transformer Less 的缩写，意为平衡式无输入变压器。BTL 功放电路又称为桥接推挽功放电路。

5.6.3.1 BTL 功放电路的工作原理

V_1 和 V_2 是一组 OCL 电路输出级，V_3 和 V_4 是另一组 OCL 电路输出级。两组功放的两个输入信号大小相等、方向相反。在输入信号 $-U_i$ 为正半周，$+U_i$ 为负半周时，V_1、V_4 截止，V_2、V_3 导通，此时负载上的电流从右到左。

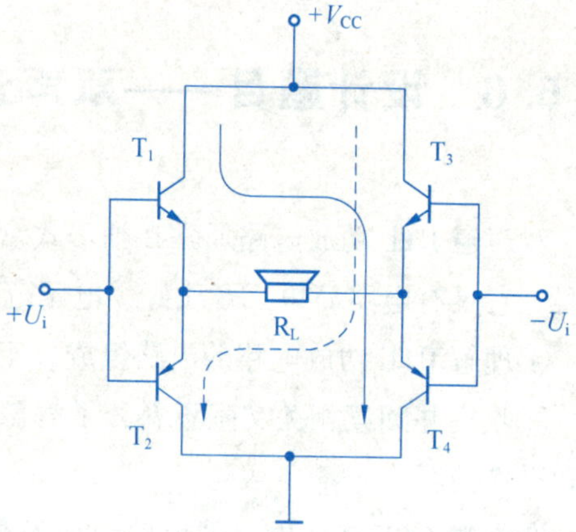

图 5.6.1 双声道 BTL 功放电路的设计方案

5.6.3.2 BTL 功放电路的特点

(1)采用单电源供电，两个输出端的直流电位相等，无直流电流通过扬声器。

(2)与 OTL、OCL 电路相比，在相同电源电压、相同负载下，BTL 电路的输出电压可增大 1 倍，输出功率可增大 4 倍，因此，在较低的电源电压下也可获得较大的输出功率。

5.6.4 设计报告要求

报告的组成按照要求撰写。除此之外，还要求：

①文字表述要清晰准确，避免使用过于专业或生僻的词汇。

②双声道 BTL 功放电路的原理图、各模块电路图、输出波形图的绘制要规范，要能够更好地理解设计的内容。输出功率和效率要有详细的、合理的计算分析过程。

③结论和建议要有理有据，避免主观臆断和无根据地推断。

④格式排版要规范，包括字体、字号、行间距、页边距等，使得报告的整体效果美观大方。

5.7 设计题目——简易万用表的设计与仿真

万用表是一种测试电路的通用仪器，可以测量电压、电流、电阻、电容、频率等多种参数，适用于电子基础实验、电路内测试、故障排除、电器维修等领域。在做此设计之前，要做到：

①理解万用表的电路组成、工作原理、功能和应用。

②收集并阅读相关的文献资料，了解该系统的最新技术和应用。学习 Multisim 软件的用法和操作技巧。

③掌握直流电压、直流电流、电阻测量电路的组成及仿真调试，学会在 Multisim 仿真

环境中调试系统，以使系统达到设计要求。

5.7.1 设计目的

①加深对模拟电子技术理论知识的理解，结合实践进一步加深对单元电路基本功能的掌握和应用。

②掌握由集成运放组成的万用表的工作原理，完成元件电路的选择与参数计算。

③通过具体的电路模型，掌握一种常用电子电路仿真软件，使学生能利用所学理论知识完成实际电路的设计、仿真和制作。

5.7.2 设计要求

①采用集成运放设计可测量直流电压、直流电流及电阻的万用表。直流电压表测量范围：0~15 V(±5%)；直流电流表测量范围：0~10 mA(±5%)；欧姆表测量范围：0~1 kΩ(±5%)。

②能够实现设计任务的基本功能。

③依据要求运用模拟电子技术的理论设计、制订实验方案，并论证方案。

④学习电路仿真过程，绘制电路图，进行基本的仿真试验，对设计的电路进行性能分析。

5.7.3 设计方案

万用表是常用的测量工具，主要由直流计及若干电阻构成。由于万用表具有多用途、使用方便等优点，因此有着广泛的应用。

万用表主要由磁电式电流计及一系列电阻器构成。由磁电式电流计和不同阻值的分压电阻器可构成不同量程的电流表。同样，磁电式电流计和不同阻值的分压电阻器就构成了不同量程的电压表。电流计允许通过的最大电流称为电流计的量程，用 I_g 表示；电流计线圈具有的一定的电阻称为电流计内阻，用 R_g 表示。量程 I_g 与内阻 R_g 是电流计特性的两个重要参数。

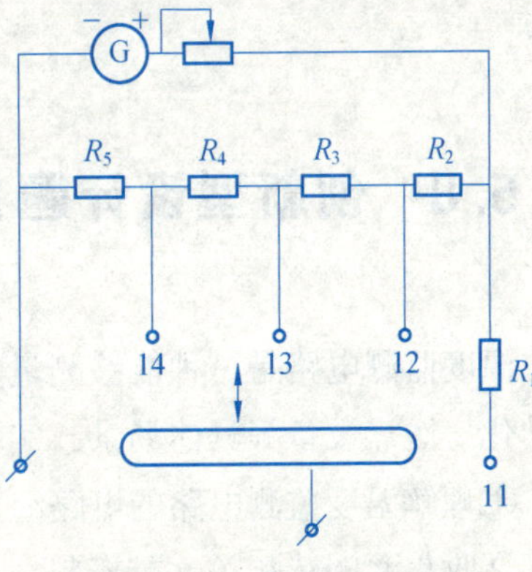

图 5.7.1 电流表的原理图

要将磁电式电表改装成量程为 I 的电流表，只需在电表表头并联一个分流电阻器，分流电阻器的阻值按公式 $R_x = R_g \cdot I_g/(I - I_g)$ 计算。并联不同的分流电阻器可构成不同量程的电流表，如图 5.7.1 所示，此电流表有 4 个不同量程。

若要将电流计改装成量程为 U 的电压表，则电流计需串联一个分压电阻器，分压电阻器的阻值按如下公式计算：$R_x = (U/I_g) - R_g$。串联不同的分压电阻器，得到不同量程的电压表，如图 5.7.2 所示。

若要将表头改成欧姆表，则可如图 5.7.3 所示原理图进行改造，开始短接 a、b 两端，调节电阻器 R' 使得电流计满刻度，此时：$I_o = \frac{E}{R_g + R'}$，则当 R_x 接入回路后，回路电流为 $I_x = \frac{E}{R_g + R + R_x}$（$E$ 为电池电动势，R_g 为表头内阻，R_x 为待测电阻）。所以，一旦 E、R_g、R' 确定后，回路电流仅由 R_x 决定。

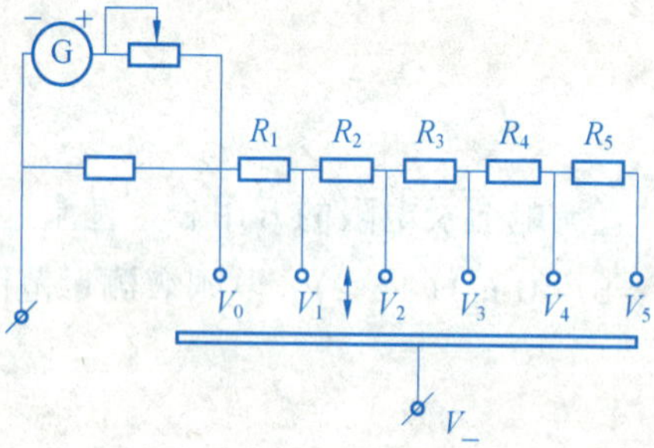

图 5.7.2　电压表的原理图

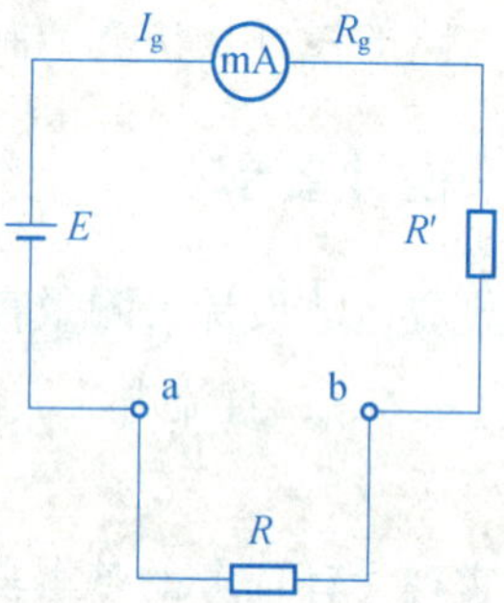

图 5.7.3　欧姆表的原理图

5.7.4　设计报告要求

报告的组成按照要求撰写。除此之外，还要求：

①文字表述要清晰准确，避免使用过于专业或生僻的词汇。

②电流表、电压表和欧姆表电路的原理图，各模块电路图，输出信号的调试和测量要规范，要能够更好地理解设计的内容。电阻计量的过程要有详细、合理的计算推导过程。

③结论和建议要有理有据，避免主观臆断和无根据地推断。

④格式排版要规范，包括字体、字号、行间距、页边距等，使得报告的整体效果美观大方。

5.8　创新型设计题目——温度监测电路的设计与仿真

温度监测电路是一种能够测量其周围环境温度的装置，可广泛应用于家用电器、工业自动化、医疗设备等具体场景，实时监测其温度的变化。在做此设计之前，要做到：

①理解温度监测电路的电路组成、工作原理、功能和应用。

②收集并阅读相关文献资料，了解该系统的最新技术和应用。学习 Multisim 软件的用法和操作技巧。

③掌握利用滑动变阻器模拟温度变化后信号的放大、处理和报警的电路组成及仿真调

试，学会在 Multisim 仿真环境中调试系统，以使系统达到设计要求。

5.8.1　设计目的

①加深对模拟电子技术理论知识的理解，结合实践进一步加深对单元电路基本功能的掌握和应用。

②通过具体的电路模型，掌握一种常用电子电路仿真软件，使学生能利用所学理论知识完成实际电路的设计、仿真和制作。

③学会电压放大和比较电路设计和调试的方法。

5.8.2　设计要求

①温度测量范围：室温~60 ℃。

②灵敏度：1 mV/℃；测量准确度：±1 ℃；工作电压：±5 V。

③测量某处的温度值并将其转换为 0~5 V 的电压。

④依据要求运用模拟电子技术的理论设计、制订实验方案，并论证方案，能够实现设计任务的基本功能。

⑤学习电路仿真过程，绘制电路图，进行基本的仿真试验，对设计的电路进行性能分析。

5.8.3　设计方案

温度检测电路通常由温度检测、数据比较以及报警电路等部分组成。温度检测电路将环境温度转换成对应的电信号，比较电路比较电信号与正常值的大小，若测量值超过安全阈值，则报警电路进行报警，如图 5.8.1 所示。

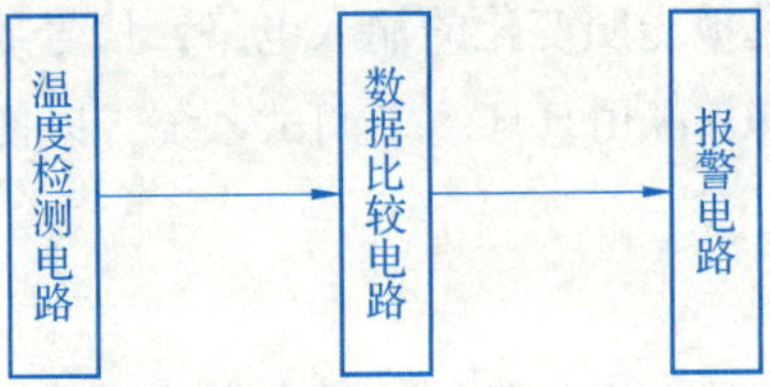

图 5.8.1　温度检测应用电路的设计框图

利用集成运算放大器构成单门限比较器和多谐振荡电路，电路中的温度传感器可使用滑动变阻器代替，与电阻器串联后，经分压值加到比较器的输入端，实现上下限设置温度的分压比较。当温度位于上限、下限电压值之间时，比较器输出高电平，发光二极管反偏截止不亮，蜂鸣报警器不响；当温度高于上限电压或低于下限电压时，比较器输出低电平，发光二极管发光，振荡器产生振荡频率，驱动喇叭发出报警声，实现声光报警。

由此，该电路可以监测一定温度的环境，当高于上限或低于下限时电路会亮红灯并报警，可以很好地用于很多温度监测领域。

5.8.4 设计报告要求

报告的组成按照要求撰写。除此之外，还要求：

①文字表述要清晰准确，避免使用过于专业或生僻的词汇。

②信号采集、放大、处理、报警电路的原理图，各模块电路图，输出信号的调试仿真要规范，要能够更好地理解设计的内容。计算滤波器截止频率的过程要有详细、合理的计算推导过程。

③结论和建议要有理有据，避免主观臆断和无根据地推断。

④格式排版要规范，包括字体、字号、行间距、页边距等，使得报告的整体效果美观大方。

5.9 创新型设计题目——光动报警电路设计与仿真

光动报警器是一种利用光线控制电路进行报警的装置，广泛应用于安防领域。在门禁系统中，安装光动报警器可以检测门口是否有人在等候；在电子围栏系统中，安装光控报警器可以检测围栏上是否有障碍物或人经过；在夜间照明系统中，安装光控报警器可以自动控制灯具的开关等。在做此设计之前，要做到：

①理解光动报警电路的电路组成、工作原理、功能和应用。

②收集并阅读相关文献资料，了解该系统的最新技术和应用。学习 Multisim 软件的用法和操作技巧。

③掌握利用滑动变阻器模拟光照变化的输入电路，信号放大、处理和声光报警电路的组成及仿真调试，学会在 Multisim 仿真环境中调试系统，以使系统达到设计要求。

5.9.1 设计目的

①加深对模拟电子技术理论知识的理解，结合实践进一步加深对单元电路基本功能的掌握和应用。

②掌握由比较器构成的光动报警电路的工作原理，画出电路原理图(或仿真电路图)。

③根据设计要求，完成元器件及参数选择。

④完成整体电路的仿真与测试。

5.9.2 设计要求

①当光照达到某一门限以上时，喇叭发出蜂鸣报警；当光照低于门限值时，蜂鸣器不

工作。电源电压：$\pm V_{CC}=\pm 12$ V；采用 uA741 比较器做单限比较；放大电路采用 LM741 集成运放。

②能够实现设计任务的基本功能。

③依据要求运用模拟电子技术的理论设计、制订实验方案，并论证方案。

④学习电路仿真过程，绘制电路图，进行基本的仿真试验，对设计的电路进行性能分析。

5.9.3　设计方案

光动报警电路通常由光强检测电路、数据比较电路、放大电路以及提示电路等部分组成。光强检测电路将环境中的光照强度转换成对应的电信号，比较电路比较电信号与正常值的大小，信号经过放大后进入提示电路，如图 5.9.1 所示。

图 5.9.1　光动报警电路的设计框图

光敏电阻器有随光照越强其阻值越小的特性。

二极管有单向导通性。

单限比较器会根据输入信号的不同及其正反不同，输出方向不同的电压。对于单限比较器，其稳压管的击穿电压为$+U_z/-U_z$，当反相输入电压大于同相输入电压时，输出端输出的电压为$-U_z$；当反相输入电压小于同相输入电压时，输出端输出的电压为$+U_z$。

利用光敏电阻器的特性，将其与固定电阻、电源构成回路，则在不同光照下固定电阻的分压会不同，如光照增强分压增大。将固定电阻的电压作为单项比较器的输入信号，随着光照增强，输入电压增强，当高于比较电压后，输出电压跳变为反向电压，将输出电压放大后，再利用二极管的单向导通性，蜂鸣器工作，而发光的二极管不发光，由此可实现对报警器的光控。

5.9.4　设计报告要求

报告的组成按照要求撰写。除此之外，还要求：

①文字表述要清晰准确，避免使用过于专业或生僻的词汇。

②由比较器构成的光动报警电路的原理图、各模块电路图、输出信号的调试仿真要规范，要能够更好地理解设计的内容。计算输出信号大小的过程要详细，有合理的计算推导过程。

③结论和建议要有理有据，避免主观臆断和无根据地推断。

④格式排版要规范，包括字体、字号、行间距、页边距等，使得报告的整体效果美观大方。

第6章 数字电子技术课程设计

培养目标

1. 知识目标

(1)掌握数字电子技术的基本知识和技能，包括数字电路、逻辑门、时序电路、计数器、寄存器等方面的知识。

(2)能够根据给定的功能需求，设计出满足要求的数字电路，并对设计的系统进行分析、实现和验证。

2. 能力目标

(1)培养学生进行数字电路设计的能力，包括逻辑设计、电路布局、时序分析等方面的技能，使其能够实现各种数字电路的功能需求。

(2)培养学生解决数字电子技术相关问题的能力，包括故障排除、信号调试、电路优化等方面的技巧，使其能够有效应对数字电路设计中的各种挑战。

3. 思政目标

(1)培养学生对科学的认识和尊重，树立正确的科学态度，坚持用科学方法解决问题，逐步形成严肃认真、一丝不苟、实事求是的工作作风和科学态度。

(2)培养学生勇于创新、团队合作精神、社会责任感，使他们能够关注社会发展、环境保护和可持续发展等问题，致力于为社会作出积极贡献。

(3)培养学生的职业操守和道德品质，使他们具备遵守法律法规和行业规范的意识。

(4)培养学生树立一定的生产观点、经济观点和全局观点。要求学生在设计过程中，坚持勤俭节约的原则，从现有条件出发，力争精简元件，使系统结构更为简单。

6.1　设计题目——智能竞赛抢答器的设计

抢答器用于各种竞赛和游戏活动，如知识竞赛、互动问答等，以便公正、有效地确定第一个做出反应的参赛者。智能抢答器不仅要在正确的时间触发信号，还要在各种意外情况下提供保障，比如同时按下多个按钮等。在做此设计之前，要做到：

①了解基本的逻辑门(AND、OR、NOT)及其工作原理。理解优先编码器、RS 触发器、D 触发器和 JK 触发器的功能和应用。

②阅读相关教材或在线教程，了解智能竞赛抢答器的基本原理和设计方法。收集并阅读相关文献资料，了解抢答器设计的最新技术和应用。学习 Multisim 软件的用法和操作技巧。

③学会优先编码器、触发器的使用，学会在 Multisim 仿真环境中调试系统，以使系统达到设计要求。

6.1.1　设计目的

①掌握抢答器的设计方法。

②熟悉锁存器、触发器的应用。

③了解学习触摸开关和发声元件。

6.1.2　任务和要求

①设计一个 8 路智能竞赛抢答器电路，使其可以同时供 8 名选手参加比赛。

②给主持人设置一个控制开关，用来控制系统的清零和抢答的开始。

③抢答器具有数据锁存和显示功能。

④电路仿真与测试。

6.1.3　设计思路

竞赛抢答器是一种能够通过参与者按键的顺序来确定回答者的仪器，通常只选出最先按下按键的选手，其余选手再按键则无效。抢答器由参与人数的不同来决定设计电路结构的不同。早期的竞赛抢答器只由几个三极管、可控硅、发光二极管等组成，能通过发光二极管的指示辨认出选手的号码，现在大多数竞赛器由单片机或数字集成电路组成。

8 路智能竞赛抢答器是针对 8 人抢答所做的数字电路设计，主要由 74LS148、74LS145、74LS47 芯片构成，由主持人控制清零以及抢答开始，并可将抢答结果反映在 7 段数码管上。抢答器具有锁存和显示的功能，面向两种用户：主持人和选手。主持人一端将通过一个按键来控制电路是否可以进行抢答。8 路智能抢答器的选手端有 8 个按键，可供 8 位选手抢答。当抢答开始后，选手抢答按动按钮，锁存器锁存相应的选手编码，同时用 LED 数码管把选手的编码显示出来。后续的抢答按键应是无效的。当抢答需要再次开始时，主持人按动清零按钮，抢答就再次开始进行。

该抢答器的电路组成如图 6.1.1 所示。

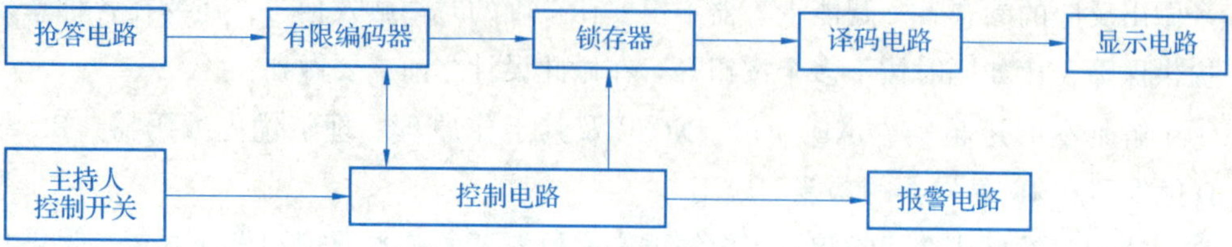

图 6.1.1　智能竞赛抢答器的电路框图

6.1.4　设计报告要求

报告的组成按照要求撰写。除此之外，还要求：

①文字表述要清晰准确，避免使用过于专业或生僻的词汇。

②智能竞赛抢答器的原理图、各模块的原理图要清晰，连线要规范，要有仿真结果截图、有调试过程。

③格式排版要规范，包括字体、字号、行间距、页边距等，使得报告的整体效果美观大方。

6.2　设计题目——病房紧急呼叫系统的设计

病房紧急呼叫系统是一种用于医疗机构中的重要通信工具，旨在确保患者在紧急情况下能够迅速获得医疗援助。该系统需要具备高度的可靠性和实用性，以便在最短时间内响应呼叫并采取必要的救援措施。在做此设计之前，要做到：

①理解优先编码器、反相器、555 定时器、显示译码器的工作原理、功能和应用。

②阅读相关教材或在线教程，了解病房紧急呼叫系统的基本原理和设计方法。收集并阅读相关文献资料，了解该系统的最新技术和应用。学习 Multisim 软件的用法和操作技巧。

③学会优先编码器、显示译码器的使用，学会在 Multisim 仿真环境中调试系统，以使系统达到设计要求。

6.2.1　设计目的

①掌握病房紧急呼叫系统的设计方法。

②熟悉编码器、译码器和555定时器的应用。

③了解按键元件的使用。

6.2.2　任务和要求

①当患者紧急呼叫时，产生声、光提示，并显示患者编号。

②根据患者病情设置优先级别，当有多人呼叫时，病情严重者优先。

③开关能控制发光二极管的亮与灭。

④发光二极管能够按优先级别先后发光。

⑤扬声器能够很好有效地进行声鸣提示，频率响应为50~20 kHz。

⑥电路仿真与测试。

6.2.3　设计思路

病房紧急呼叫系统的作用在于将患者的呼叫信号迅速而准确地通知给医护人员，以便患者能获得及时处治。它的使用既方便了患者又减少了医护人员的巡查次数，减轻了医护人员的劳动强度。当有患者呼叫时，系统会自动先处理具有优先级别的病房的编号，同时产生光信号和声音信号，在产生信号的同时系统会显示呼叫患者的病房编号，这样医护人员可以根据呼叫信号的优先级别及时对每一位呼叫患者进行救治。当有多个患者同时呼叫时，系统会根据优先级别自动呼出当前呼叫中的最高级别呼叫信号而对其他低级别的呼叫信号进行自动保存，在当前的最高呼叫信号被医护人员处理完成后，自动输出所保存信号呼叫中最高级别的呼叫，直到每位患者都处理完毕。本设计可采用555定时器、优先编码器、反相器74LS04、七段字形译码器74LS48等元件构成。

本系统的框图如图6.2.1所示。

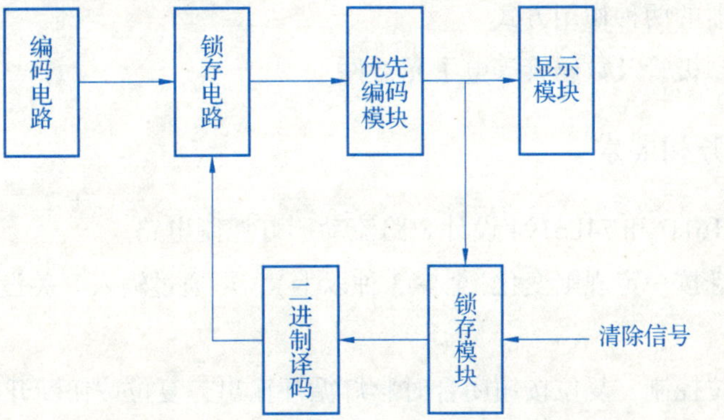

图6.2.1　病房紧急呼叫系统框图

6.2.4 设计报告要求

报告的组成按照要求撰写。除此之外，还要求：

①文字表述要清晰准确，避免使用过于专业或生僻的词汇。

②病房紧急呼叫系统的原理图、各模块电路图、输出波形图的绘制要规范，要能够更好地理解设计的内容。计算扬声器呼叫频率的公式要规范表示，有合理的计算推导过程。

③结论和建议要有理有据，避免主观臆断和无根据地推断。

④格式排版要规范，包括字体、字号、行间距、页边距等，使得报告的整体效果美观大方。

6.3 设计题目——8 路流动彩灯控制电路的设计

在日常生活、欢乐节日、娱乐及科研中，到处都会遇到装饰问题，总离不开彩灯控制器。彩灯控制电路的不断完善，使得人们的生活更加丰富多彩。本设计主要完成 8 路流动彩灯控制电路的设计。在做此设计之前，要做到：

①理解编码器、双向移位寄存器、计数器、显示译码器等常用集成芯片的工作原理、功能和应用。

②阅读相关教材或在线教程，了解流水灯控制系统的基本原理和设计方法。收集并阅读相关文献资料，了解该系统的最新技术和应用。学习 Multisim 软件的用法和操作技巧。

③学会计数器、移位寄存器的使用，学会在 Multisim 仿真环境中调试系统，以使系统达到设计要求。

6.3.1 设计目的

①掌握流水灯控制电路的设计方法。

②熟悉控制器的两种作用方式。

③熟悉发光二极管及数码管等电子元器件。

6.3.2 任务和要求

①利用 74LS161D 和 74LS194 设计 8 路流动彩灯控制电路。

②彩灯的闪烁按一定规则变化(至少 3 种以上)，可通过输入开关设置或自动循环彩灯闪烁的规律。

③电路有复位控制，复位按钮闭合时彩灯循环输出，复位按钮断开时彩灯电路熄灭。

④彩灯的闪烁时间可自由设定。

⑤电路仿真与测试。

6.3.3　设计思路

8 路流动彩灯控制电路可以分为时钟脉冲产生电路、循环控制电路、编码电路、显示电路 4 部分。

时钟脉冲产生电路为系统提供时钟脉冲信号，即为循环控制电路和编码电路提供时钟脉冲，可用 555 定时器外接电阻器、电位器、电容器等构成；循环控制电路为编码器提供所需要的节拍脉冲及控制信号，控制整个系统工作，可用计数器接 20 进制计数器来产生节拍脉冲；编码电路根据系统功能按节拍输出 8 路编码信号，控制 8 路彩灯按规定的规律亮灭，可采用双向移位寄存器和门电路组成编码电路；显示电路主要由 8 个发光二极管组成，实现彩灯的输出状态。

本系统的框图如图 6.3.1 所示。

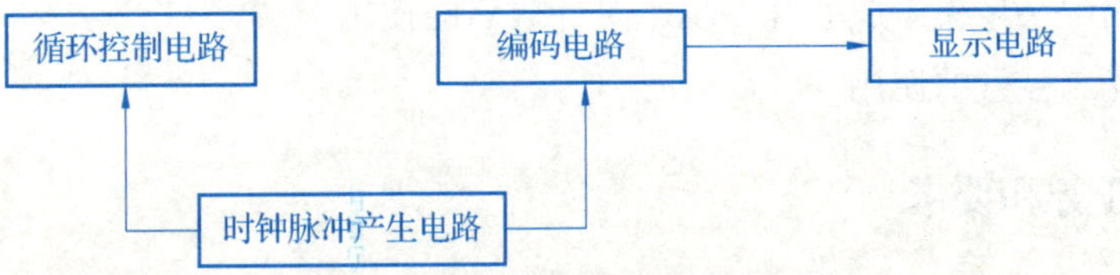

图 6.3.1　8 路流动彩灯控制电路框图

6.3.4　设计报告要求

报告的组成按照要求撰写。除此之外，还要求：

①文字表述要清晰准确，避免使用过于专业或生僻的词汇。

②8 路流动彩灯控制电路的原理图、各模块电路图、输出波形图的绘制要规范，要能够更好地理解设计的内容。计算计数器的进制过程要详细，有合理的计算推导过程。

③结论和建议要有理有据，避免主观臆断和无根据地推断。

④格式排版要规范，包括字体、字号、行间距、页边距等，使得报告的整体效果美观大方。

6.4　设计题目——交通灯控制电路的设计

在城市道路上的交叉路口一般设置有交通灯，用于管理两条道路上的通行车辆。现有一条主干道和一条支干道的汇合点形成十字交叉口，为确保车辆安全、迅速地通行，在交叉路口的每条道路上设置一组交通灯。交通灯由红、黄、绿 3 色组成，红灯亮表示此通道禁止车辆通过路口；黄灯亮表示此通道未过停车线的车辆禁止通行，已过停车线的车辆继续通行；绿灯亮表示该通道车辆可以通行。要求设计一个交通灯控制电路以控制十字路口两组交通灯的状态转换，指挥车辆安全通行。在做此设计之前，要做到：

①理解时序逻辑电路的设计原理，掌握计数器、各种基本逻辑门的工作原理及使用。

②阅读相关教材或在线教程，了解交通灯控制系统的基本原理和设计方法。收集并阅读相关文献资料，了解该系统的最新技术和应用。学习 Multisim 软件的用法和操作技巧。

③学会计数器、译码器的使用，学会在 Multisim 仿真环境中调试系统，以使系统达到设计要求。

6.4.1　设计目的

①掌握交通灯控制电路的设计方法，学会设计中小型数字系统的方法，独立完成调试过程。

②熟悉常用中小规模集成芯片 74161 等计数器的使用。

③了解发光二极管的使用。

6.4.2　任务和要求

①用红、绿、黄 3 色发光二极管作信号灯。

②当主干道允许通行亮绿灯时，支干道亮红灯；当支干道允许通行亮绿灯时，主干道亮红灯。

③主、支干道交替允许通行，主干道每次放行 30 s，支干道每次放行 20 s。设计 30 s 和 20 s 计时显示电路。

④在每次由亮绿灯变成亮红灯的转换过程中间，要亮 5 s 的黄灯作为过渡，以使行驶中的车辆有时间停到禁止线以外，故要设置 5 s 计时显示电路。

⑤电路仿真与测试。

6.4.3　设计思路

根据设计任务和要求，可知系统由传感器、主控制电路、计时器、译码电路、时钟信号等部分组成，各部分应满足以下条件：

①在主干道和支干道的入口处设立传感器检测电路以检测车辆进出情况，并及时向主控电路提供信号，仿真时可用数字开关代替。

②系统中要求有 30 s、20 s 和 5 s 三种定时信号，须要设计三种相应的计时显示电路。计时方法可以用顺计时，也可以用倒计时。定时的起始信号由主控电路给出，定时时间结束的信号也输入主控电路，并通过主控电路去启、闭三色交通灯或启动另一种计时电路。

③主控制电路是本题的核心，它的输入信号一方面来自车辆检测信号，另一方面来自

30 s、20 s、5 s 三个定时信号。主控电路的输出一方面经译码后分别控制主干道和支干道的三个信号灯，另一方面控制定时电路的启动。主控电路属于时序逻辑电路，应该按照时序逻辑电路的设计方法进行设计。也可以采用存储器电路实现，即将传感信号和定时信号经过编码所得的代码作为存储器的地址信号，由存储器数据信号去控制交通灯。

④仿真时，主干道和支干道的信号灯可用红、黄、绿三种颜色的发光二极管表示。

交通灯控制电路的工作状态及其功用如表 6.4.1 所示。

表 6.4.1　交通灯控制电路的工作状态及其功用

控制状态	信号灯状态	车道运行状态
S0(00)	主绿，支红	主车道通行，支车道禁止通行
S1(01)	主黄，支红	主车道缓行，支车道禁止通行
S2(10)	主红，支黄	主车道禁止通行，支车道缓行
S3(11)	主红，支绿	主车道禁止通行，支车道通行

交通灯控制电路的参考框图如图 6.4.1 所示。

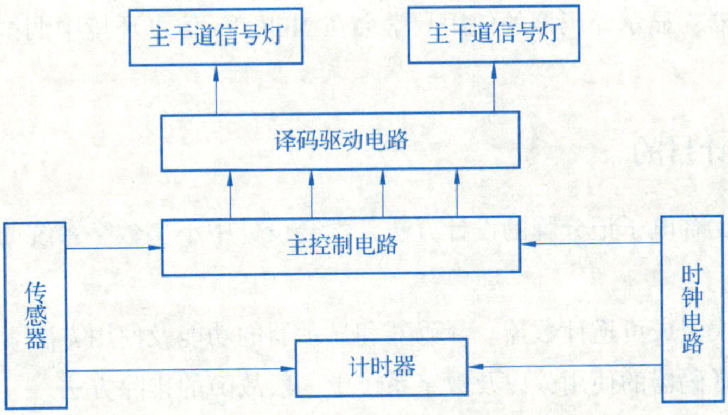

图 6.4.1　交通灯控制电路框图

6.4.4　设计报告要求

报告的组成按照要求撰写。除此之外，还要求：

①文字表述要清晰准确，避免使用过于专业或生僻的词汇。

②交通灯控制电路的原理图、各模块电路图、输出波形图的绘制要规范，要能够更好地理解设计的内容。计时器部分要有详细的、合理的计算进制的过程。

③结论和建议要有理有据，避免主观臆断和无根据地推断。

④格式排版要规范，包括字体、字号、行间距、页边距等，使得报告的整体效果美观大方。

6.5 设计题目——篮球比赛电子记分牌的设计

篮球比赛电子记分牌可以用于各种篮球比赛场合，包括校园比赛、社区联赛、职业比赛等。其主要功能是实时显示比赛双方的得分情况，以及比赛的当前状态和时间。通过篮球比赛记分牌，不仅可以帮助观众实时了解比赛双方的得分情况，以及比赛的时间和当前状态，增加比赛的观赏性和趣味性；还可以帮助裁判员更准确地掌握比赛的时间和得分情况，从而辅助裁判员做出正确的判决。在做此设计之前，要做到：

①理解时序逻辑电路的设计原理，掌握计数的工作原理及 N 进制计数器的设计方法。掌握常用计数器芯片的使用方法。

②阅读相关教材或在线教程，了解篮球比赛电子记分牌的基本原理和设计方法。收集并阅读相关文献资料，了解该系统的最新技术和应用。学习 Multisim 软件的用法和操作技巧。

③学会计数器、显示译码器的使用，学会在 Multisim 仿真环境中调试系统，以使系统达到设计要求。

6.5.1 设计目的

①掌握篮球比赛电子记分牌的设计方法，学会设计中小型数字系统的方法，独立完成设计和调试过程。

②熟悉中规模集成可逆计数器、译码器和显示器的功能及使用方法。

③了解显示译码器的使用，以及数字系统中一般故障的排除方法。

6.5.2 任务和要求

①篮球比赛有得 1 分、2 分和 3 分的情况，电路要具有加、减分及显示的功能。

②有倒计时时钟显示，在“暂停时间到”和“比赛时间到”时，发出声光提示。

③有比赛规则规定的其他计时、记分要求。

④电路仿真与测试。

6.5.3 设计思路

对应篮球比赛规则记分系统的要求，篮球比赛电子记分牌由记分电路、倒计时电路、显示电路与驱动电路等部分构成。记分有 1 分、2 分和 3 分的情况，通过对电路输入 1 个脉冲、2 个脉冲和 3 个脉冲，使得计数器对分数进行统计，这需要 3 个脉冲分路。电路需要具有加分、减分及显示的功能。当球队比赛得分时，用加法记分器通过控制脉冲分路增加相应的分数。如果裁判误判了，那么可以利用减法计分器减掉裁判误判的分数。用3个计数器和3个半导体数码管LED对分数进行统计和显示。

倒计时电路部分由减法计数功能直接实现9~0倒计时。首先是全场的总倒计时电路，全场共40 min，分为4节，每节10 min，每打完一节倒计时暂停，并伴随灯亮通知，进入休息时间，此段时间不予计算。其次为每队持球进攻的时间为24 s，与总时间同步，此段计时电路具有重置开关，可对比赛球队进行持球时间判断。最后为20 s暂停时间，可用于比赛球队叫停进行战术调整等，此时切换至暂停电路，总倒计时和持球时间暂停工作，当暂停时间完后，再次切换至总场时间电路。

篮球比赛电子记分牌的倒计时电路、记分电路的参考框图分别如图6.5.1(a)、图6.5.1(b)所示。

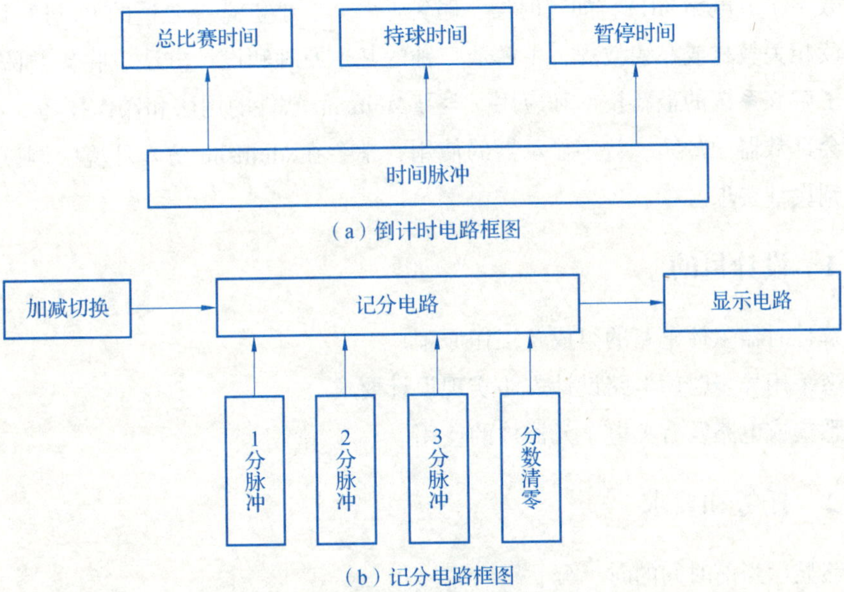

图6.5.1　篮球比赛电子记分牌整体框图

6.5.4　设计报告要求

报告的组成按照要求撰写。除此之外，还要求：

①文字表述要清晰准确，避免使用过于专业或生僻的词汇。

②篮球比赛电子记分牌电路的原理图、各模块电路图、输出波形图的绘制要规范。计分部分的加分和减分要有详细的、合理的计算和设计过程。

③结论和建议要有理有据，避免主观臆断和无根据地推断。

④格式排版要规范，包括字体、字号、行间距、页边距等，使得报告的整体效果美观大方。

6.6 设计题目——数字钟的设计

数字钟为人们提供了直观、准确的时间显示，帮助人们更好地管理时间，合理安排生活和工作。通过数字钟，人们可以清楚地了解当前时间，以便及时控制和安排自己的活动。数字钟的使用使得时间的获取和理解更加简单快捷，不需要烦琐地转动指针或者对照刻度，只需一目了然地看到数字即可知晓时间，提高了生活的便利性和效率。在做此设计之前，要做到：

①了解数字电路的基本原理，包括逻辑门、触发器、计数器等的工作原理和应用。熟悉常用的数字集成电路(IC)，如计时器、时钟芯片等，能够选择合适的 IC 进行设计。

②阅读相关教材或在线教程，了解数字钟的基本原理和设计方法。收集并阅读相关文献资料，了解该系统的最新技术和应用。学习 Multisim 软件的用法和操作技巧。

③学会计数器的分频、数字显示器的使用，学会在 Multisim 仿真环境中调试系统，以使系统达到设计要求。

6.6.1 设计目的

①了解计时器主体电路的组成及工作原理。

②熟悉采用异步时序电路设计方法实现设计要求。

③熟悉集成电路及有关电子元器件的使用。

6.6.2 任务和要求

①能够显示当前时间的时、分、秒。

②利用 555 多谐振荡器产生 1 kHz 信号的电路，并利用分频器电路产生秒脉冲信号。

③能够实现时间的调整，用来对时。

④电路仿真与测试。

6.6.3 设计思路

数字钟一般由多谐振荡器、分频器、计数器、译码显示器、校准电路、报时电路等几部分组成，这些都是数字电路中应用最广的基本电路。其中由 555 定时器组成的多谐振荡器产生 1 kHz 的方波信号，分频电路将此方波信号分成 1 Hz 的方波信号，即“秒”信号。“秒”信号送入计数器进行计数，秒计数器计满 60 后向分计数器进位，分计数器计满 60 后向时计数器进位，时计数器用 24 进制计数器。计数器的输出经七段显示译码器译码，通过六位 LED 七段显示器以“时”“分”“秒”的数字显示出来。校时电路是用来对“时”“分”

"秒"显示数字进行校对调整的。

数字钟的设计框图如图 6.6.1 所示。

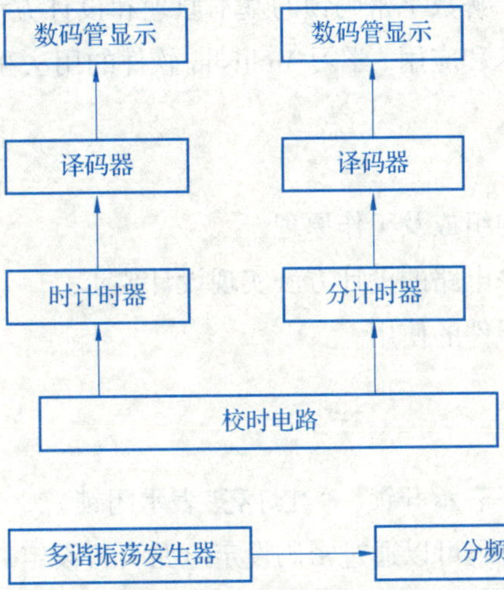

图 6.6.1　数字钟的设计框图

6.6.4　设计报告要求

报告的组成按照要求撰写。除此之外，还要求：

①文字表述要清晰准确，避免使用过于专业或生僻的词汇。

②数字钟电路的原理图、各模块电路图、输出波形图的绘制要规范。分频器、时分秒的计时电路要有详细的、合理的计算和设计过程。

③结论和建议要有理有据，避免主观臆断和无根据地推断。

④格式排版要规范，包括字体、字号、行间距、页边距等，使得报告的整体效果美观大方。

6.7　创新型设计题目——数字式密码锁的设计

电子密码锁具有保密性强、防盗性能好等优点。电子密码锁具有机械锁无法比拟的优越性，它不仅可以完成锁本身的功能，还兼有记忆、识别、报警和门铃等功能。使用电子密码锁时，人不需要带钥匙，只需要记住密码即可。另外，主人可以随时更换密码。在做此设计之前，要做到：

①了解常见的逻辑门(如与门、或门、非门等)和触发器(如 RS 触发器、D 触发器等)的工作原理和应用；熟悉组合逻辑电路的设计原理，包括门电路的组合和连接方式；熟悉数码显示器件(如 LED 数码管、LCD 显示屏等)的工作原理和驱动方式。

②理解时序逻辑电路的设计方法，包括时钟信号的应用和触发器的时序特性。了解计数器和计时器的原理和功能，理解按钮输入的检测原理和按键编码的方法。

③阅读相关教材或在线教程，了解数字密码锁的基本原理和设计方法。收集并阅读相关文献资料，了解该系统的最新技术和应用。学习 Multisim 软件的用法和操作技巧。

6.7.1 设计目的

①掌握数字式密码锁主体电路的组成及工作原理。

②熟悉采用组合逻辑电路和时序电路的设计方法实现设计要求。

③熟悉集成电路及有关电子元器件的使用。

6.7.2 设计任务与要求

①锁体用 LED 代替(如“绿灯亮”表示开锁，“红灯亮”表示闭锁)。

②其密码为 4 位二进制代码，密码可以通过密码设定电路自行设定。

③开锁指令为串行输入码，当开锁密码与存储密码一致时，锁被打开。当开锁密码与存储密码不一致时，可重复进行。若连续 3 次未将锁打开，则电路报警并实现自锁。要求报警动作为响 1 min，停 10 s。

④在实现以上基本功能的基础上，可结合实际拓展部分新功能。

⑤实现电路的仿真与测试。

6.7.3 设计思路

该系统主要由密码存储电路、比较电路、密码输入电路、报警电路、锁体组成。其基本工作原理是：先由用户任意设置 4 位二进制密码并进行存储；将输入的密码与存储的密码进行比较，当密码输入正确时开锁，密码输入错误时报警。输入密码的次数最多为 3 次，超过 3 次将不允许输入密码并自锁报警。

该系统的基本框图如图 6.7.1 所示。

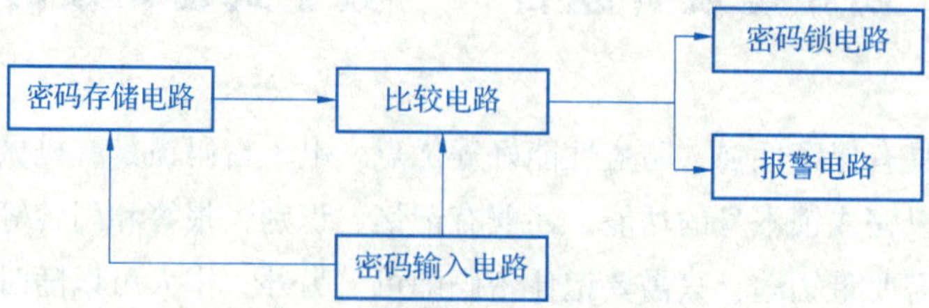

图 6.7.1 数字式密码锁基本框图

拓展部分：紧急处置方案的研究。一旦发生断电、电池失效(地震情况、火警等)的情况或是不能确定密码(忘记新换密码)的情况，需设计一个妥善的解决途径。

6.7.4　设计报告要求

报告的组成按照要求撰写。除此之外，还要求：

①文字表述要清晰准确，避免使用过于专业或生僻的词汇。

②数字式密码锁电路的原理图、各模块电路图、输出波形图的绘制要规范。密码存储电路、比较电路和报警电路要有详细的、合理的设计过程。

③结论和建议要有理有据，避免主观臆断和无根据地推断。

④格式排版要规范，包括字体、字号、行间距、页边距等，使得报告的整体效果美观大方。

6.8　创新型设计题目——大小月份自动调节功能的数字日历设计

传统的数字日历可能无法自动识别大小月份，需要用户手动调节，这就增加了用户操作的复杂度和不便。自动调节功能可以确保日历显示的月份和日期始终与实际情况保持一致，避免了因人为错误而导致的日期错误，提高了日历的准确性和精度。尤其对于一些需要长期使用的日历设备，自动调节功能更加重要，可以减少人为干扰和误操作对日历的影响。在做此设计之前，要做到：

①理解时钟信号的生成和应用，会使用集成的计数器芯片实现任意进制的计数器，理解数字显示模块的工作原理和驱动方式，会组合逻辑电路的设计。

②阅读相关教材或在线教程，了解数字日历的基本原理和设计方法。收集并阅读相关文献资料，了解该系统的最新技术和应用。学习 Multisim 软件的用法和操作技巧。

③学会计数器芯片的置数端和组合逻辑电路的综合使用，学会在 Multisim 仿真环境中调试系统，以使系统达到设计要求。

6.8.1　设计目的

①了解数字日历主体电路的组成及工作原理。

②熟悉利用集成的计数器芯片通过级联实现任意进制计数器的设计方法，以达到设计要求。

③熟悉集成电路及有关电子元器件的使用。

6.8.2　设计任务与要求

①用 5 个数码管分别显示月、日、星期。

②月、日的计数显示均从 1 开始，并实现大小月份自动调节功能，即日期的计数要实现大月 31 天(七、八月份连续两个大月)，小月 30 天，二月 28 天。

③对星期的计数显示为从 1 到 6 再到日(日用 8 代替)。

④在实现以上基本功能的基础上，可拓展其他新的功能。

⑤电路仿真与测试。

6.8.3 设计思路

本数字日历主要由计数显示电路和控制调节电路组成，计数显示电路主要由计数器构成日期、月份及星期计数器，然后通过译码数码管显示器显示出来，控制调节电路则是利用组合控制逻辑电路去控制日期计数器及月计数器的置数端和使能端，从而实现大小月份自动调节功能。星期显示在脉冲作用下，从星期一到星期日循环计数，从而形成星期随着日期循环显示。

大小月份自动调节的数字日历的框图如图 6.8.1 所示。

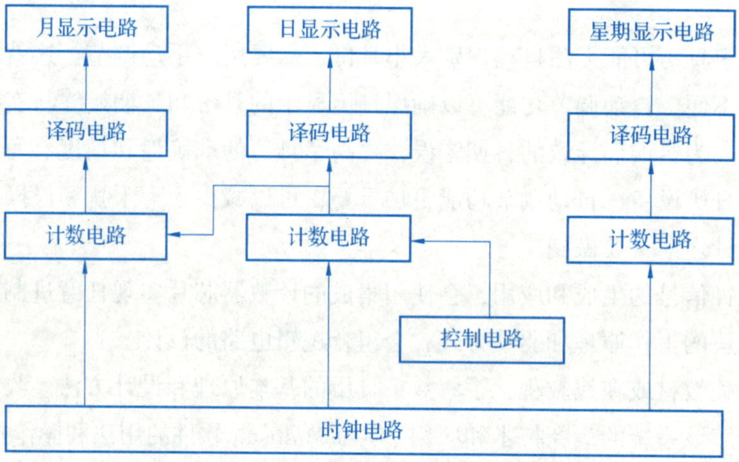

图 6.8.1 大小月份自动调节的数字日历框图

6.8.4 设计报告要求

报告的组成按照要求撰写。除此之外，还要求：

①文字表述要清晰准确，避免使用过于专业或生僻的词汇。

②数字日历电路的原理图、各模块电路图、输出波形图的绘制要规范。月、日、星期的计时电路要有详细的、合理的计算和设计过程。

③结论和建议要有理有据，避免主观臆断和无根据地推断。

④格式排版要规范，包括字体、字号、行间距、页边距等，使得报告的整体效果美观大方。

第三部分

Multisim 电路设计与仿真

培养目标

1. 知识目标

(1)掌握 Multisim 的基本操作：如何创建电路图、选择和使用各种元件、连接线路、设置参数等。

(2)巩固电路分析的方法：直流分析、交流分析、瞬态分析、频率分析和噪声分析等。

(3)掌握 Multisim 中电压表、电流表、示波器、信号发生器等测量仪器的使用。学习者需要了解如何使用这些仪器来测量电路的性能。

(4)学会利用 Multisim 进行电路设计，会选择合适的元件、优化电路参数等。

2. 能力目标

(1)掌握电路设计的基本原理和流程，能够独立设计简单的电路图。

(2)能够进行电路性能的分析和优化，包括电压、电流、功率等参数的计算，以及信号的频谱分析等。

(3)熟悉仿真结果的可视化分析和解释，包括波形图、频谱图、失真图等的解读。

(4)具备解决问题的能力，能够结合理论和实践，对仿真结果进行正确的解读和应用。

3. 思政目标

(1)培养学生对待工作和任务一丝不苟、精益求精的工匠精神。

(2)锻炼实践能力，培养创新精神，鼓励学生积极探索和尝试。

(3)培养学生团队合作、沟通能力，为以后的学习和工作打下坚实的基础。

(4)增强学生社会责任感和科技报国意识，培养环保意识和爱国精神。

在众多的 EDA 仿真软件中，Multisim 软件界面友好、功能强大、易学易用，受到电类设计开发人员的青睐。Multisim 用软件方法虚拟电子元器件及仪器仪表，将元器件和仪器集合为一体，是原理图设计、电路测试的虚拟仿真软件。

Multisim 来源于加拿大图像交互技术公司(Interactive Image Technologies，简称 IIT 公司)推出的以 Windows 为基础的仿真工具，原名 EWB。

IIT 公司于 1988 年推出了一个用于电子电路仿真和设计的 EDA 工具软件 Electronics Work Bench(电子工作台，简称 EWB)，以界面形象直观、操作方便、分析功能强大、易学易用而得到迅速推广使用。1996 年 IIT 推出了 EWB 5.0 版本，之后从 EWB 6.0 版本开始，IIT 对 EWB 进行了较大变动，将其名称改为 Multisim(多功能仿真软件)。

IIT 后被美国国家仪器(National Instruments，NI)公司收购，软件更名为 NI Multisim。Multisim 经历了多个版本的升级，已经有 Multisim 2001、Multisim 7、Multisim

8、Multisim 9、Multisim 10 等版本，直到最近的 NI Multisim 14.0 版本。9 版本之后，Multisim 增加了单片机和 labview 虚拟仪器的仿真和应用。

本教材以 NI Multisim 14.0 为工具开展电路设计和仿真实验，该版本界面环境友好，具备智能化性能。本部分主要介绍 NI Multisim 14.0 的界面环境及其基本操作方法，为后续实验提供设计基础。

第 7 章 NI Multisim 编辑环境

【预习要求】

本章主要介绍电路设计仿真软件——NI Multisim 14.0 软件的主界面及其各窗口的基本操作，旨在让学生掌握 NI Multisim 14.0 的基本操作环境。学习前需完成：

①预习并完成 NI Multisim 14.0 软件的安装、注册和登录。

②熟悉 NI Multisim 14.0 软件主界面中的 7 个基本组成部分。

③了解主界面 7 个组成部分的用途，点击菜单栏的各个下拉菜单，熟悉各菜单的功能。

NI Multisim 最突出的特点之一是用户界面友好，它可以使电路设计者方便、快捷地使用虚拟元器件和仪器、仪表进行电路设计和仿真。设计者在该环境中可以精确地进行电路设计，深入理解电子电路的原理，同时还可以大胆地设计电路，而不必担心损坏实验设备。

启动 NI Multisim 14.0，打开图 7.0.1 所示的启动界面，完成初始化后，便可进入主窗口(图 7.0.2)。

图 7.0.1　NI Multisim 14.0 初始化界面

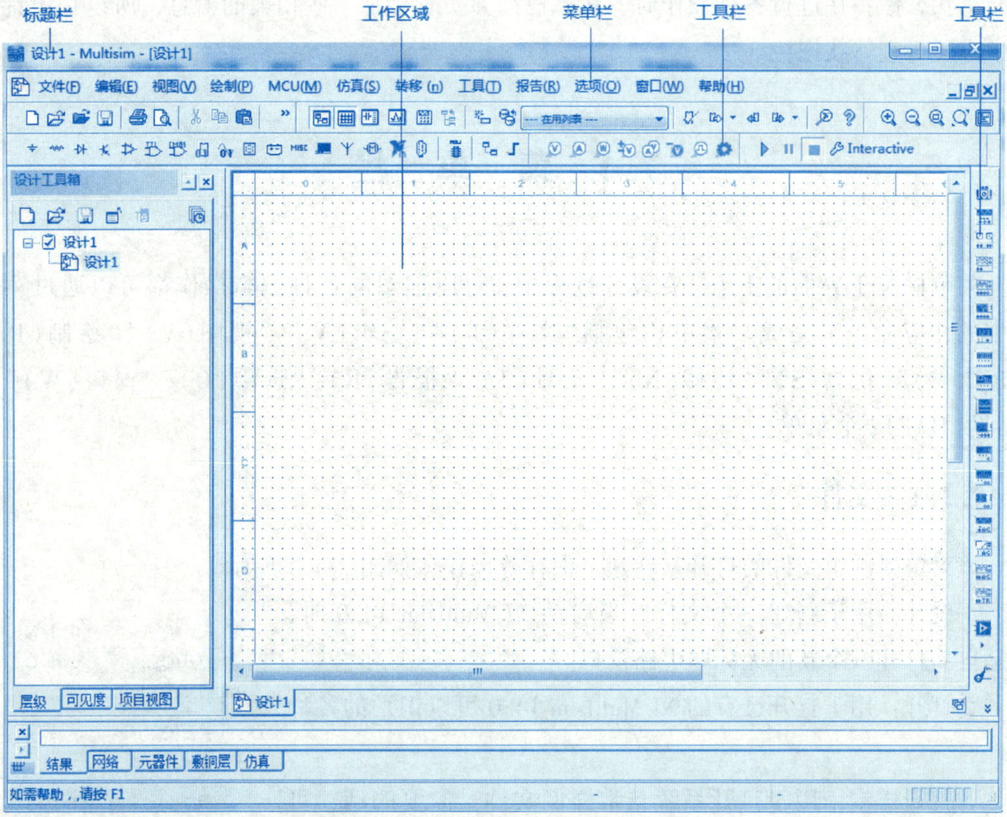

图 7.0.2 NI Multisim 14.0 的主窗口

NI Multisim 14.0 的主窗口类似于 Windows 界面风格，主要包括标题栏、菜单栏、工具栏、工作区域、电子表格视图(信息窗口)、状态栏及项目管理器 7 个部分。

①标题栏：显示当前打开软件的名称及当前文件的路径、名称。

②菜单栏：同所有的标准 Windows 应用软件一样，Multisim 采用的是标准的下拉式菜单。菜单栏包括“文件(F)”“编辑(E)”“视图(V)”“绘制(P)”“MCU(M)”“仿真(S)”“转移(N)”“工具(T)”“报告(R)” “选项(O)”“窗口(W)”“帮助(H)”等菜单，可以根据需要单击进行下拉展开。

③工具栏：工具栏中收集了一些比较常用的功能，将它们图标化以方便用户操作使用。

④项目管理器：在工作区域左侧显示的窗口统称为“项目管理器”，此窗口中只显示“设计工具箱”，可以根据需要打开和关闭，显示工程项目的层次结构。

⑤工作区域：用于原理图的绘制、编辑。

⑥电子表格视图：在工作区域下方显示的窗口，也可称为“信息窗口”，在该窗口中可以实时显示文件运行阶段消息。

⑦状态栏：在进行各种操作时，状态栏都会实时显示一些相关的信息，所以在设计过程中应及时查看状态栏。

7.1 菜 单 栏

菜单栏位于界面的上方，在设计过程中，对原理图的各种编辑操作都可以通过菜单栏中的相应命令来完成。菜单栏包括“文件(F)”“编辑(V)”“视图(V)”“绘制(P)”“MCU(M)”“仿真(S)”“转移(N)”“工具(T)”“报告(R)”“选项(O)”“窗口(W)”和“帮助(H)”12 个菜单。

7.1.1 文件

该菜单提供了文件的打开、新建、保存等操作，如图 7.1.1 所示。

①设计：用于新建一个文件，当启动 NI Multisim 14.0 时，总是自动打开一个新的无标题电路窗口。

②打开：用于打开已有的 NI Multisim 14.0 可以识别的各种文件。

③打开样本：用于打开系统自带样例文件，需要的话，可以通过改变路径或驱动器找到所需文件。

④关闭：关闭当前文件。

⑤全部关闭：关闭打开的所有文件。

⑥保存：用于保存当前的文件。单击后将显示一个标准的保存文件对话框。当然根据需要也可以选择所需的路径或驱动器。对于 Windows 用户，文件的扩展名将会被自动定义为“. msm”。

⑦另存为：用于另存当前的文件。

⑧全部保存：用于保存所有文件。

⑨Export template：将当前文件保存为模板文件输出。

⑩片断：将选中对象保存为片段，以便后期使用。

图 7.1.1 “文件”菜单

⑪项目与打包：若选择该命令，则会弹出子菜单，包含关于项目文件的新建、打开、保存、关闭、打包、解包、升级和版本控制。

⑫打印：打印电路工作区内的电路原理图。

⑬打印预览：预览打印的电路图文件。

⑭打印选项：包括“打印设置”和“打印电路工作区内的仪表”命令。

⑮最近设计：选择打开最近打开过的文件。

⑯最近项目：选择打开最近打开过的项目。

⑰文件信息：显示当前文件的基本信息。若选择该命令，则弹出“文件信息”对话框，该对话框中可显示文件名称、软件名称、应用程序版本、创建日期、用户信息、设计内容等。

⑱退出：用于退出 NI Multisim 14.0。

7.1.2 编辑

该菜单在电路绘制过程中提供对电路和元器件进行剪切、粘贴、旋转等操作命令，共 23 个命令，如图 7.1.2 所示。

①撤销：取消前一次操作。

②重复：恢复前一次操作。

③剪切：剪切所选择的元器件，放在剪贴板中。

④复制：将所选择的元器件复制到剪贴板中。

⑤粘贴：将剪贴板中的元器件粘贴到指定的位置。

⑥选择性粘贴：将剪贴板中的子电路粘贴到指定的位置。

⑦删除：删除所选择的元器件。

⑧删除多页：删除多页面。

⑨全部选择：选择电路中所有的元器件、导线和仪器仪表。

⑩查找：查找电路原理图中的元器件。

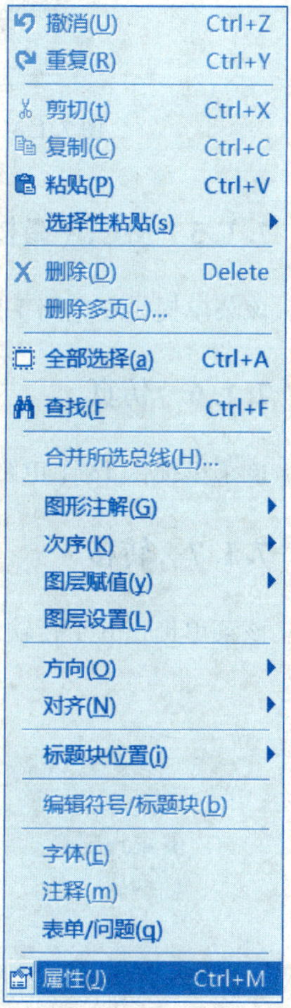

图 7.1.2 “编辑”菜单

7.1.3 视图

该菜单用于控制仿真界面上显示内容的操作命令，如图 7.1.3 所示。

7.1.4 绘制

该菜单提供了在电路工作窗口内放置元器件、连接器、总线和文本等命令，如图 7.1.4 所示。

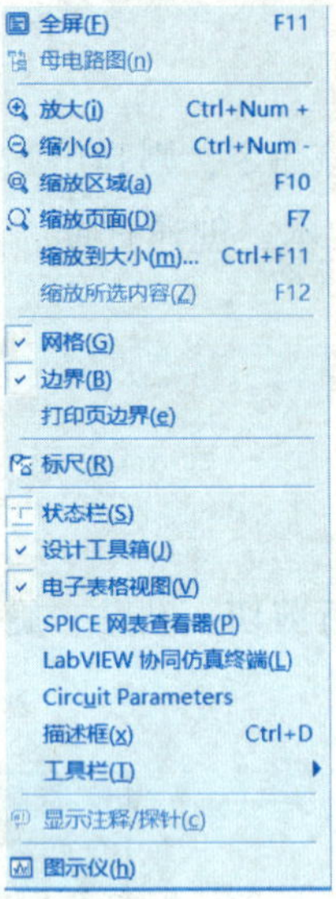

图 7.1.3 “视图”菜单

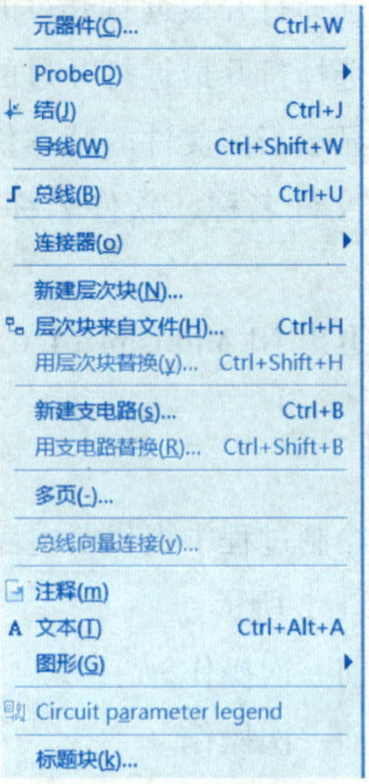

图 7.1.4 “绘制”菜单

7.1.5 MCU(微控制器)菜单

该菜单提供在电路工作窗口内 MCU 的调试操作命令，如图 7.1.5 所示。

7.1.6 仿真

该菜单提供 18 个电路仿真设置与操作命令，如图 7.1.6 所示。

7.1.7 转移

该菜单提供 6 个传输命令，如图 7.1.7 所示。

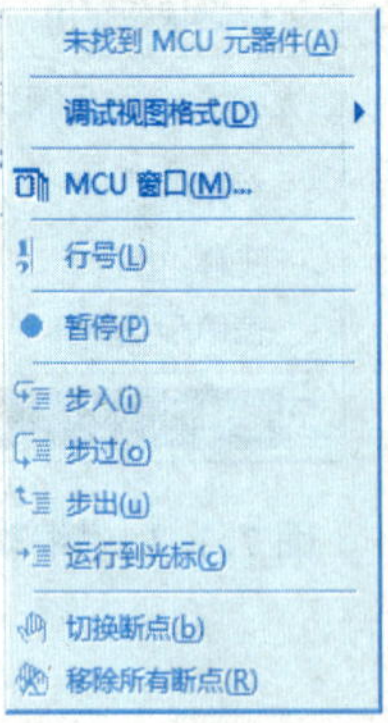

图 7.1.5 “MCU”菜单

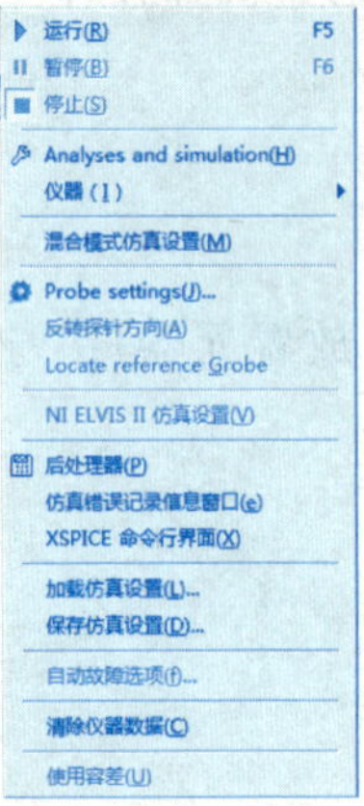

图 7.1.6 “仿真”菜单

图 7.1.7 “转移”菜单

7.1.8 工具

该菜单提供 18 个元器件和电路的编辑或管理命令，如图 7.1.8 所示。

7.1.9 报告

该菜单提供材料清单等 6 个报告命令，如图 7.1.9 所示。

7.1.10 选项

该菜单提供 5 个电路界面和电路某些功能的设定命令，如图 7.1.10 所示。

图 7.1.8 “工具”菜单

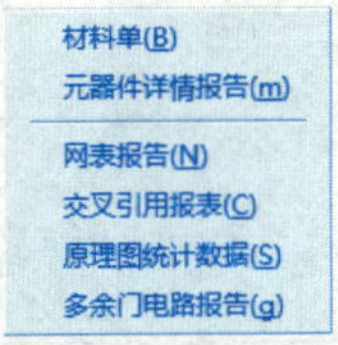

图 7.1.9 “报告”菜单

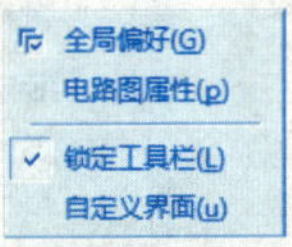

图 7.1.10 “选项”菜单

7.1.11 窗口

该菜单用于对窗口进行纵向排列、横向排列、打开、层叠及关闭等操作，如图 7.1.11 所示。

7.1.12 帮助

该菜单用于打开各种帮助信息，如图 7.1.12 所示。

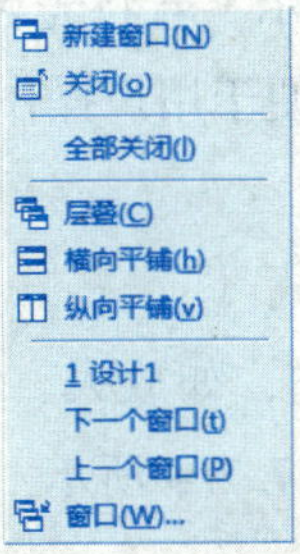

图 7.1.11 “窗口”菜单

图 7.1.12 “帮助”菜单

7.2 工 具 栏

选择菜单栏中的"选项"→"自定义界面"命令，系统将弹出如图 7.2.1 所示的"自定义"对话框。打开"工具栏"选项卡，对工具栏中的功能按钮进行设置，以便用户创建自己的个性工具栏。

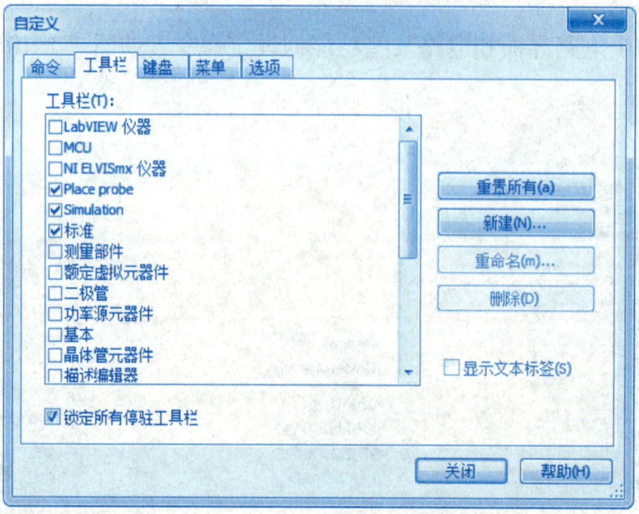

图 7.2.1 "自定义"对话框

在原理图的设计界面中，NI Multisim 14.0 提供了丰富的工具栏，共有 22 种，在图 7.2.1 中勾选需要的工具栏，则该工具栏显示在软件界面中。

其中绘制原理图常用的工具栏介绍如下。

7.2.1 "标准"工具栏

"标准"工具栏中为用户提供了一些常用的文件操作快捷方式，如新建、打开、打印、复制、粘贴等，以按钮图标的形式表示出来，如图 7.2.2 所示。若将光标悬停在某个按钮图标上，则该按钮所要完成的功能会在图标下方显示出来，便于用户操作。

7.2.2 "视图"工具栏

"视图"工具栏中为用户提供了一些视图显示的操作方法，如放大、缩小、缩放区域、缩放页面、全屏等，方便调整所编辑电路的视图大小，如图 7.2.3 所示。

图 7.2.2 “标准”工具栏

图 7.2.3 “视图”工具栏

7.2.3 “主”工具栏

“主”工具栏是 NI Multisim 14.0 的核心，使用它可进行电路的建立、仿真及分析，并最终输出设计数据等，完成对电路从设计到分析的全部工作，其中的按钮可以直接开关下层的工具栏，如图 7.2.4 所示。

图 7.2.4 “主”工具栏

①设计工具箱：显示工程文件管理窗口，用于层次项目栏的开启。

②电子表格视图：用于开关当前电路的电子数据表，位于电路工作区下方，可以显示当前工作区所有元器件的细节并可进行管理。

③数据库管理：可开启“数据库管理”对话框，对元器件进行编辑。

④元器件向导：打开创建新元器件向导，用于调整或增加、创建新元器件。

⑤仿真按钮(Run/Stop Simulation(F5))：用以开始、结束电路仿真。

⑥绘图工具栏(Show Grapher)：用于显示分析的图形结果。

⑦分析按钮：在出现的下拉菜单中选择将要使用的分析方法。

⑧后处理器：用以打开后处理器，以对仿真结果进行下一步操作。

7.2.4 “元器件”工具栏

“元器件”工具栏按元器件模型分门别类地放到 18 个元器件库中，每个元器件库放置同一类型的元器件，用鼠标左键单击元器件工具栏的某一个图标即可打开该元器件库。通常放在工作窗口的左边，也可以任意移动。除了这 18 个元器件库按钮，“元器件”工具栏还包括“层次块来自文件”和“总线”，如图 7.2.5 所示。

图 7.2.5 “元器件”工具栏

7.2.5 “Simulation”(仿真)工具栏

“Simulation”(仿真)工具栏是运行仿真的一个快捷键，原理图输入完毕，加载虚拟仪器后(没挂虚拟仪器时开关为灰色，即不可用)，用鼠标单击即运行或停止仿真，如图 7.2.6 所示。

7.2.6 “Place probe”(放置探针)工具栏

“Place probe”(放置探针)工具栏由 8 个按钮组成，如图 7.2.7 所示。

图 7.2.6 “Simulation”(仿真)工具栏

图 7.2.7 “Place probe”(放置探针)工具栏

7.2.7 “虚拟”工具栏

“虚拟”工具栏由 9 个按钮组成，如图 7.2.8 所示。

图 7.2.8 “虚拟”工具栏

按钮从左到右依次是显示/隐藏模拟系列、显示/隐藏基本系列、显示/隐藏二极管系列、显示/隐藏晶体管系列、显示/隐藏测量系列、显示/隐藏其他系列、显示/隐藏功率源系列、显示/隐藏额定系列和显示/隐藏信号源系列。

7.2.8 “仪表”工具栏

“仪表”工具栏一般在最右面一列罗列，如图 7.2.9 所示，它是进行虚拟电子实验和电子设计仿真的最快捷而又形象的特殊窗口。

仪表工具栏从上到下分别为万用表、函数发生器、功率表、示波器、4 通道示波器、频率特性测试仪、频率计数器、字发生器、逻辑分析仪、IV 分析仪、失真分析仪、光谱分析仪、网络分析仪、Agilent 函数发生器、Agilent 万用表、Agilent 示波器、Tektronix 示波器、LabVIEW 仪器、NI ELVISmx 仪器和电流探针。

图 7.2.9 “仪表”工具栏

7.2.9 “图形注解”工具栏

“图形注解”工具栏用于在原理图中绘制所需要的标注信息，不代表电气连接，如图 7.2.10 所示。

图 7.2.10　“图形注解”工具栏

7.2.10　调用工具栏

除以上介绍的工具栏之外，用户还可以尝试操作其他的工具栏。在“视图”菜单下“工具栏”命令的子菜单中列出了所有原理图设计中的工具栏，在工具栏名称左侧有“√”标记则表示该工具栏已经被打开了，否则该工具栏是被关闭的，如图 7.2.11 所示。

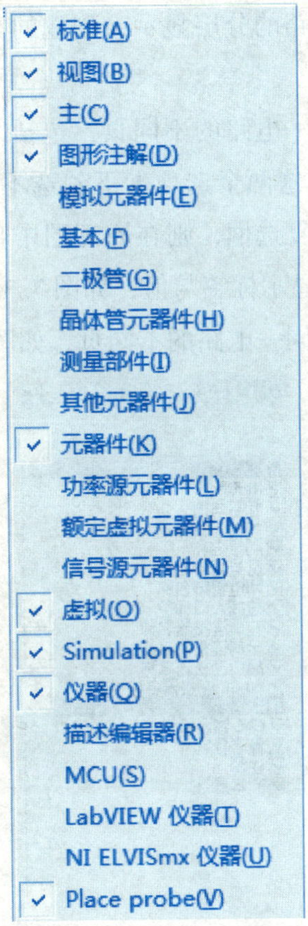

图 7.2.11　“工具栏”子菜单

7.3 项目管理器

在原理图设计中经常用到的工作面板有“设计工具箱”面板、“SPICE 网表查看器”面板及“LabVIEW 协同仿真终端”面板。

7.3.1 “设计工具箱”面板

“设计工具箱”面板如图 7.3.1 所示，其基本位于工作界面左侧，主要用于层次电路的显示。启动软件，默认创建的“设计 1”以分层的形式显示出来，显示 3 个选项卡。

“层次”选项卡用于对不同电路的分层显示，创建的“设计 2”以同样的分层方式显示，如图 7.3.1(a)所示。

“可见度”选项卡用于显示同一电路的不同页，包括“原理图攫取”和“固定注解”两个选项组，如图 7.3.1(b)所示。在这两个选项卡下勾选不同复选框，可在原理图中显示对应属性。例如，勾选“标签与值”复选框，则在原理图中显示标签与值，如图 7.3.2 所示；反之，取消勾选该复选框，则不显示标签与值，如图 7.3.3 所示。

“项目视图”选项卡用于显示同一电路的不同页，如图 7.3.1(c)所示。

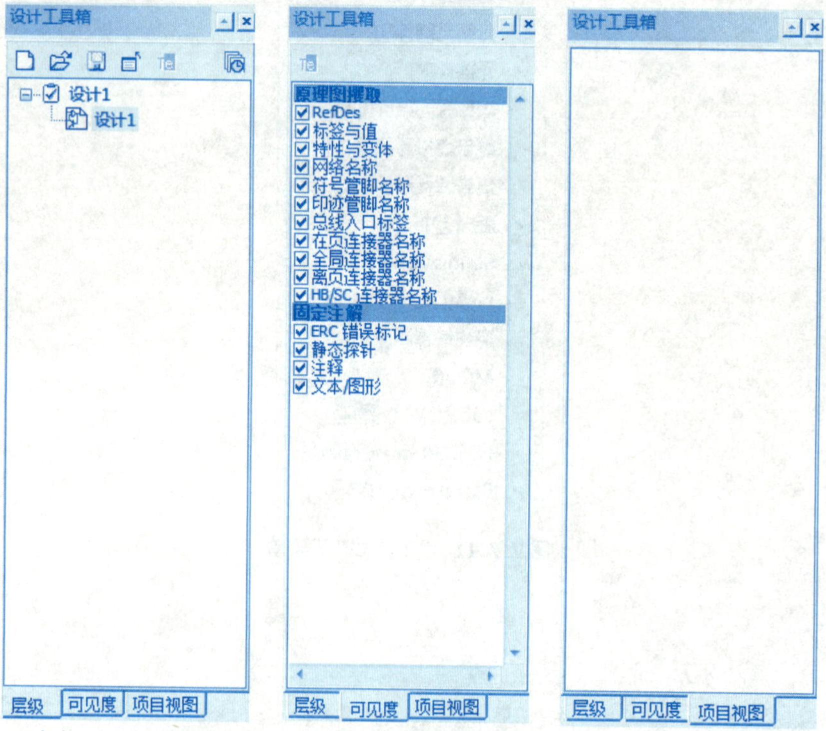

（a）“层级”选项卡　（b）“可见度”选项卡　（c）“项目视图”选项卡

图 7.3.1 “设计工具箱”面板

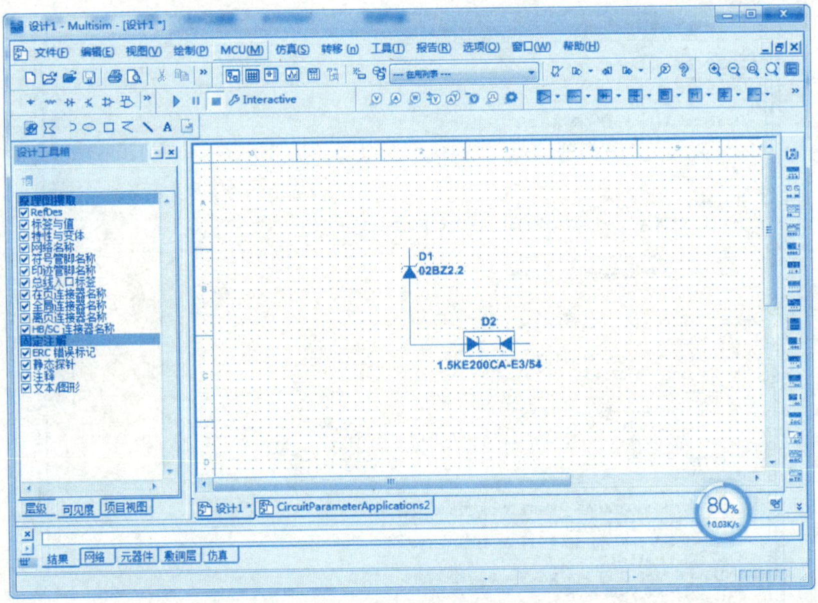

图 7.3.2 勾选“标签与值”复选框

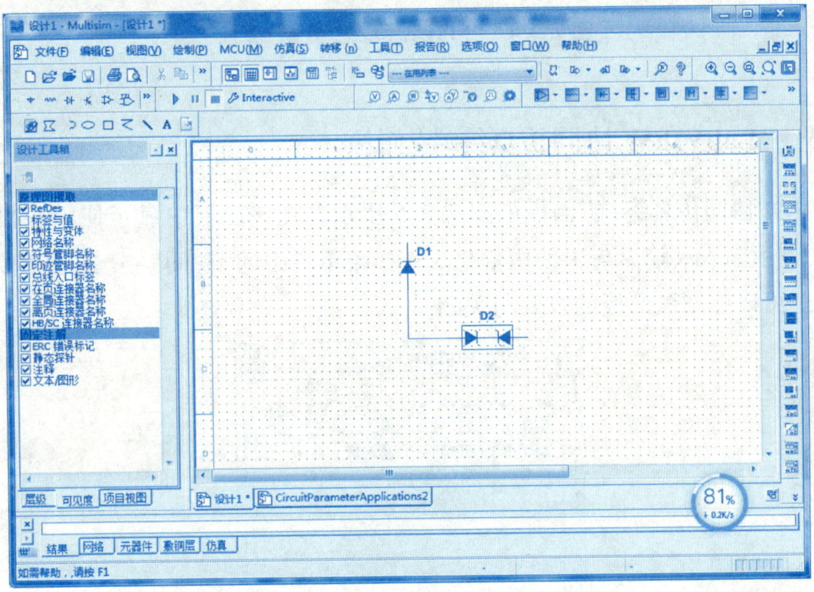

图 7.3.3 取消“标签与值”复选框

7.3.2 “SPICE 网表查看器”面板

“SPICE 网表查看器”面板如图 7.3.4 所示。在该面板中显示 SPICE 网表的输入、输出情况。选择菜单栏中的“视图”→“SPICE 网表查看器”命令，可以控制该面板的打开与关闭。

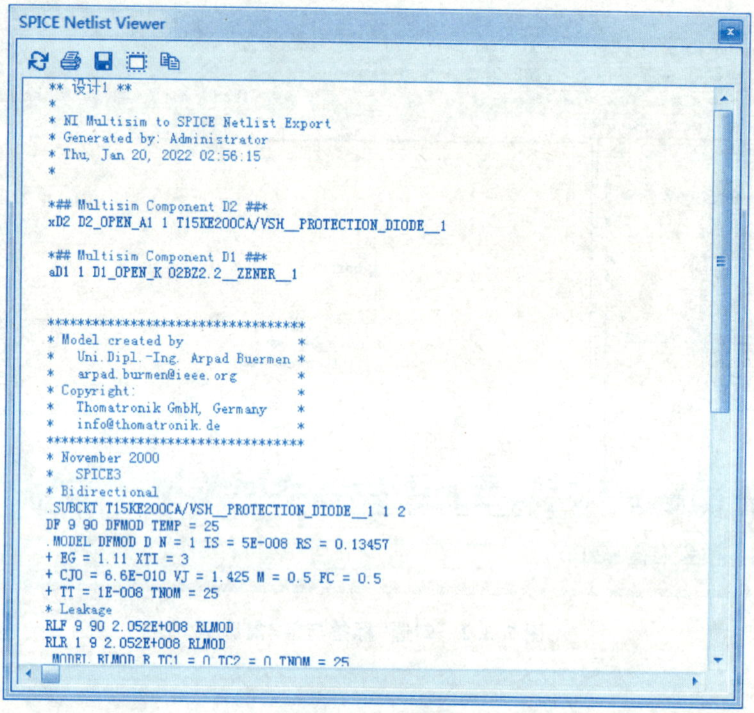

图 7.3.4 “SPICE 网表查看器”面板

7.3.3 “LabVIEW 协同仿真终端”面板

“LabVIEW 协同仿真终端”面板如图 7.3.5 所示。在该面板中显示使用 LabVIEW 元器件的情况，显示输入、输出与未使用信息。选择菜单栏中的“视图”→“LabVIEW 协同仿真终端”命令，可以控制该面板的打开与关闭。

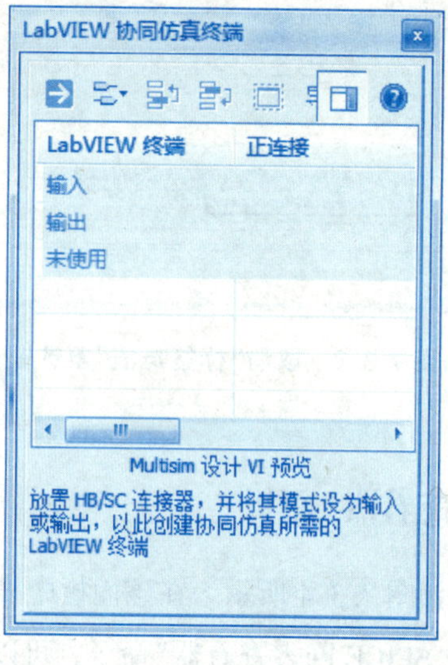

图 7.3.5 “LabVIEW 协同仿真终端”面板

7.4 电子表格视图

“电子表格视图”面板位于工作界面下方，主要是在检验电路是否存在错误时用来显示检验结果以及当前电路文件中所有元器件属性的统计窗口，可以通过该窗口改变元器件部分或全部的属性，如图 7.4.1 所示。

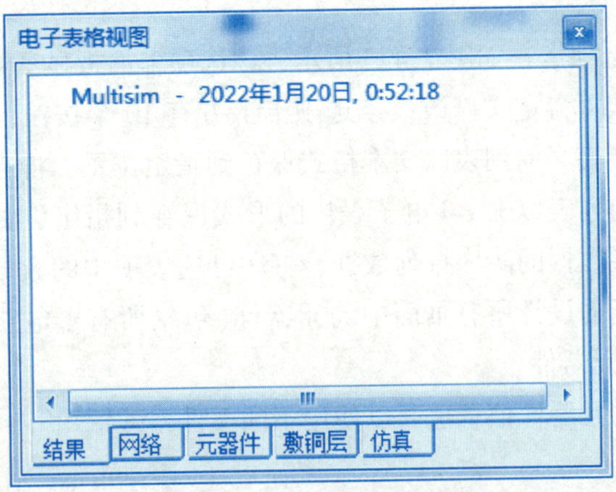

图 7.4.1 “电子表格视图”面板

该面板包括 5 个选项卡，分别显示原理图中不同属性对象的信息。

①打开“结果”选项卡，如图 7.4.1 所示，该选项卡面板可显示电路中元器件的查找结果和 ERC 校验结果，但要使 ERC 校验结果显示在该页面上，需要在运行 ERC 校验时选择将结果显示在面板上。

②打开“网络”选项卡，如图 7.4.2 所示，该选项卡面板显示当前电路中所有网络的相关信息，部分参数可以自定义修改。该选项卡上方有 9 个按钮，它们的功能分别为找到并选择指定网点、将当前列表以文本格式保存到指定位置、将当前列表以 CSV (comma separate values)格式保存到指定位置、将当前列表以 Excel 电子表格的形式保存到指定位置、按已选栏数据的升序排列数据、按已选栏数据的降序排列数据、打印已选表项中的数据、复制已选表项中的数据到剪切板和显示当前设计所有页面中的网点(包括所有子电路、层次化电路模块及多页电路)。

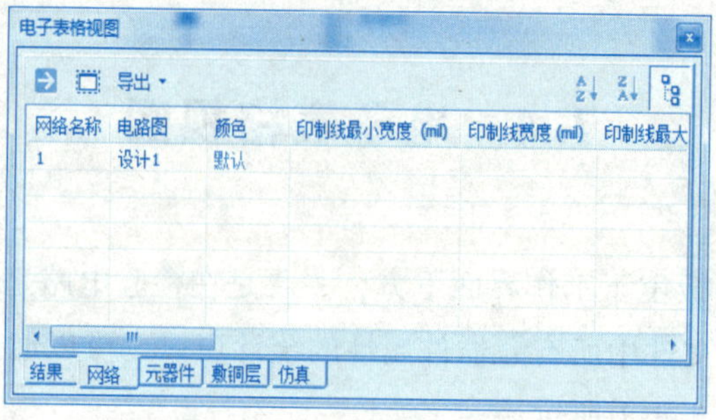

图 7.4.2 “网络”选项卡

③打开“元器件”选项卡，如图 7.4.3 所示，该选项卡面板显示当前电路中所有元器件的相关信息，部分参数可自定义修改。该选项卡上方有 10 个按钮，它们的功能分别为找到并选择指定元器件、将当前列表以文本格式保存到指定位置、将当前列表以 CSV 格式保存到指定位置、将当前列表以 Excel 电子表格的形式保存到指定位置、按已选栏数据的升序排列数据、按已选栏数据的降序排列数据、打印已选表项中的数据、复制已选表项中的数据到剪切板、显示当前设计所有页面中的元器件(包括所有子电路、层次化电路模块及多页电路)和替换已选元器件。

同样地，原理图的元器件信息也可以使用不同文件格式输出。

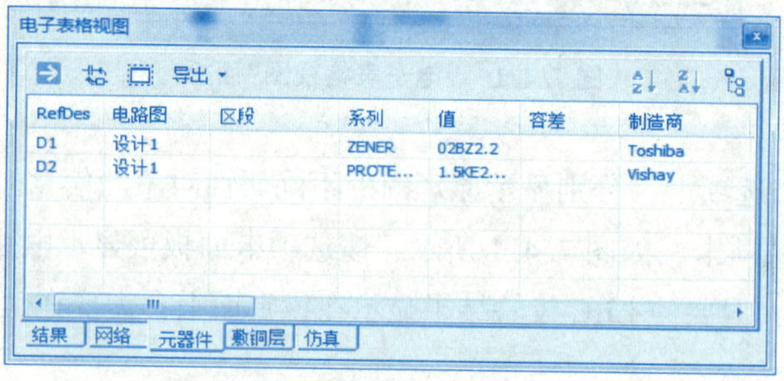

图 7.4.3 “元器件”选项卡

④打开“敷铜层”选项卡，如图 7.4.4 所示，该选项卡面板显示原理图图层的使用信息。

⑤打开“仿真”选项卡，如图 7.4.5 所示，该选项卡面板显示仿真结果。

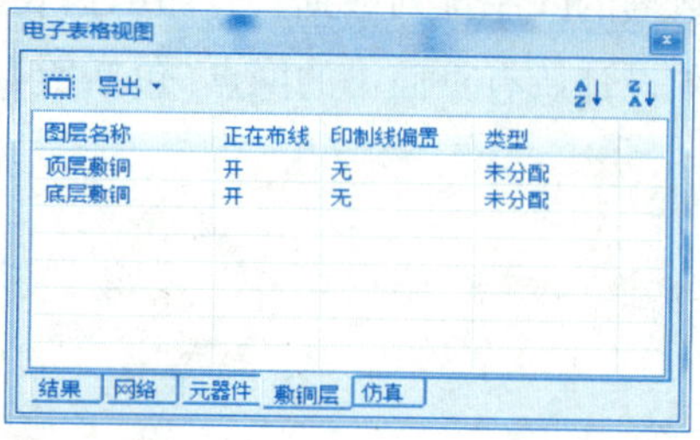

图 7.4.4 “敷铜层”选项卡

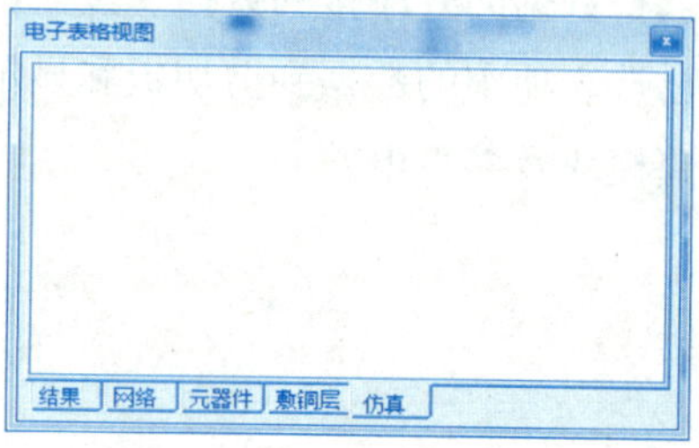

图 7.4.5 “仿真”选项卡

7.5　窗口的管理

在 NI Multisim 14.0 中同时打开多个窗口时，可以通过设置将这些窗口按照不同的方式显示。对窗口的管理可以通过“窗口”菜单进行，如图 7.1.11 所示。

7.5.1　新建窗口

选择菜单栏中的“窗口”→“新建窗口”命令，即可创建与当前窗口中文件内容相同的原理图页文件。

7.5.2　关闭窗口

选择菜单栏中的“窗口”→“关闭”命令，即可将当前打开的窗口关闭。单击窗口右上角的“关闭”按钮☒，也可关闭当前打开的窗口。

7.5.3　全部关闭窗口

选择菜单栏中的“窗口”→“全部关闭”命令，即可将当前所有打开的窗口关闭。

7.5.4　层叠窗口

选择菜单栏中的“窗口”→“层叠”命令，即可将当前所有打开的窗口层叠显示，如图 7.5.1 所示。

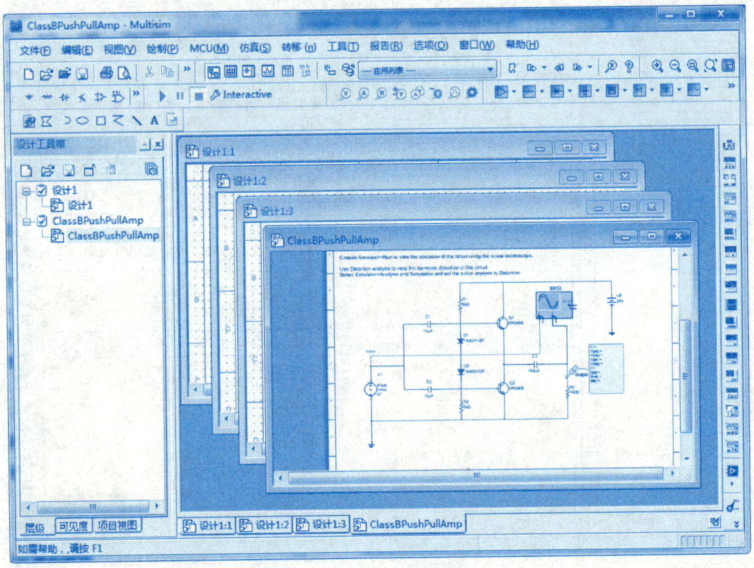

图 7.5.1　层叠窗口

7.5.5 水平平铺窗口

选择菜单栏中的“窗口”→“横向平铺”命令，即可将当前所有打开的窗口水平平铺显示，如图 7.5.2 所示。

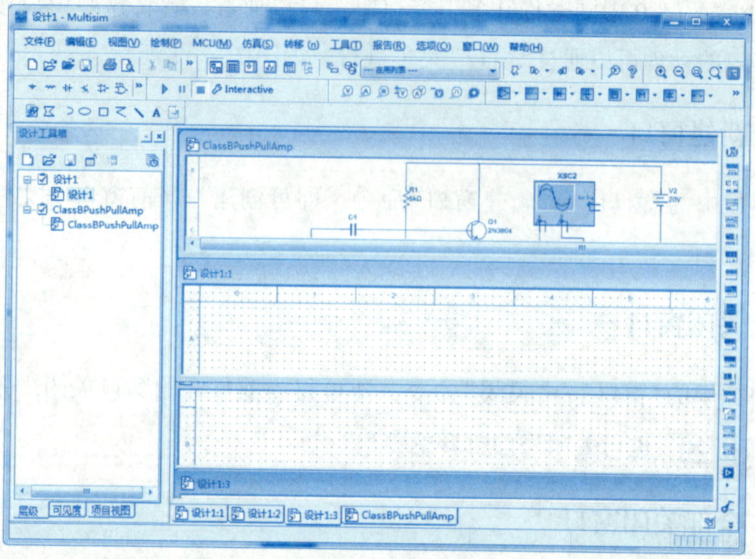

图 7.5.2 横向平铺窗口

7.5.6 垂直平铺窗口

选择菜单栏中的“窗口”→“纵向平铺”命令，即可将当前所有打开的窗口垂直平铺显示，如图 7.5.3 所示。

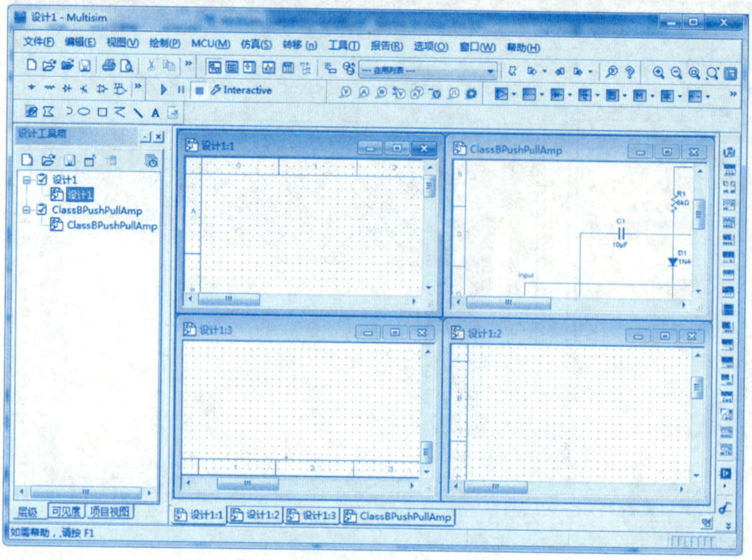

图 7.5.3 纵向平铺窗口

7.5.7　窗口切换

要切换窗口，可以单击窗口的标签，也可以在“窗口”菜单中选中各个窗口的文件名来切换。此外，还可以右键单击工作窗口的标签栏，在弹出的菜单中对窗口进行管理。

7.5.8　视图窗口

选择菜单栏中的“窗口”→“窗口”命令，可以显示所有打开窗口的缩略图，如图 7.5.4 所示，在某一窗口的缩略图上单击，即可打开该窗口。

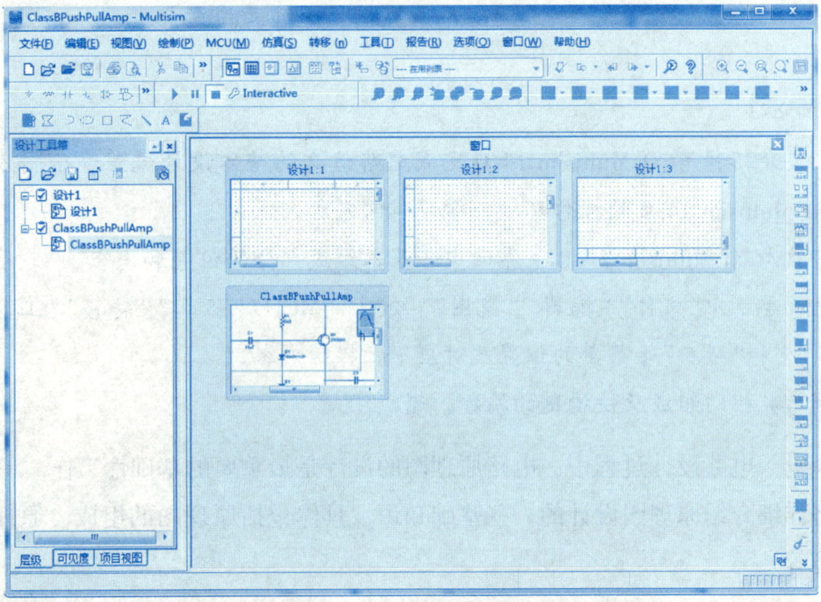

图 7.5.4　“窗口”视图

第 8 章 原理图环境设置

【预习要求】

本章主要介绍利用 NI Multisim 14.0 完成电路仿真的整体设计流程和绘制方法，掌握如何设置 NI Multisim 14.0 的操作环境。学习前需完成：

①提前熟悉 NI Multisim 14.0 主界面中各基本组成部分的位置和内容。

②熟悉菜单栏中“文件”“编辑”“视图”“绘制”“MCU”“仿真”“转移”“工具”“报告”“选项”“窗口”和“帮助”等菜单的位置及对应下拉栏的内容。

③掌握工具栏的组成及快捷键的添加、删减。

在整个电子电路设计过程中，电路原理图的设计是最重要的基础性工作。

本章将详细介绍原理图设计的一些基础知识，具体包括原理图的组成、原理图编辑器的工作环境等。

8.1 总体设计流程

电路原理图的绘制是 Multisim 电路仿真的基础，其基本设计流程如图 8.1.1 所示。

8.1.1 创建电路文件

运行 NI Multisim 14.0，它会自动创建一个默认标题的新电路文件，该电路文件可以在保存时重新命名。

8.1.2 规划电路界面

进入 NI Multisim 14.0 后，需要根据具体电路的组成来规划电路界面，如图纸的大小及摆放方向、电路颜色、元器件符号标准、栅格等。

8.1.3 放置元器件

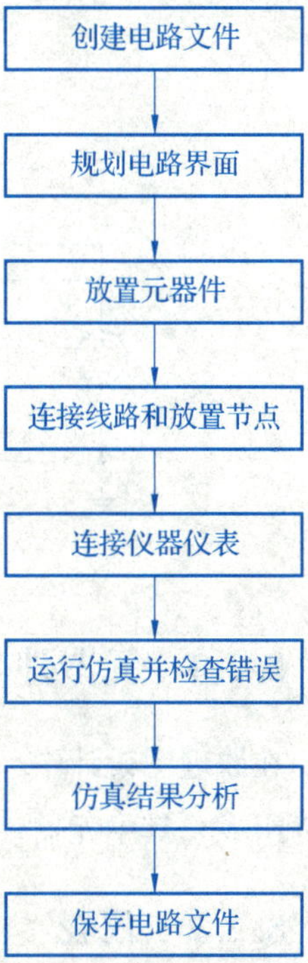

图 8.1.1 基本设计流程

NI Multisim 14.0 提供了数量众多的元器件符号图形和元器件模型，并分门别类地存储在各个元器件库中。放置元器件即将所用元器件从库中放置到电路工作区，并对元器件的编号、位置进行调整、修改等。

8.1.4 连接线路和放置节点

NI Multisim 14.0 具有非常方便的连线功能，有自动与手工两种连线方法，利用其连接电路中的元器件，可构成一个完整的原理图。

8.1.5 连接仪器仪表

将电路图连接好后，再根据需要将仪表从仪表库中接入电路，以供实验分析使用。

8.1.6 运行仿真并检查错误

电路图绘制好后，运行仿真观察仿真结果。如果电路存在问题，那么需要对电路的参数和设置进行检查和修改。

8.1.7 仿真结果分析

通过测试仪器得到的仿真结果对电路原理进行验证，观察结果和设计的目的是否一致。如果不一致，那么需要对电路进行修改。

8.1.8 保存电路文件

保存原理图文件和打印输出原理图及各种辅助文件。

8.2 原理图的组成

原理图即电路板工作原理的逻辑表示，主要由一系列具有电气特性的符号构成。如图 8.2.1 所示，是一张用 NI Multisim 14.0 绘制的原理图。

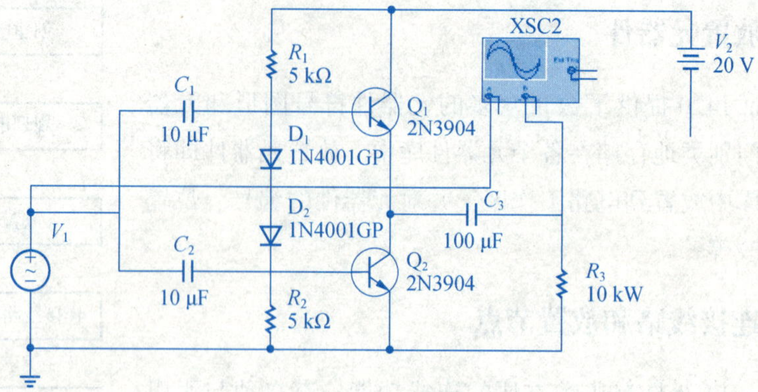

图 8.2.1 用 Multisim 14.0 绘制的原理图

8.2.1 元器件

在原理图设计中，元器件以元器件符号的形式出现。元器件符号主要由元器件引脚和边框组成，其中元器件引脚需要和实际元器件一一对应。

8.2.2 仪表

在 NI Multisim 14.0 中进行原理图设计时，虚拟仪表元器件是必不可少的。与一般元器件符号相同，虚拟仪表主要由元器件的引脚和边框组成，其中元器件的引脚需要和实际元器件一一对应。

8.2.3 导线

原理图设计中的导线也有自己的符号，它以线段的形式出现。NI Multisim 14.0 中还提供了总线，用于表示一组信号。

8.2.4 端口

在原理图编辑器中引入的端口不是指硬件端口，而是为了建立跨原理图电气连接而引入的具有电气特性的符号。当原理图中采用了一个端口时，该端口就可以和其他原理图中同名的端口建立一个跨原理图的电气连接。

8.2.5 电源符号

这里的电源符号只用于标注原理图上的电源网络，并非实际的供电器件。

总之，绘制的原理图由各种元器件组成，它们通过导线建立电气连接。在原理图上，除了元器件之外，还有一系列其他组成部分辅助建立正确的电气连接，使整个原理图能够和实际的 PCB 对应起来。

8.3　电路图属性设置

原理图设计是电路设计的第一步，是制板、仿真等后续步骤的基础。因此，一幅原理图正确与否，直接关系到整个设计的成败。另外，为了方便自己和他人读图，原理图的美观、清晰和规范也是十分重要的。

NI Multisim 14.0 的原理图设计大致可分为 9 个步骤，如图 8.3.1 所示。

在原理图的绘制过程中，可以根据所要设计的电路图的复杂程度，先对图纸进行设置。虽然在进入电路原理图的编辑环境时，NI Multisim 14.0 系统会自动给出相关的图纸默认参数，但是在大多数情况下，这些默认参数不一定满足用户的需求，尤其是图纸尺寸。用户可以根据设计对象的复杂程度来对图纸的尺寸及其他相关参数进行重新定义。

选择菜单栏中的“编辑”→“属性”命令，或选择菜单栏中的“选项”→“电路图属性”命令，或在编辑窗口中右键单击，在弹出的右键快捷菜单中选择“属性”命令，或按组合键<Ctrl>+<M>，系统将弹出“电路图属性”对话框，如图 8.3.2 所示。

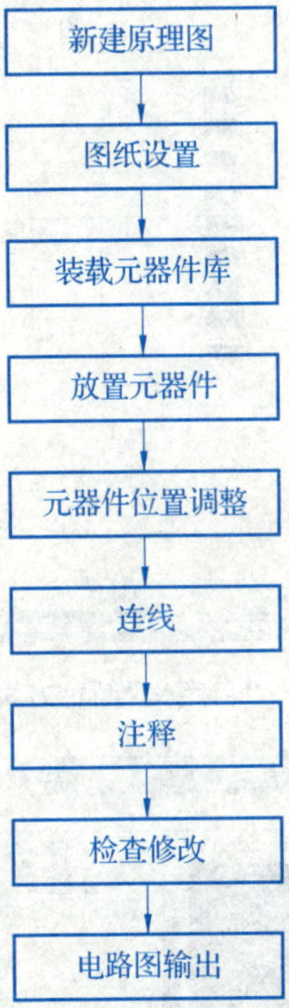

图 8.3.1　原理图设计步骤

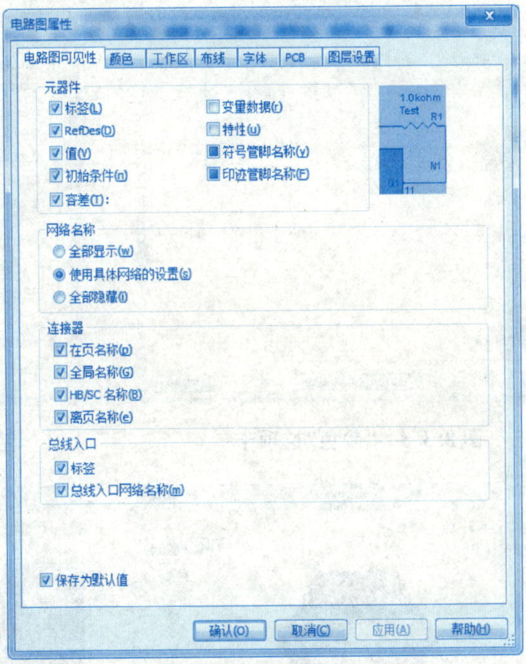

图 8.3.2　“电路图属性”对话框

在该对话框中，有“电路图可见性”“颜色”“工作区”“布线”“字体”“PCB”和“图层设置”7 个选项卡，通过其中的选项可进行如下设置。

8.3.1 设置对象可见性

单击“电路图可见性”选项卡，这个选项卡中显示电路图中包含对象的分类，主要分为 4 类：元器件、网络名称、连接器和总线入口。在这 4 类选项组下包含 15 个特征，勾选特征前面的复选框，即可在电路图中显示该特征；反之，不显示该特征。

在“网络名称” 选项组下包含 3 个单选钮，选择其中之一，即设置网络名称显示状态。

8.3.2 设置图纸颜色

在“颜色”选项卡中单击“颜色方案”下拉列表，显示 5 种程序预制的颜色方案。包括“白色背景”“黑色背景”“白与黑”“黑与白”和“自定义”。默认选择“白色背景”，如图 8.3.3 所示。在右侧显示选中颜色方案对应的预览视图。当选择“自定义”方案时，由用户指定颜色，并激活下面 10 种设置对象，默认颜色设置，如图 8.3.4 所示。单击设置对象对应的颜色框，弹出“颜色” 对话框，在“标准” 选项卡下选择图纸的颜色，打开“自定义”选项卡，可精确设置颜色，如图 8.3.5 所示。最后单击“确认”按钮，即可完成修改。

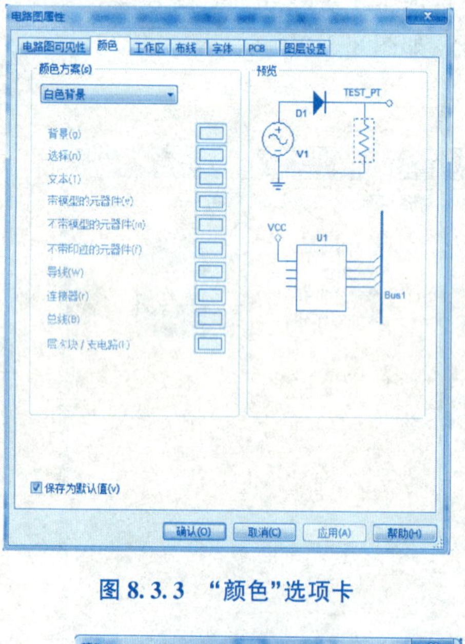

图 8.3.3 “颜色”选项卡

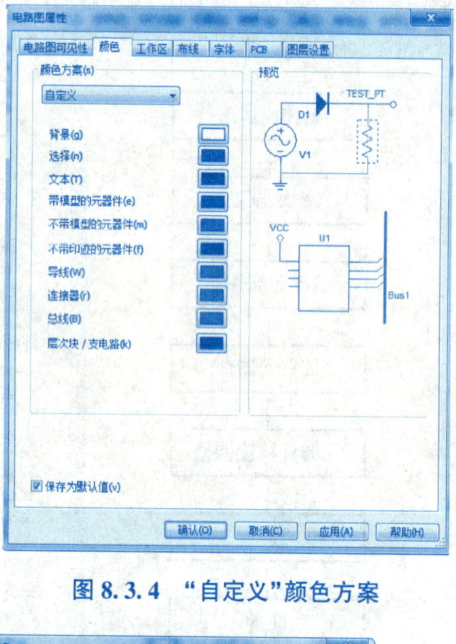

图 8.3.4 “自定义”颜色方案

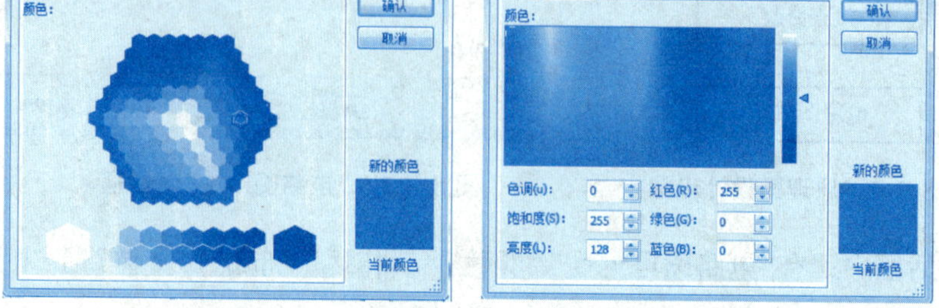

图 8.3.5 “颜色”“标准”及“自定义”选项卡

8.3.3 设置图纸尺寸

单击"工作区" 选项卡，如图 8.3.6 所示。这个选项卡的右半部分为图纸尺寸的设置区域。NI Multisim 14.0 给出了两种图纸尺寸的设置方式，一种是标准风格，另一种是自定义风格，用户可以根据设计需要进行选择，默认格式为标准风格。

使用标准风格方式设置图纸，可以在"标准风格"下拉列表框中选择已定义好的图纸标准尺寸，包括公制图纸尺寸(A0~A4)、英制图纸尺寸(A~E)及其他格式(法定、执行、对开)的尺寸。

勾选"自定义"复选框，则自定义功能被激活，使用自定义风格方式设置图纸，在"宽度""高度"文本框中可以分别输入自定义的图纸尺寸。

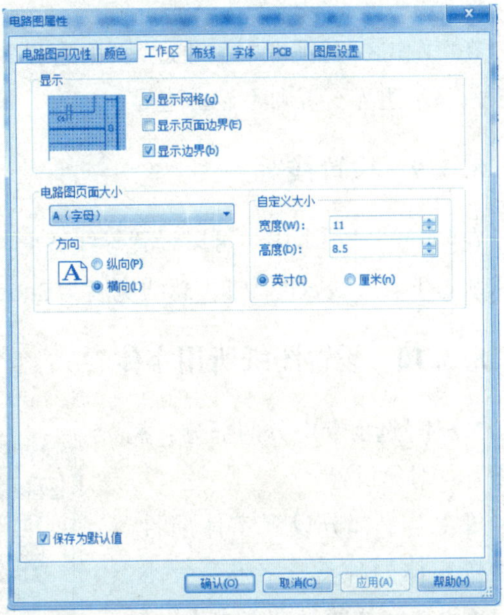

图 8.3.6 "工作区"选项卡

8.3.4 设置图纸方向

单击"工作区"选项卡，图纸方向可在"方向"选项组下设置，可以设置为水平方向，即横向；也可以设置为垂直方向，即纵向。一般在绘制和显示时设为横向，在打印输出时可根据需要设为横向或纵向。

8.3.5 设置图纸单位

单击"工作区"选项卡，可看到图纸单位有两种：英寸、厘米。通过选择这两个单选钮，可设定单位选择方式。

8.3.6 设置图纸网格点

进入原理图编辑环境后，可以看到编辑窗口的背景是网格型的，这种网格就是可视网格，是可以改变的。网格为元器件的放置和线路的连接带来了极大的方便，使用户可以轻松地排列元器件、整齐地走线。

单击"工作区" 选项卡，勾选"显示网格"命令，则显示可视网格；反之，则不显示可视网格。选择菜单栏中的"编辑"→"网格"命令，同样可以控制可视网格的打开与关闭。

8.3.7　设置图纸边框

在“工作区”选项卡中，通过“显示边界”复选框可以设置是否显示边框，勾选该复选框表示显示边框，否则不显示边框。

8.3.8　设置页面边界

在“工作区”选项卡中，通过“页面边界”复选框可以设置是否显示边界，勾选该复选框表示显示边界，否则不显示边界。

8.3.9　设置线宽

在“布线”选项卡中，可以设置导线宽度与总线宽度，在线宽文本框左侧显示预览图，默认状态下，导线宽度为1，总线宽度为3。

8.3.10　设置图纸所用字体

“字体”选项卡中分两部分：属性设置、对象设置。

可在上半部分设置字体属性。可设置字体的种类、字形、大小。同时可设置字体的对齐方式为左对齐、居中或右对齐，预览字体设置结果。

可在下半部分设置要更改的字体包括的对象，对象种类包括原理图中元器件的引脚文字和注释文字等，勾选对象前的复选框即可将字体设置应用到该类型中。在“应用到”选项组下选择“整个电路”选项，可将更改应用到整个电路中。通常字体采用默认设置即可，如图8.3.7所示。

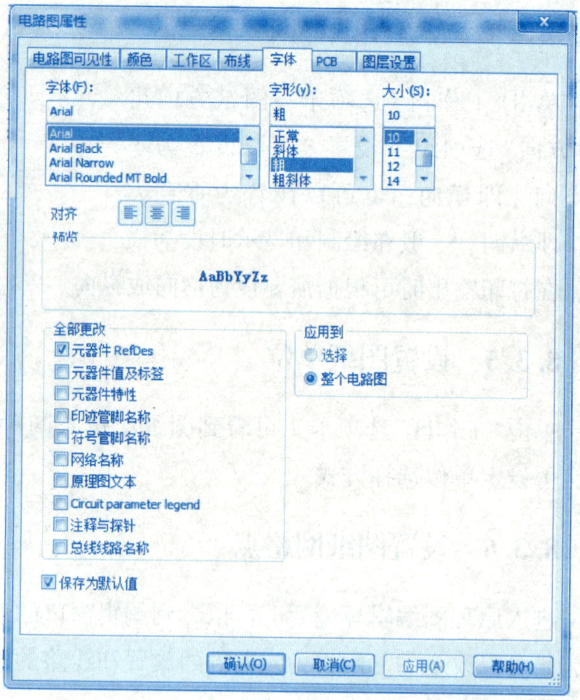

图 8.3.7　“字体”选项卡

8.4 设置原理图工作环境

在原理图的绘制过程中，其效率和正确性往往与环境参数的设置有密切的关系。参数设置合理与否，直接影响到设计过程中软件的功能是否能得到充分的发挥。

选择菜单栏中的"选项"→"全局偏好"命令，系统将弹出"全局偏好"对话框。"全局偏好"对话框中主要有7个选项卡，包括"路径""消息提示""保存""元器件""常规""仿真"和"预览"。完成这些设置后，能够创造一个更适合自己的工作界面，可以更方便地在工作窗口中调用元器件和绘制仿真电路图。

8.4.1 设置原理图的路径参数

电路原理图的文件路径设置可通过"路径"选项卡来实现，如图8.4.1所示，其中各主要参数的含义如下。

8.4.1.1 "设计默认路径"

"设计默认路径"是指创建的项目文件默认路径，通过单击默认路径右侧按钮...，弹出图8.4.2所示的"浏览文件夹"对话框，可重新选择默认文件路径。

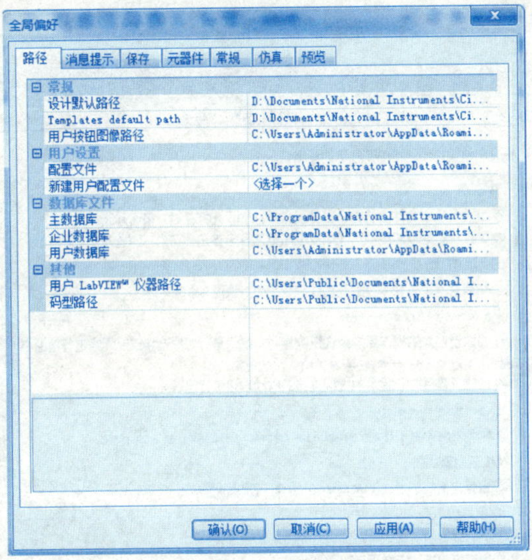

图8.4.1 "路径"选项卡

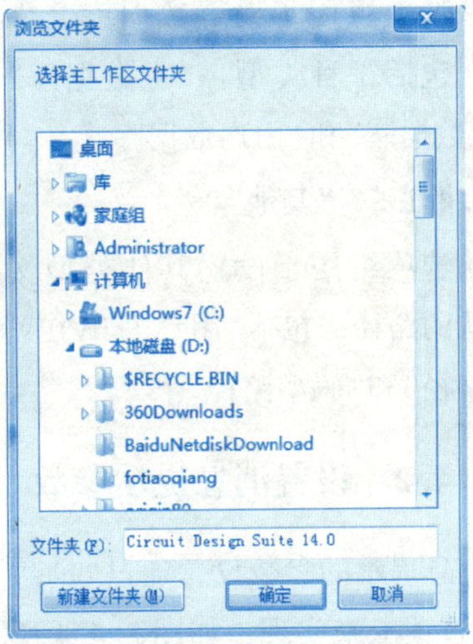

图8.4.2 "浏览文件夹"对话框

8.4.1.2 "配置文件"

"配置文件"是指软件运行使用的配置文件路径，通过单击默认路径右侧按钮...，弹出图8.4.3所示的"选择用户配置文件"对话框，可选择需要的配置文件。

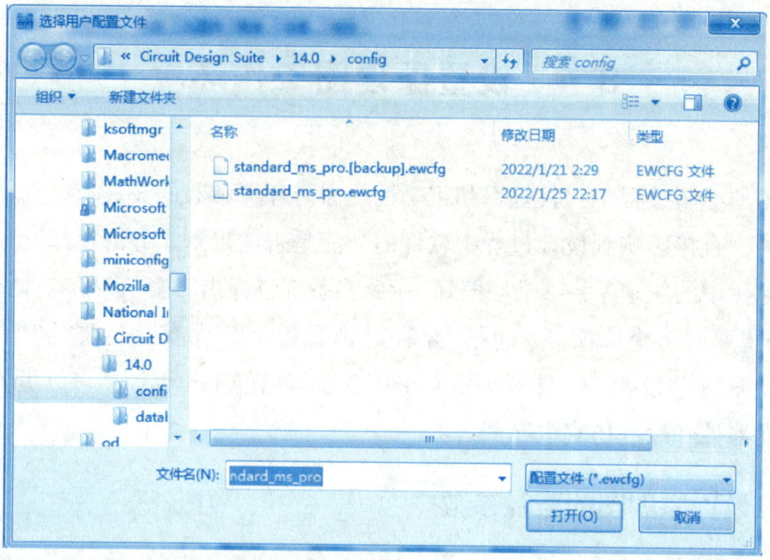

图 8.4.3 “选择用户配置文件”对话框

8.4.1.3 “新建用户配置文件”

在该下拉列表中包括 3 种选择：“从模板创建”“从当前设置创建”和“创建新的空文件”，选择其中一种，均可创建新的配置文件。

8.4.1.4 “数据库文件”

该选项组用于设置数据库文件路径，包括 3 种类型：“主数据库”“企业数据库”和“用户数据库”。

8.4.1.5 “其他”

该选项组用于设置其他类型文件默认的路径，包括“用户 LabVIEW 仪器路径”和“码型路径”。

8.4.2 设置消息提示参数

消息提示的参数设置通过“消息提示”选项卡来实现，如图 8.4.4 所示。该选项卡主要用来设置显示消息、提示的情况。

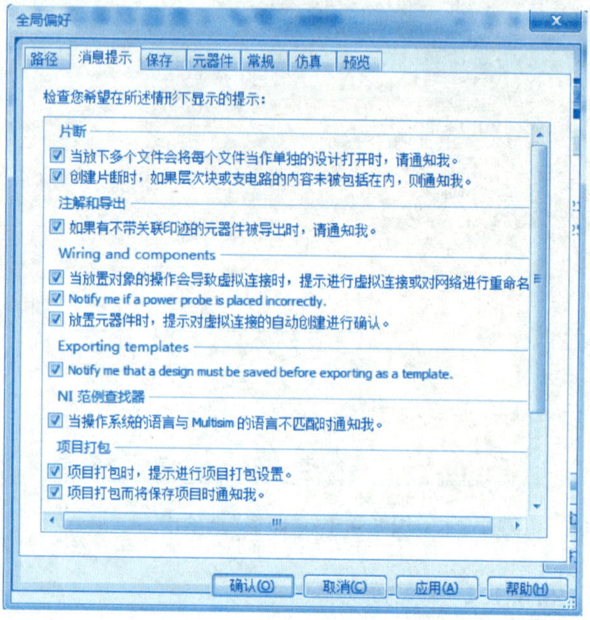

图 8.4.4 “消息提示”选项卡

8.4.3 设置文件保存参数

文件保存的参数设置通过“保存”选项卡来实现，如图 8.4.5 所示。该选项卡主要用来设置文件的保存情况，其中各主要参数的含义如下。

8.4.3.1 “创建一个‘安全副本’”复选框

勾选该复选框，保存文件的同时会创建一个“安全副本”文件，在保存的文件损坏或无法使用的情况下，安全副本文件可恢复成原文件。

8.4.3.2 “自动备份”复选框

勾选该复选框，会自动间隔一定时间创建备份文件，防止出现故障来不及保存从而丢失数据的情况出现。间隔的时间越短，保存的数据文件越完整，但频繁备份文件会产生无用文件，影响运行速度。在默认情况下，设置备份的时间为 5 min。

8.4.3.3 “用仪器保存仿真数据”复选框

勾选该复选框，会自动获取仪器测试得到的实验数据。

8.4.3.4 “附上时间戳，让正向注解文件名称具有唯一性” 复选框

勾选该复选框，会在保存的注解文件名称中显示保存时间，时间的不同确定文件的不同，不存在重复相同的文件，使每一个文件都成为唯一。

8.4.3.5 “将 . txt 文件保存为纯文本”复选框

勾选该复选框，“. txt”文件保存后文件内容中将不包括编码。

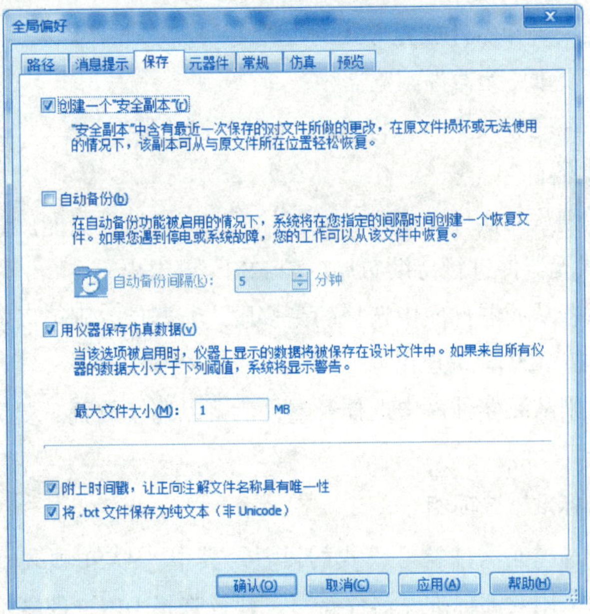

图 8.4.5 “保存”选项卡

8.4.4 设置元器件参数

元器件的参数设置通过“元器件”选项卡来实现，如图 8.4.6 所示。该选项卡主要用来设置元器件在原理图中的显示情况，其中各主要参数的含义如下。

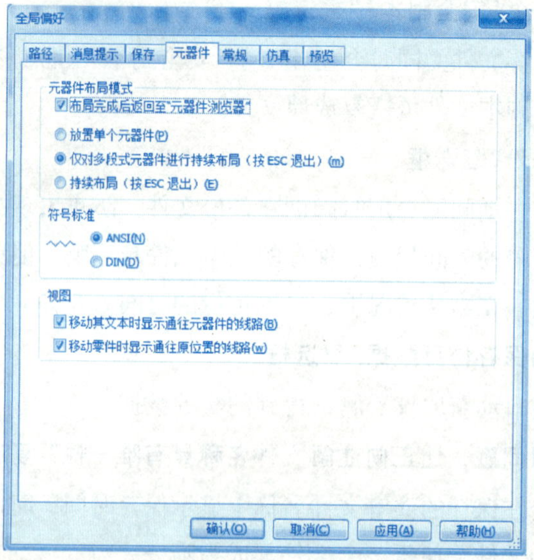

图 8.4.6 “元器件”选项卡

8.4.4.1 “元器件布局模式”选项组

该选项组主要是关于元器件放置方式的设置。

(1)“布局完成后返回‘元器件浏览器’”

勾选该复选框，在完成放置后，将返回“元器件浏览器”。

(2)“放置单个元器件”

选择该单选钮，则从元器件库中取出元器件后，该元器件只能放置一次。

(3)“仅对多段式元器件进行持续布局(按<ESC> 键退出)”

选择该单选钮，若从元器件库中选择的是多段式元器件，则可以连续放置元器件。

(4)“持续布局(按<ESC> 键退出)”

选择该单选钮，则从元器件库中选择元器件后可以连续放置。要停止放置元器件，可按<ESC> 键退出。

8.4.4.2 “符号标准” 选项组

该选项组是关于选择元器件符号模式的设置。其中，ANSI 项表示采用美国标准元器件符号，DIN 项表示采用欧洲标准元器件符号。建议选择 DIN，即选取元器件符号为欧洲标准模式，因为我国元器件的符号与欧洲标准模式相同。

8.4.4.3 “视图”选项组

该选项组用于选择相移路线，包括“移动其文本时显示通往元器件的线路”“移动零件时显示通往原位置的线路”两个复选框。

8.4.5 设置常规参数

常规参数设置通过“常规”选项卡来实现，如图 8.4.7 所示。该选项卡主要用来设置原理图中的常规情况，其中各主要参数的含义如下。

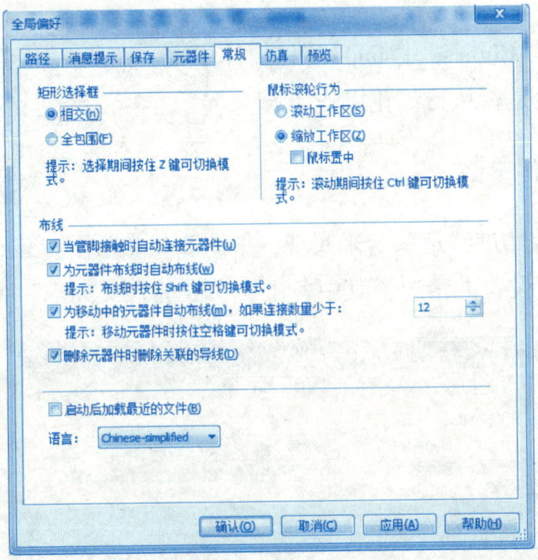

图 8.4.7　“常规”选项卡

8.4.5.1 “矩形选择框”选项组

该选项组用于设置选择对象使用矩形框时的使用方法，即矩形框在何种情况下选中对象，该方法包括两种：相交、全包围。其中，选择期间按住 Z 键可切换模式。

8.4.5.2 “鼠标滚轮行为”选项组

该选项组用于设置滚轮行为的作用，该作用包括两种：滚动工作区、缩放工作区。

8.4.5.3 “布线”选项组

该选项组设置在何种情况下激活“布线”操作。

(1)“当管脚接触时自动连接元器件”复选框

勾选该复选框后，当两元器件的引脚在放置过程中接触后，自动连接接触的两个引脚。

(2)“为元器件布线时自动布线”复选框

勾选该复选框后，在元器件布线时，选择的元器件可自动连接。

(3)“为移动中的元器件自动布线，如果连接数量少于”复选框

勾选该复选框后，元器件在移动过程中同样可以自动连接。

(4)“删除元器件时删除关联的导线”复选框

勾选该复选框后，在删除某元器件后，一直相连接的导线随之自动删除。

8.4.5.4 “其余”选项组

(1)“启动后加载最近的文件”复选框

勾选该复选框后，启动 Multisim 时，自动打开上次最后关闭的文件。

(2)语言

默认有 3 种语言：“Chinese - simplified(简体中文)、English(英语)、German(德语)。执行该操作同样可检验是否执行汉化操作。

8.4.6 设置仿真参数

仿真参数设置通过“仿真”选项卡来实现，如图 8.4.8 所示。该选项卡主要用来设置原理图在仿真过程中需要设置的情况，其中各主要参数的含义如下。

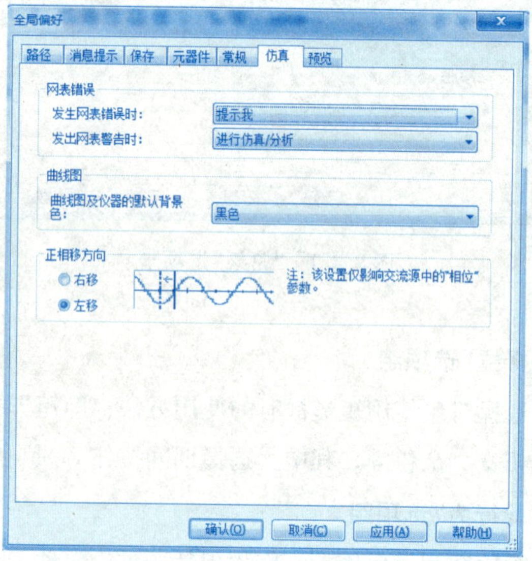

图 8.4.8 “仿真”选项卡

8.4.6.1 “网表错误”选项组

在该选项组下显示在发生网表错误与网表警告时，系统的操作有 3 种方法：提示我、取消仿真/分析、进行仿真/分析。

8.4.6.2 “曲线图”选项组

在该选项组下设置曲线图及仪器的默认背景色为黑色，也可选择白色。

8.4.6.3　“正相移方向”选项组

在该选项组下选择相移方向：左移、右移。在其右侧显示了缩略图。

8.5　元器件库管理

在绘制电路原理图的过程中，先要在图纸上放置需要的元器件符号。NI Multisim 14.0 作为一个专业的电子电路计算机辅助设计软件，一般常用的电子元器件符号都可以在它的元器件库中找到，用户只需要在 NI Multisim 14.0 元器件库中查找所需的元器件符号，并将其放置在图纸中适当的位置即可。

8.5.1　“元器件”工具栏

元器件是电路组成的基本元素，电路仿真软件也离不开元器件。NI Multisim 14.0 提供了丰富的元器件库，元器件库栏的图标如图 8.5.1 所示。

图 8.5.1　“元器件”工具栏

用鼠标左键单击元器件库栏的任意一个图标即可打开该元器件库。元器件库中的各个图标所表示的元器件的含义如下。

8.5.1.1　电源/信号源库

电源/信号源库包含接地端、直流电压源(电池)、正弦交流电压源、方波(时钟)电压源、压控方波电压源等多种电源与信号源。

8.5.1.2　基本器件库

基本器件库包含电阻器、电容器等多种元器件。基本器件库中虚拟元器件的参数是可以任意设置的，非虚拟元器件的参数是固定的，但可以选择。

8.5.1.3　二极管库

二极管库包含二极管、可控硅等多种器件。二极管库中虚拟器件的参数是可以任意设置的，非虚拟元器件的参数是固定的，但可以选择。

8.5.1.4　晶体管库

晶体管库包含晶体管、FET 等多种器件。晶体管库中虚拟器件的参数是可以任意设置的，非虚拟元器件的参数是固定的，但可以选择。

8.5.1.5 模拟集成电路库

模拟集成电路库包含多种运算放大器。模拟集成电路库中虚拟器件的参数是可以任意设置的，非虚拟元器件的参数是固定的，但可以选择。

8.5.1.6 TTL 数字集成电路库

TTL 数字集成电路库包含 74××系列和 74LS××系列等 74 系列数字电路器件。

8.5.1.7 CMOS 数字集成电路库

CMOS 数字集成电路库包含 40××系列和 74HC××系列等多种 CMOS 数字集成电路系列器件。

8.5.1.8 数字器件库

数字器件库包含 DSP、FPGA、CPLD、VHDL 等多种器件。

8.5.1.9 数模混合集成电路库

数模混合集成电路库包含 ADC/DAC、555 定时器等多种数模混合集成电路器件。

8.5.1.10 指示器件库

指示器件库包含电压表、电流表、七段数码管等多种器件。

8.5.1.11 功率元器件库

功率元器件库包含三端稳压器、PWM 控制器等多种电源器件。

8.5.1.12 其他器件库

其他器件库包含晶体、滤波器等多种器件。

8.5.1.13 键盘显示器库

键盘显示器库包含键盘、LCD 等多种器件。

8.5.1.14 机电类器件库

机电类器件库包含开关、继电器等多种机电类器件。

8.5.1.15 微控制器库

微控制器件库包含 8051、PIC 等多种微控制器。

8.5.1.16 射频元器件库

射频元器件库包含射频晶体管、射频 FET、微带线等多种射频元器件。

其余类型这里不再赘述。

8.5.2 打开元器件库对话框

打开元器件库对话框的方法如下。

①选择菜单栏中的“绘制”→“元器件”命令，弹出“选择一个元器件”对话框，显示全部元器件，如图 8.5.2 所示。

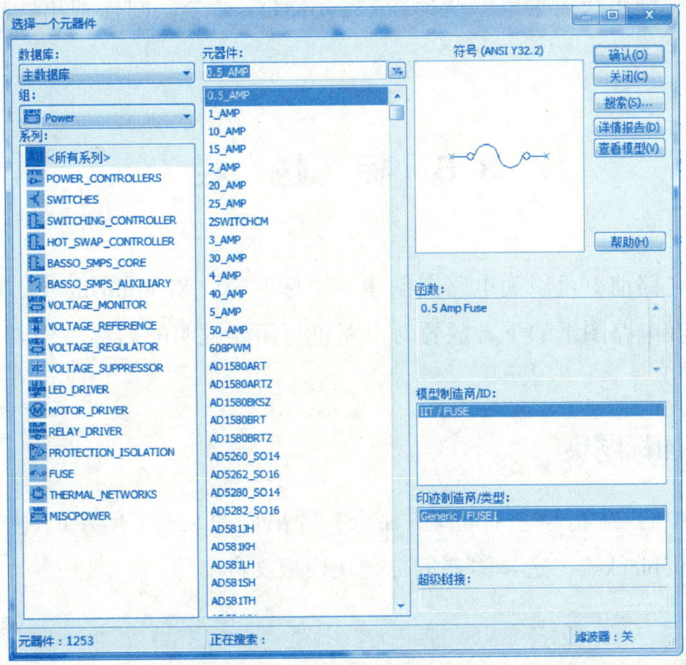

图 8.5.2　“选择一个元器件”对话框

②单击“元器件”工具栏中的任一按钮，弹出“选择一个元器件”对话框，显示该类元器件库，如图 8.5.3 所示。

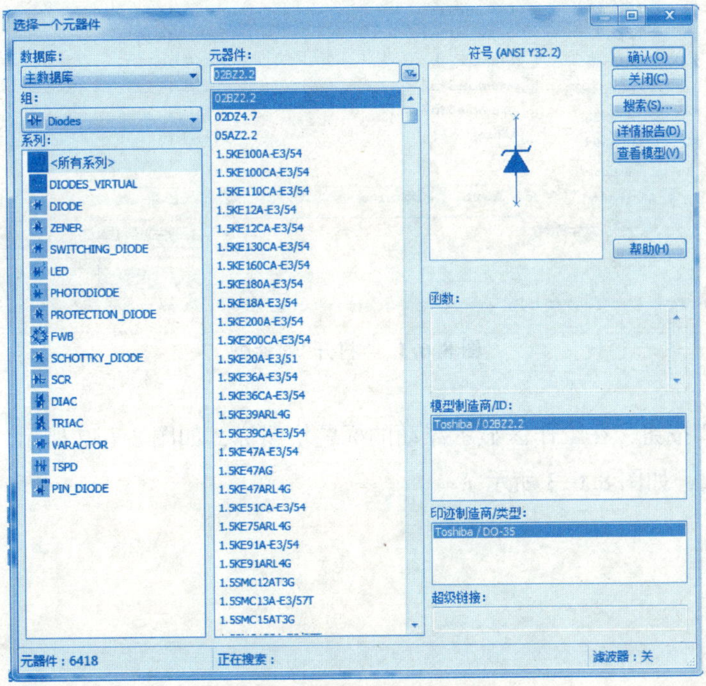

图 8.5.3　放置二极管类元器件库

③单击右键，弹出快捷菜单，选择“放置元器件”命令，同样弹出“选择一个元器件”对话框。

8.6 标　题　栏

在开始创建电路前，可以为电路图创建一个标题栏。NI Multisim 14.0 提供了 10 种模板标题块，可以在电路图纸的下方放置对电路进行简要说明的名称、作者、图纸编号等常用信息。

8.6.1 添加标题块

选择菜单栏中的“绘制”→“标题块”命令，弹出如图 8.6.1 所示的“打开”对话框。打开系统文件夹“titleblocks”，选择需要的标题块模板文件。

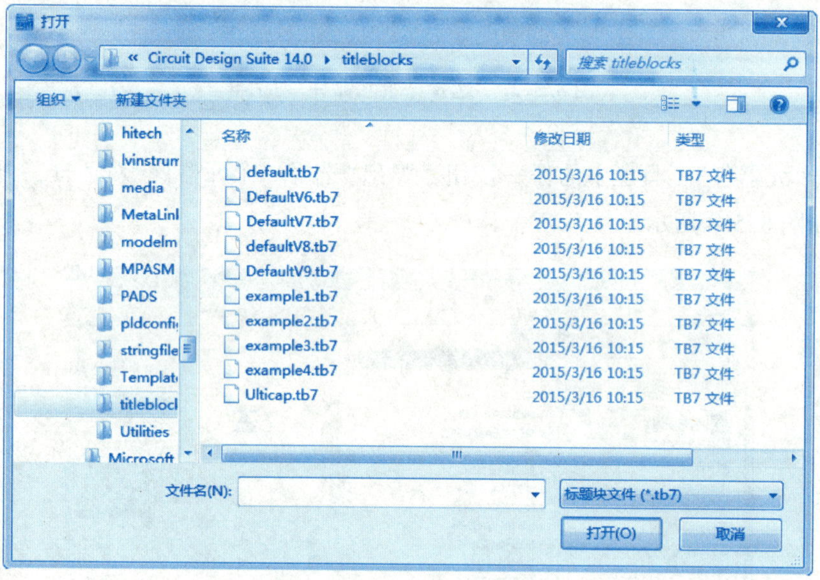

图 8.6.1 “打开”对话框

单击“打开”按钮，在工作区显示浮动的标题块图标，如图 8.6.2 所示。在工作区域单击，放置标题块，如图 8.6.3 所示。

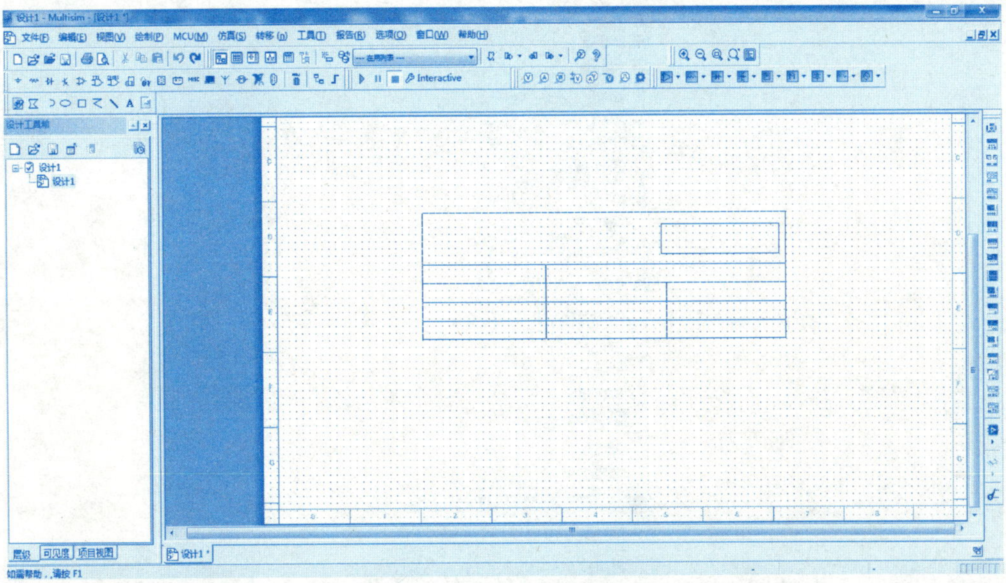

图 8.6.2　放置浮动标题块

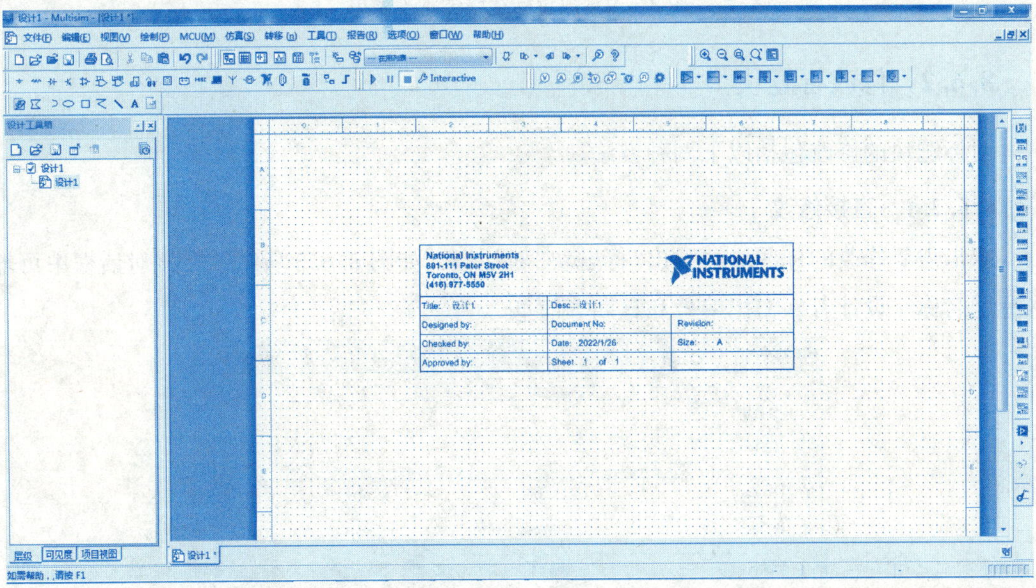

图 8.6.3　放置标题块

为了精确定位，可选中标题块，选择菜单栏中的“编辑”→“标题块位置”命令，弹出如图 8.6.4 所示的子菜单，显示可以放置的位置；选择“右下”，则在空白处放置的标题块可自动放置到整个设计图纸的右下角。

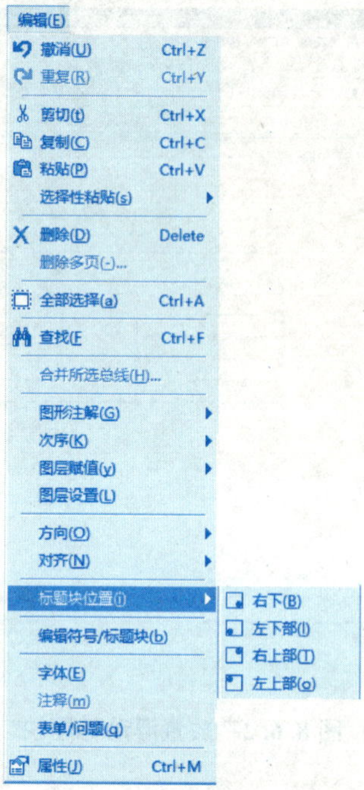

图 8.6.4　放置标题块位置子菜单

8.6.2　修改标题块

对标题块的修改包括以下两种方法。

8.6.2.1　直接修改

双击需要修改的标题块，弹出“标题块”对话框，如图 8.6.5 所示。在该对话框中可输入标题名称、设计者、文档编号和日期等信息。

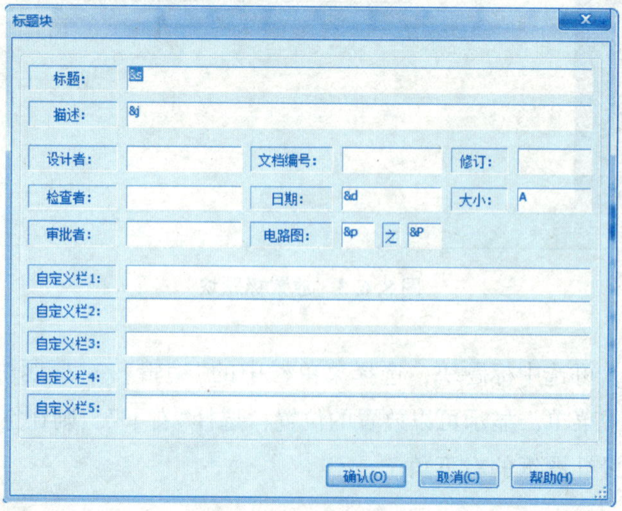

图 8.6.5　“标题块”对话框

8.6.2.2 标题块编辑器

选择菜单栏中的“编辑”→“编辑符号/标题块”命令，弹出“标题块编辑器”窗口，如图 8.6.6 所示。在该窗口中可对标题块进行编辑、修改。

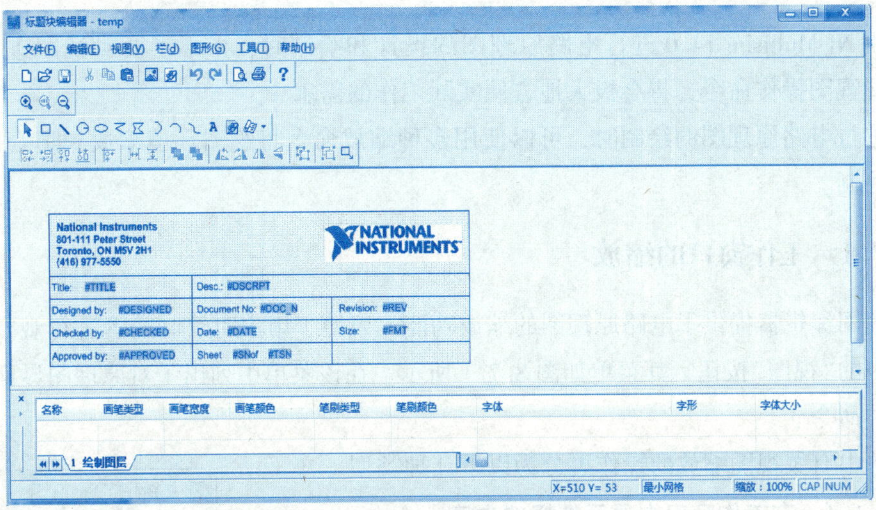

图 8.6.6 “标题块编辑器”窗口

选择菜单栏中的“工具”→“标题块编辑器”命令，弹出“标题块编辑器”窗口，可创建新的标题块模板，如图 8.6.7 所示。

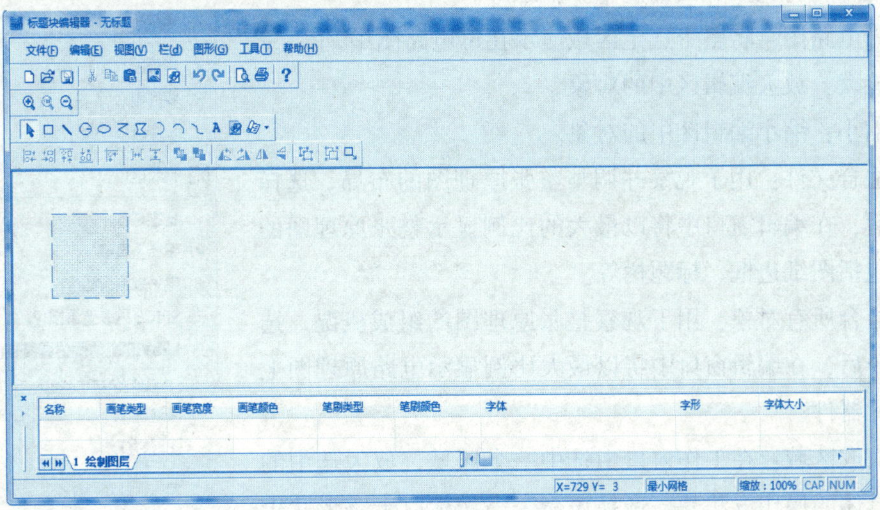

图 8.6.7 创建新的标题块模板

8.7 视图操作

在用 NI Multisim 14.0 进行电路原理图的设计和绘制时，少不了要对视图进行操作。熟练掌握视图操作命令，将会极大地方便实际工作的需求。

在进行电路原理图的绘制时，可以使用多种缩放命令将绘图环境缩放到适合的大小，再进行绘制。

8.7.1 工作窗口的缩放

原理图编辑器提供了电路原理图的缩放功能，以便于用户对绘制的图进行观察。单击菜单栏中的“视图”按钮，其菜单如图 8.7.1 所示。在该菜单中列出了对原理图界面进行缩放的多种命令。

菜单中有关视图缩放的操作可分为以下几种类型。

8.7.1.1 在工作窗口中显示选择的内容

该类操作包括在工作窗口中显示整个原理图、显示所有元器件、显示选定区域、显示选定元器件和选中坐标的附近区域，它们构成了“查看”菜单的第一栏。

①全屏：将视图界面铺满整个显示屏。

②母电路图：将整个选定区域显示在母电路图中。

③放大：放大编辑区中的对象。

④缩小：缩小编辑区中的对象。

⑤适合文件：用于观察并调整整张原理图的布局。选择该命令后，在编辑窗口中将以最大的比例显示整张原理图的内容，包括图纸边框、标题栏等。

⑥适合所有对象：用于观察整张原理图的组成概况。选择该命令后，在编辑窗口中将以最大比例显示电路原理图上的所有元器件。

⑦缩放区域：在工作窗口中选中一个区域，放大选中的区域。具体的操作方法是：选择该命令，光标以十字形状出现在工作窗口中，单击确定区域的一个顶点，移动光标确定区域的对角顶点后单击，在工作窗口中将只显示刚才选择的区域。

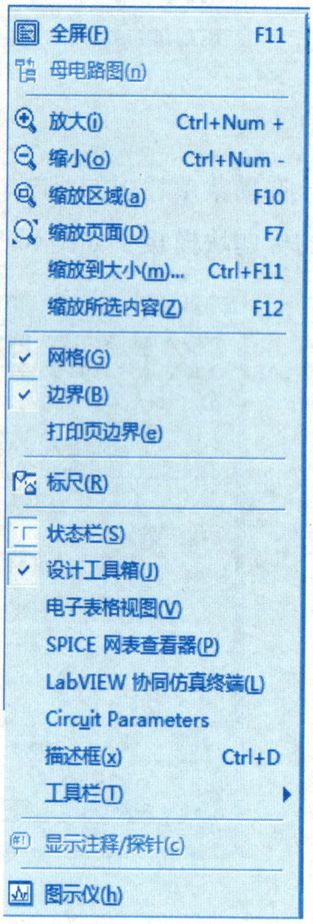

图 8.7.1 “视图”菜单

⑧缩放页面：将页面尺寸进行适当缩放。

⑨缩放到大小：将页面缩放至需要的尺寸大小。

⑩缩放所选内容：将所选定内容的尺寸进行缩放。

⑪点周围：在工作窗口中显示一个坐标点附近的区域。同样是用于放大选中的区域，但区域的选择与上一个命令不同。具体的操作方法是：选择该命令，光标以十字形状出现在工作窗口中，移动光标至想显示的点，单击后移动光标，在工作窗口中将出现一个以该点为中心的虚线框，确定虚线框的范围后单击，将会显示虚线框所包含的范围。

⑫被选中的对象：用于放大显示选中的对象。单击选择该命令后，选中的多个对象将以适当的尺寸放大显示。

8.7.1.2 显示比例的缩放

该类操作包括确定原理图的显示比例、原理图的放大和缩小显示以及按原比例显示原理图上坐标点附近的区域，它们一起构成了“查看”菜单的第二栏和第三栏。

①50%：在工作窗口中按50%的比例显示实际图纸。

②100%：在工作窗口中按正常大小显示实际图纸。

③200%：在工作窗口中按200%的比例显示实际图纸。

④400%：在工作窗口中按400%的比例显示实际图纸。

⑤放大：以光标为中心放大画面。

⑥缩小：以光标为中心缩小画面。

⑦摇镜头：在工作窗口中按原比例显示以光标所在位置为中心的区域内的内容。其具体操作为：移动光标确定想要显示的范围，选择该命令，在工作窗口中将显示以该点为中心的内容。该操作提供了快速显示内容切换功能，与“点周围”命令的操作不同，这里的显示比例没有发生改变。

8.7.1.3 使用快捷键和工具栏按钮执行视图显示操作

NI Multisim 14.0 为大部分视图操作提供了快捷键，如下所示。

①<Ctrl>+<Page Down>：在工作窗口中显示整个原理图。

②<Ctrl>+<5>：在工作窗口中按50%的比例显示实际图纸。

③<Ctrl>+<1>：在工作窗口中按正常大小显示实际图纸。

④<Ctrl>+<2>：在工作窗口中按200%的比例显示实际图纸。

⑤<Ctrl>+<4>：在工作窗口中按400%的比例显示实际图纸。

⑥<Page Up>：放大显示。

⑦<Page Down>：缩小显示。

⑧<Home>：按原比例显示以光标所在位置为中心的附近区域。

同时为常用视图操作提供了工具栏按钮，如图 8.7.2 所示。

图 8.7.2 “视图”工具栏

8.7.1.4 使用鼠标滚轮平移和缩放

使用鼠标滚轮平移和缩放图纸的操作方法如下。

①平移：向上滚动鼠标滚轮则向上平移图纸，向下滚动鼠标滚轮则向下平移图纸；按住<Shift>键的同时向下滚动鼠标滚轮会向右平移图纸，按住<Shift>键的同时向上滚动鼠标滚轮会向左平移图纸。

②放大：按住<Ctrl>键的同时向上滚动鼠标滚轮会放大显示图纸。

③缩小：按住<Ctrl>键的同时向下滚动鼠标滚轮会缩小显示图纸。

8.7.2 刷新原理图

绘制原理图时，在完成滚动界面、移动元器件等操作后，有时会出现界面显示残留的斑点、线段或图形变形等问题。虽然这些内容不会影响电路的正确性，但是为了美观起见，建议用户选择菜单栏中的“查看”→“刷新”命令，或者按<End> 键，刷新原理图。

第 9 章 原理图设计

【预习要求】

本章具体介绍如何利用 NI Multisim 14.0 完成电路原理图的设计和仿真，掌握选用和设置元器件的方法。学习前需完成：

①提前熟悉 NI Multisim 14.0 中元器件库的位置及分类。

②熟练掌握从菜单栏或工具栏中快速选择合适的器件库并选择和放置对应的元器件的方法。

③掌握对各元器件设置属性的操作方式。

只有先设计出符合需要和规则的电路原理图，才能顺利地对其进行仿真分析。

在图纸上放置好电路设计所需要的各种元器件并对它们的属性进行相应的设置是最基本的操作，本章将进行详细介绍。

9.1 元器件分类

NI Multisim 14.0 不仅提供了数量众多的元器件符号图形，而且设计了元器件模型，并分门别类地存储在各个元器件库中。下面按照元器件库的命名不同详细介绍常用的元器件。

9.1.1 电源库

单击“元器件”工具栏中的“放置源”按钮 ÷，Sources 库的“系列”栏如图 9.1.1 所示。

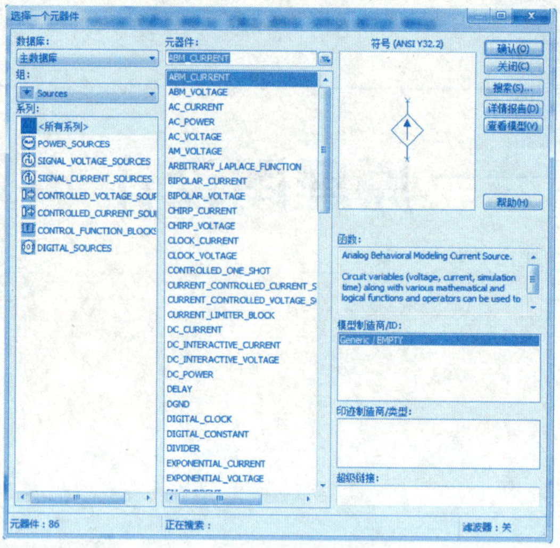

图 9.1.1　Sources(电源/信号源)库

①电源(POWER_SOURCES)：包括常用的交直流电源、数字地、地线、星形或三角形连接的三相电源、VCC、VDD、VEE、VSS 电压源，其“元器件”栏下内容如图 9.1.2 所示。

②电压信号源(SIGNAL_VOLTAGE_SOURCES)：包括交流电压、时钟电压、脉冲电压、指数电压、FM、AM 等多种形式的电压信号，其“元器件”栏下内容如图 9.1.3 所示。

交流电源	AC_POWER
直流电源	DC_POWER
数字地	DGND
地线	GROUND
非理想电源	NON_IDEAL_BATTERY
星形三相电源	THREE_PHASE_DELTA
三角形三相电源	THREE_PHASE_WYE
TTL电源	VCC
CMOS电源	VDD
TTL地端	VEE
CMOS地端	VSS

图 9.1.2　电源库

交流信号电压源	AC_VOLTAGE
调幅信号电压源	AM_VOLTAGE
时钟信号电压源	CLOCK_VOLTAGE
指数信号电压源	EXPONENTIAL_VOLTAGE
调频信号电压源	FM_VOLTAGE
线性信号电压源	PIECEWISE_LINEAR_VOLTAGE
脉冲信号电压源	PULSE_VOLTAGE

图 9.1.3　电压信号源库

③电流信号源(SIGNAL_CURRENT_SOURCES)：包括交流、时钟、脉冲、指数、FM 等多种形式的电流源，其“元器件”栏下内容如图 9.1.4 所示。

交流信号电流源	AC_CURRENT
时钟信号电流源	CLOCK_CURRENT
直流信号电流源	DC_CURRENT
指数信号电压源	EXPONENTIAL_CURRENT
调频信号电压源	FM_CURRENT
线性信号电压源	PIECEWISE_LINEAR_CURRENT
脉冲信号电压源	PULSE_CURRENT

图 9.1.4　电流信号源库

④受控电压源(CONTROLLED_VOLTAGE_SOURCES)：包括电压控制电压源和电流控制电压源，其“元器件”栏下内容如图 9.1.5 所示。

单脉冲控制器	CONTROLLED_ONE_SHOT
电流控电压器	CURRENT_CONTROLLED_VOLTAGE_SOURCE
键控电压器	FSK_VOLTAGE
电压控线性源	VOLTAGE_CONTROLLED_PIECEWISE_LINEAR_SOURCE
电压控正弦波	VOLTAGE_CONTROLLED_SINE_WAVE
电压控方波	VOLTAGE_CONTROLLED_SQUARE_WAVE
电压控三角波	VOLTAGE_CONTROLLED_TRIANGLE_WAVE
	VOLTAGE_CONTROLLED_VOLTAGE_SOURCE

图 9.1.5　受控电压源库

⑤受控电流源(CONTROLLED_CURRENT_SOURCES)：包括电流控制电流源和电压控制电流源，其“元器件”栏下内容如图 9.1.6 所示。

电流控电流源	CURRENT_CONTROLLED_CURRENT_SOURCE
电压控电流源	VOLTAGE_CONTROLLED_CURRENT_SOURCE

图 9.1.6　受控电流源库

⑥控制功能模块(CONTROL_FUNCTION_BLOCKS)：包括除法器(DIVIDER)、乘法器(MULTI_PLIER)、积分(VOLTAGE_INTEGRATOR)、微分(VOLTAGE_DIFFERENTIATOR)等多种形式的功能块，其“元器件” 栏下内容如图 9.1.7 所示。

限流器	CURRENT_LIMITER_BLOCK
除法器	DIVIDER
乘法器	MULTIPLIER
非线性函数控件	NONLINEAR_DEPENDENT
多项电压控制器	POLYNOMIAL_VOLTAGE
转移函数控制器	TRANSFER_FUNCTION_BLOCK
限流电压函数控制器	VOLTAGE_CONTROLLED_LIMITER
微分函数控制器	VOLTAGE_DIFFERENTIATOR
增压函数控制器	VOLTAGE_GAIN_BLOCK
滞回电压控制器	VOLTAGE_HYSTERESIS_BLOCK
积分函数控制器	VOLTAGE_INTEGRATOR
限幅器	VOLTAGE_LIMITER
信号响应速率控制器	VOLTAGE_SLEW_RATE_BLOCK
加法器	VOLTAGE_SUMMER

图 9.1.7　控制功能模块库

⑦数字控制模块(DIGITAL_SOURCES)：包括数字时钟(DIGITAL_CLOCK)、数字常数(DIGITAL_CONSTANT)等。

9.1.2 基本元器件库

单击“元器件”工具栏中的“放置基本”按钮，Basic 库的“系列”栏如图 9.1.8 所示。

图 9.1.8 Basic(基本器件)库

①基本虚拟器件(BASIC_VIRTUAL)：包含一些常用的虚拟电阻、电容、电感、继电器、电位器、可调电阻、可调电容等，其“元器件”栏中内容如图 9.1.9 所示。

虚拟无磁芯绕组磁动势控制器	CORELESS_COIL_VIRTUAL
虚拟电感器	INDUCTOR_ADVANCED
虚拟磁芯电感器	MAGNETIC_CORE_VIRTUAL
虚拟无磁芯耦合电感	NLT_VIRTUAL
虚拟直流常开继电器	RELAY1A_VIRTUAL
虚拟直流常闭继电器	RELAY1B_VIRTUAL
虚拟直流双触点继电器	RELAY1C_VIRTUAL
虚拟半导体电容器	SEMICONDUCTOR_CAPACITOR_VIRTUAL
虚拟半导体电阻器	SEMICONDUCTOR_RESISTOR_VIRTUAL
虚拟带铁芯变压器	TS_VIRTUAL
虚拟可变下拉电阻器	VARIABLE_PULLUP_VIRTUAL
虚拟电压控制电阻器	VOLTAGE_CONTROLLED_RESISTOR_VIRTUAL

图 9.1.9 基本虚拟器件库

②定额虚拟器件(RATED_VIRTUAL)：包含额定电容、电阻、电感、晶体管、电机、

继电器等，其“元器件”栏中内容如图 9. 1. 10 所示。

额定虚拟三五时基电路	555_TIMER_RATED
额定虚拟NPN晶体管	BJT_NPN_RATED
额定虚拟PNP晶体管	BJT_PNP_RATED
额定虚拟电解电容器	CAPACITOR_POL_RATED
额定虚拟电容器	CAPACITOR_RATED
额定虚拟二极管	DIODE_RATED
额定虚拟熔丝管	FUSE_RATED
额定虚拟电感器	INDUCTOR_RATED
额定虚拟蓝发光二极管	LED_BLUE_RATED
额定虚拟绿发光二极管	LED_GREEN_RATED
额定虚拟红发光二极管	LED_RED_RATED
额定虚拟黄发光二极管	LED_YELLOW_RATED
额定虚拟电动机	MOTOR_RATED
额定虚拟直流常闭继电器	NC_RELAY_RATED
额定虚拟直流常开继电器	NO_RELAY_RATED
额定虚拟直流双触点继电器	NONC_RELAY_RATED
额定虚拟运算放大器	OPAMP_RATED
额定虚拟普通发光二极管	PHOTO_DIODE_RATED
额定虚拟光电管	PHOTO_TRANSISTOR_RATED
额定虚拟电位器	POTENTIOMETER_RATED
额定虚拟下拉电阻	PULLUP_RATED
额定虚拟电阻	RESISTOR_RATED
额定虚拟带铁芯变压器	TRANSFORMER_CT_RATED
额定虚拟无铁芯变压器	TRANSFORMER_RATED
额定虚拟可变电容器	VARIABLE_CAPACITOR_RATED
额定虚拟可变电感器	VARIABLE_INDUCTOR_RATED

图 9. 1. 10 定额虚拟器件库

③电阻(RESISTOR)：该元器件栏中的电阻都是标称电阻，是根据真实电阻器元器件而设计的，其电阻值不能改变。

④排阻(RESISTOR PACK)：相当于多个电阻并列封装在一个壳内，它们具有相同的阻值。

⑤电位器(POTENTIOMETER)：即可调电阻，可以通过键盘字母动态调节电阻，大写表示增加电阻值，小写表示减小电阻值，调节增量可以设置。

⑥电容(CAPACITOR)：所有电容都是无极性的，不能改变参数，没有考虑误差，也未考虑耐压大小。

⑦电解电容器(CAP_ELECTROLIT)：所有电容都是有极性的，“+”极性端子需要接直流高电位。

⑧可变电容(VARIABLE_CAPACITOR)：电容量可在一定范围内调整，使用情况和电位器类似。

⑨电感(INDUCTOR)：使用情况和电容、电阻类似。

⑩可变电感(VARIABLE_INDUCTOR)：使用方法和电位器类似。

⑪开关(SWITCH)：包括电流控制开关、单刀双掷开关(SPDT)、单刀单掷开关(SPST)、时间延时开关(TD_SW1)、电压控制开关。

⑫变压器(TRANSFORMER)：包括线形变压器模型，变比 $N=V_1/V_2$，V_1 是一次线圈电压，V_2 是二次线圈电压，二次线圈中心抽头的电压是 V_2 的一半。这里的电压比不能直接改动，若要变动，则需要修改变压器的模型。使用时要求变压器的两端都接地。

⑬非线性变压器(NON_LINEAR - TRANSFORMER)：该变压器考虑了铁芯的饱和效应，可以构造初、次级线圈间损耗、漏感、铁芯尺寸大小等物理效应。

⑭复数(或 Z)负载(Z_LOAD)：包括一些阻抗负载，如 RLC 并联负载、RLC 串联负载等，可对其中的电感、电阻、电容等参数进行修改。

⑮继电器(RELAY)：继电器的触点开合是由加在线圈两端的电压大小决定的。

⑯连接器(CONNECTORS)：作为输入/输出插座，用以给输入和输出的信号提供连接方式，不会对仿真结果产生影响，主要为 PCB 设计使用。

⑰插座/管座(SOCKETS)：与连接器类似，为一些标准形状的插件提供位置，以方便 PCB 设计。

9.1.3 二极管库

单击"元器件"工具栏中的"放置二极管"按钮，Diodes 库的"系列"栏如图 9.1.11 所示。

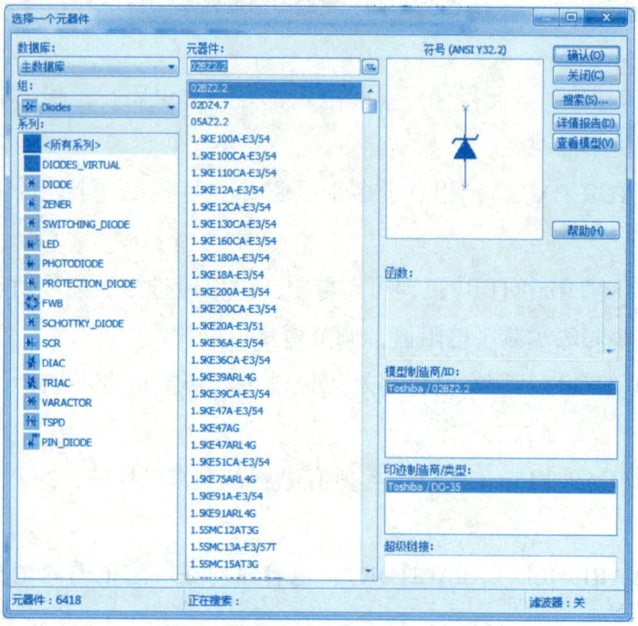

图 9.1.11 Diodes(二极管)库

①虚拟二极管(DIODES_VIRTUAL)：相当于理想二极管，其 SPICE 模型是典型值。

②二极管(DIODE)：包含众多产品型号。

③齐纳二极管(ZENER)：即稳压二极管，包括众多产品型号。

④发光二极管(LED)：含有 6 种不同颜色的发光二极管，当有正向电流流过时才可发光。

⑤全波桥式整流器(FWB)：相当于使用 4 个二极管对输入的交流进行整流，其中的 2、3 端子接交流电压，1、4 端子作为输出直流端。

⑥可控硅整流桥(SCR)：只有当正向电压超过正向转折电压，并且有正向脉冲电流流进栅极 G 时，SCR 才能导通。

⑦双向二极管开关(DTAC)：相当于两个肖特基二极管并联，是依赖于双向电压的双向开关。当电压超过开关电压时，才有电流流过二极管。

⑧三端开关可控硅开关(TRIAC)：相当于两个单相可控硅并联。

⑨变容二极管(VARACTOR)：相当于一个电压控制电容器。本身是一种在反偏时具有相当大结电压的 PN 结二极管，结电容的大小受反偏电压的大小控制。

9.1.4 晶体管库

单击“元器件”工具栏中的“放置晶体管”按钮 ⊀，Transistors 库的“系列”栏如图 9.1.12 所示。

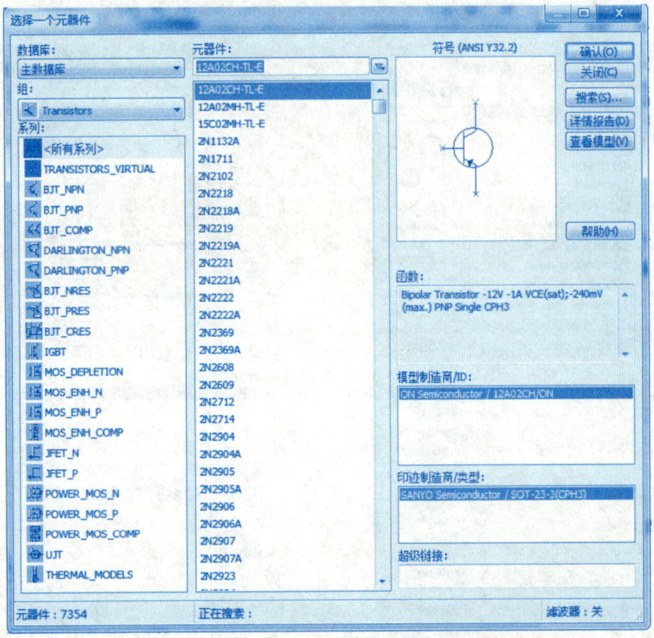

图 9.1.12 Transistors(晶体管)库

①虚拟晶体管(TRANSISTORS_VIRTUAL)：包括 BJT、MOSFET、JFET 等虚拟元器件。

②双极结型 NPN 晶体管(BJT_NPN)、双极结型 PNP 晶体管(BJT_PNP)、达林顿 NPN 管(DARLNIGTON_NPN)、达林顿 PNP 管(DARLNIGTON_PNP)。

③双极结型晶体管阵列(BJT_ARRAY)：是由若干个相互独立的晶体管组成的复合晶体管封装块。

④绝缘栅双极型晶体管(IGBT)：是一种 MOS 门控制的功率开关，具有较小的导通阻抗，其 C、E 极间能承受较高的电压和电流。

⑤N 沟道耗尽型金属-氧化物-半导体场效应管(MOS_3TDN)、N 沟道增强型金属-氧化物-半导体场效应管(MOS_3TEN)、P 沟道增强型金属-氧化物-半导体场效应管(MOS_3TEP)。

⑥N 沟道耗尽型结型场效应管(JFET_N)、P 沟道耗尽型结型场效应管(JFET_P)、N 沟道 MOS 功率管(POWER_MOS_N)、P 沟道 MOS 功率管(POWER_MOS_P)。

⑦UJT 管(UJT)：可编程单结型晶体管。

⑧温度模型(THERMAL_MODELS)：带有热模型的 NMOSFET。

9.1.5 模拟元器件库

单击“元器件”工具栏中的“放置模拟”按钮，Analog 库的“系列”栏如图 9.1.13 所示。

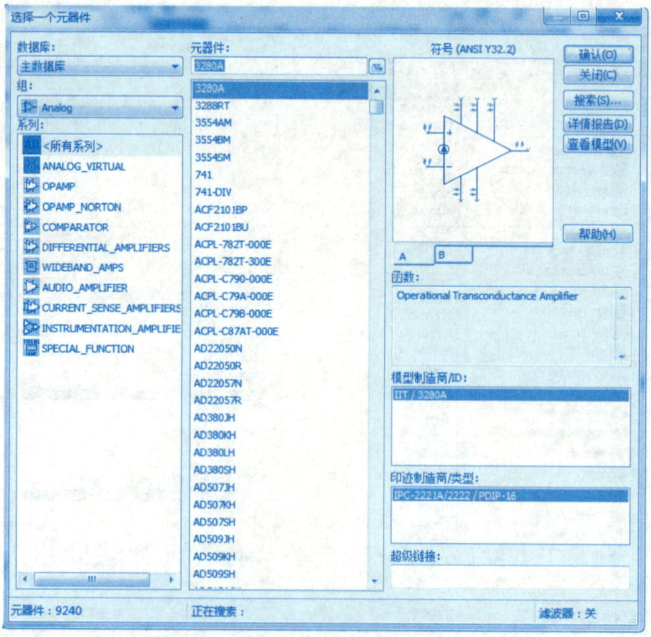

图 9.1.13 Analog(模拟集成电路)库

①模拟虚拟器件(ANALOG_VIRTUAL)：包括虚拟比较器、三端虚拟运放和五端虚拟运放。五端虚拟运放比三端虚拟运放多了正、负电源两个端子。

②运算放大器(OPAMP)：包括五端、七端和八端运放。

③诺顿运算放大器(OPAMP_NORTON)：电流差分放大器(CDA)，是一种基于电流的器件，其输出电压与输入电流成比例。

④比较器(COMPARATOR)：比较两个输入电压的大小和极性，并输出对应状态。

⑤宽带放大器(WIDEBAND_AMPS)：单位增益带宽可超过 10 MHz，典型值为 100 MHz，主要用于要求带宽较宽的场合，如视频放大电路等。

⑥特殊功能运算放大器(SPECIAL_FUNCTION)：主要包括测试运放、视频运放、乘法器/除法器、前置放大器和有源滤波器。

9.1.6　TTL 库

TTL 元器件库含有 74 系列的 TTL 数字集成逻辑器件，单击“元器件”工具栏中的“放置 TTL”按钮，TTL 库的“系列”栏如图 9.1.14 所示。

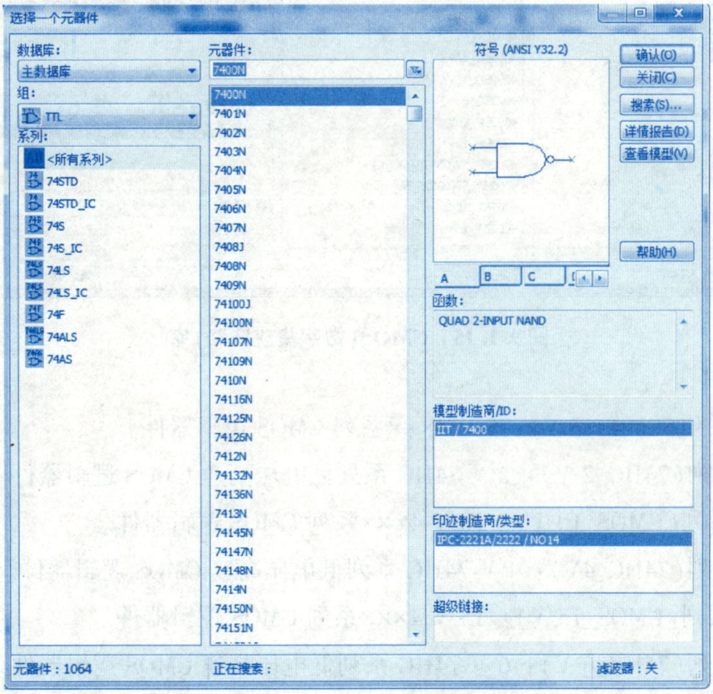

图 9.1.14　TTL(数字集成电路)库

①74STD 系列(74STD)：标准型集成电路，型号范围为 7400~7493。

②74LS 系列(74LS)：低功耗肖特基型集成电路，型号范围为 74LS00N~74LS93N。

9.1.7 CMOS 库

CMOS 元器件库含有 74HC 系列和 4×××系列的 CMOS 数字集成逻辑器件，单击“元器件”工具栏中的“放置 CMOS 库”按钮，CMOS 库的“系列”栏如图 9.1.15 所示。

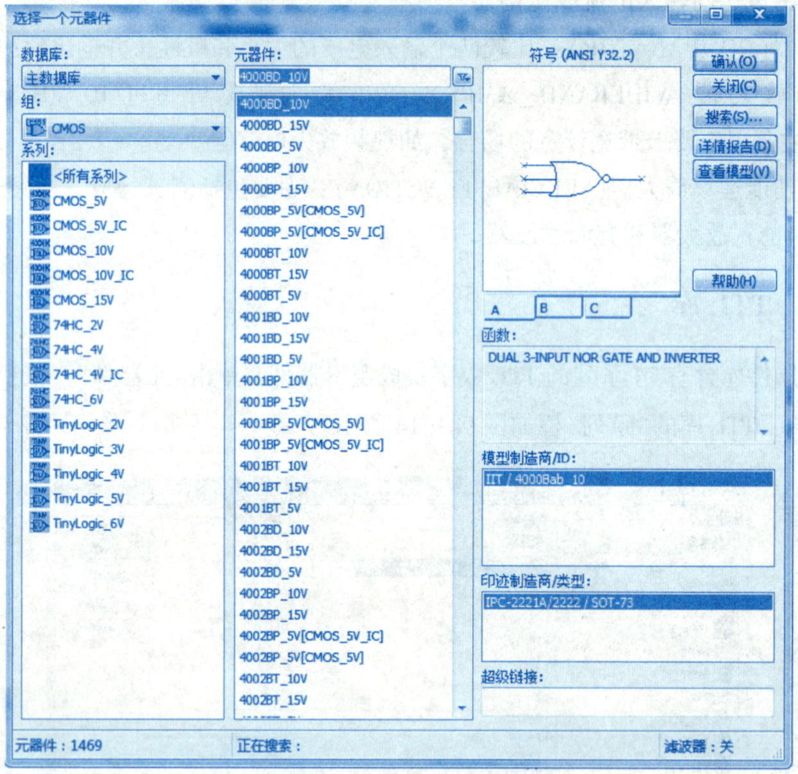

图 9.1.15 CMOS(数字集成电路)库

①CMOS 系列(CMOS_5 V)：5 V 4×××系列 CMOS 逻辑器件。

②74HC 系列(74HC_2 V)：2 V 74HC 系列低电压高速 CMOS 逻辑器件。

③CMOS 系列(CMOS_10 V)：10 V 4×××系列 CMOS 逻辑器件。

④74HC 系列(74HC_4V)：4 V 74HC 系列低电压高速 CMOS 逻辑器件。

⑤CMOS 系列(CMOS_15 V)：15 V 4×××系列 CMOS 逻辑器件。

⑥74HC 系列(74HC_6 V)：6 V 74HC 系列低电压高速 CMOS 逻辑器件。

9.1.8 其他数字元器件库

TTL 和 CMOS 元器件库中的元器件都是按元器件的序号排列的，有时用户仅知道元器件的功能，而不知道具有该功能的元器件型号，就会给电路设计带来许多不便。而其他数字元器件库中的元器件则是按元器件功能进行分类排列的。

单击“元器件”工具栏中的“放置其他数字”按钮，Misc Digital 库的“系列”栏如图 9.16 所示。

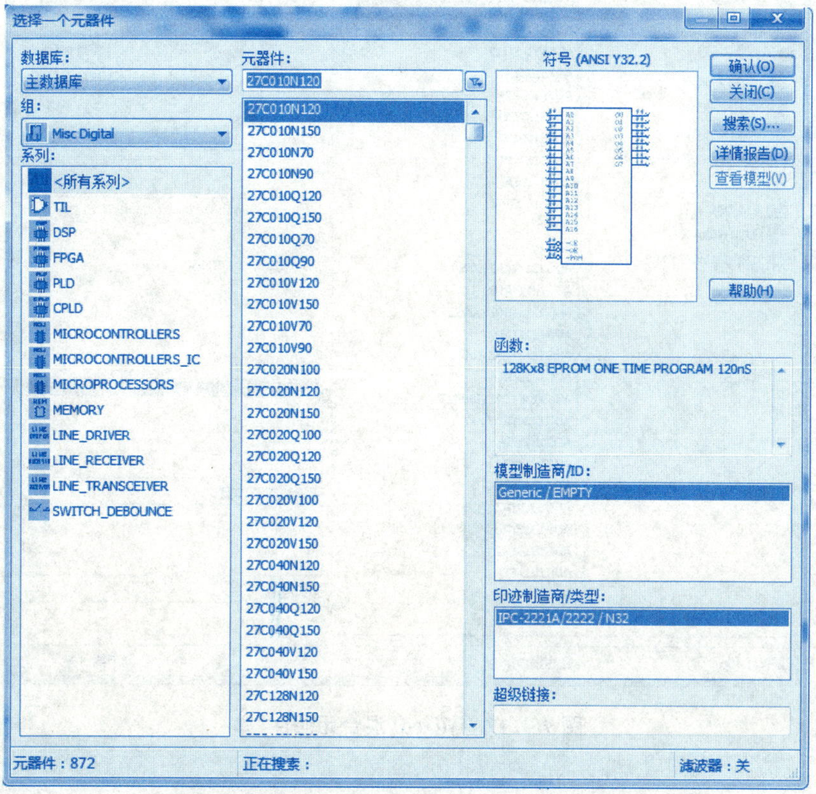

图 9.1.16　Misc Digital（其他数字元器件）库

①TTL 系列（TTL）：包括与门、非门、异或门、同或门、RAM、三态门等。

②VHDL 系列（VHDL）：存储用 VHDL 语言编写的若干常用的数字逻辑器件。

③VERTLOG_HDL 系列（VERTLOG_HDL）：存储用 VERILOG_HDL 语言编写的若干常用的数字逻辑器件。

事实上，这是用 VHDL、Verilog_HDL 等高级语言编辑其模型的元器件。

9.1.9　混合元器件库

单击“元器件”工具栏中的“放置混合”按钮，Mixed 库的“系列”栏如图 9.1.17 所示。

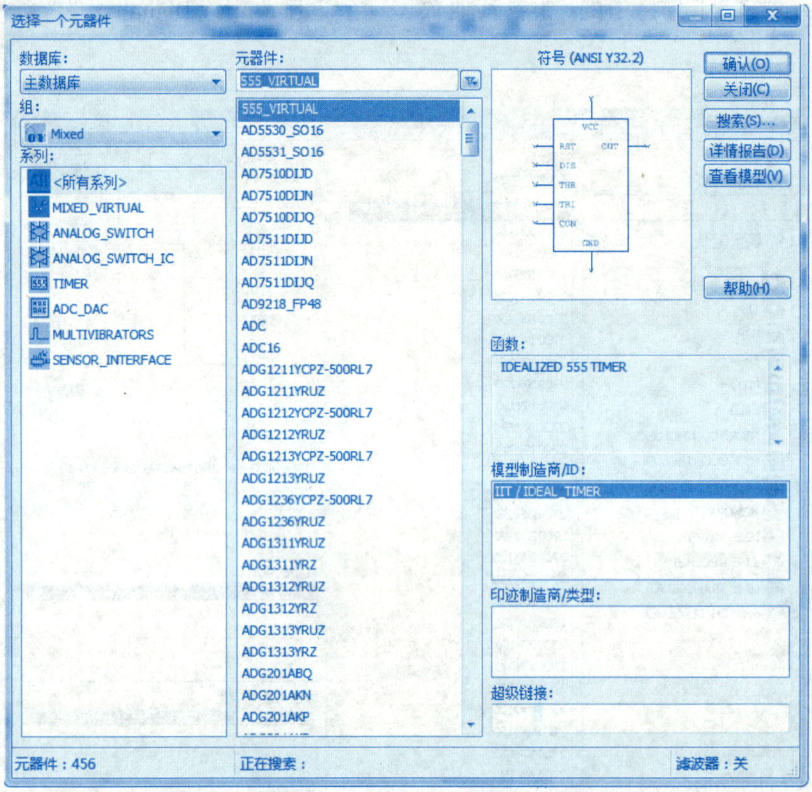

图 9.1.17　Mixed(混合元器件)库

①虚拟混合器件(MIXED_VIRTUAL)：包括 555 定时器、单稳态触发器、模拟开关、锁相环。

②定时器(TIMER)：包括 7 种不同型号的 555 定时器。

③模数-数模转换器(ADC_DAC)：包括一个 A-D 转换器和两个 D-A 转换器，其量化精度都是 8 位，都是虚拟元器件，只能作仿真用，没有封装信息。

④模拟开关(ANALOG_SWITCH)：也称电子开关，其功能是通过控制信号控制开关的通断。

9.1.10　指示器元器件库

指示器元器件库包含可用来显示仿真结果的显示器件。对于指示器元器件库中的元器件，软件不允许从模型上进行修改，只能在其属性对话框中对某些参数进行设置。单击“元器件”工具栏中的“放置指示器”按钮 ▣，Indicator 库的“系列” 栏如图 9.1.18 所示。

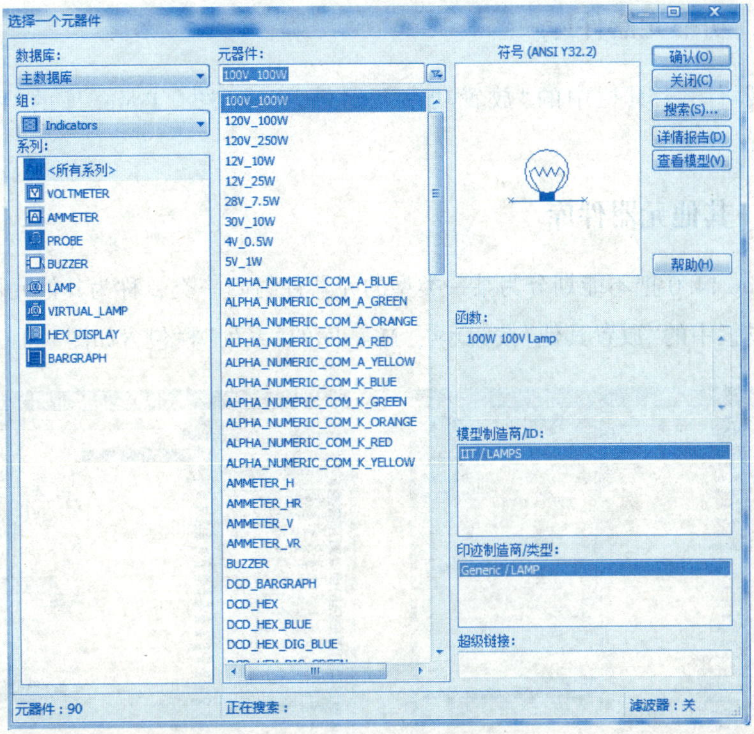

图 9.1.18 Indicator(指示器元器件)库

①电压表(VOLTMETER)：可测量交、直流电压。

②电流表(AMMETER)：可测量交、直流电流。

③探测器(PROBE)：相当于一个 LED，仅有一个端子，使用时将其与电路中某点连接，当该点达到高电平时，探测器发光。

④蜂鸣器(BUZZER)：该器件是用计算机自带的扬声器模拟理想的压电蜂鸣器，当加在端口上的电压超过设定电压值时，该蜂鸣器将按设定的频率响应。

⑤灯泡(LAMP)：工作电压和功率不可设置，直流时该灯泡将发出稳定的光，交流时该灯泡将闪烁发光。

⑥虚拟灯(VIRTUAL_LAMP)：相当于一个电阻器元器件，其工作电压和功率可调节，其余与现实灯泡原理相同。

⑦十六进制-显示器(HEX_DISPLAY)：包括 3 个元器件，其中 DCD_HEX 是带译码的 7 段数码显示器，有 4 条引线，从左到右分别对应 4 位二进制的最高位和最低位。其余两个是不带译码的 7 段数码显示器，显示十六进制时需要加译码电路。

⑧条柱显示(BARGRAPH)：相当于 10 个 LED 同向排列，左侧是阳极，右侧是阴极。

9.1.11 功率元器件库

单击“元器件”工具栏中的“放置功率元器件”按钮，Power 库的“系列”栏如图 9.1.19 所示。

9.1.12 其他元器件库

NI Multisim 14.0 把不能划分为某一类型的元器件另归一类，称为其他元器件库。单击“元器件”工具栏中的“放置其他”按钮，Misc 库的“系列”栏包含如图 9.1.20 所示。

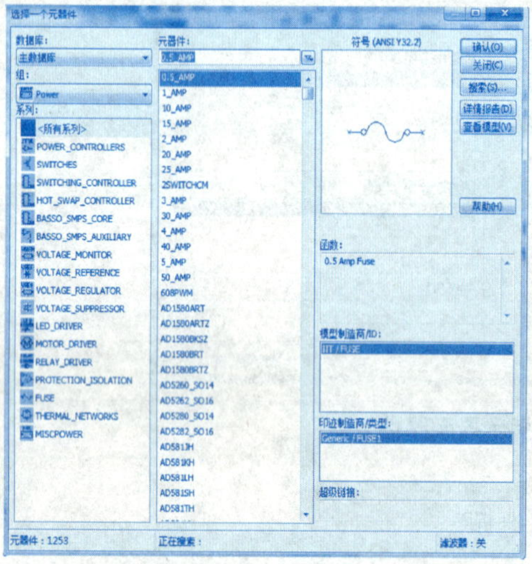

图 9.1.19 Power(功率元器件)库

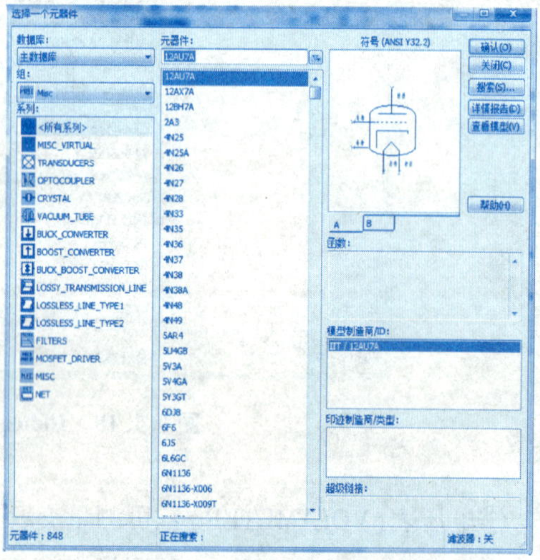

图 9.1.20 Misc(其他元器件)库

9.1.13 射频元器件库

当电路工作于射频状态时，由于电路的工作频率很高，将导致元器件模型的参数发生很多变化，低频下的模型将不能适用于射频工作状态，因而 NI Multisim 14.0 提供了专门适合射频电路的元器件模型。

单击“元器件”工具栏中的“放置 RF”按钮，RF 库的“系列”栏包如图 9.1.21 所示，其包括射频电容(RF_CAPACITOR)、射频电感(RF_INDUCTOR)、射频双极结型 NPN 管(RF_BJT_NPN)、射频双极结型 PNP 管(RF_BJT_PNP)、射频 N 沟道耗尽型 MOS 管(RF_MOS_3TDN)、隧道二极管(TUNNET_DIODE)、带(状)线(SATRIP_LINE)和铁氧体磁环(FERRITE_BEADS)。

9.1.14 虚拟仪器元器件库

单击“元器件”工具栏中的“放置 NI 元器件”按钮，NI_Components 库的“系列”栏如

图 9.1.22 所示。

图 9.1.21　RF(射频元器件)库

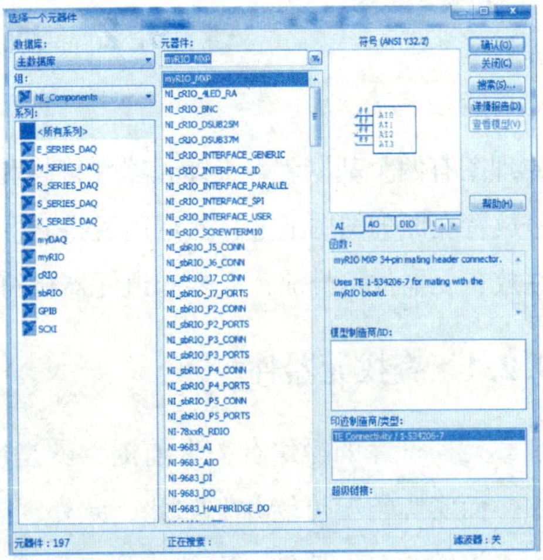

图 9.1.22　NI_Components(虚拟仪器元器件)库

9.1.15　单片机类元器件库

单击“元器件”工具栏中的“放置 MCU”按钮，MCU 库的“系列”栏如图 9.1.23 所示。

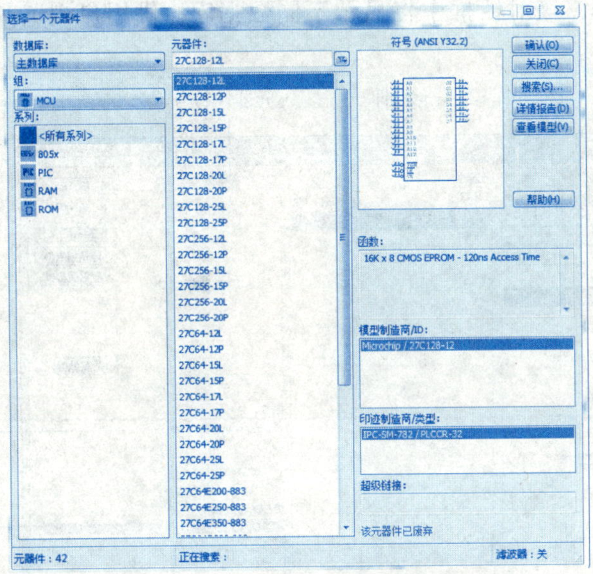

图 9.1.23　MCU(单片机类元器件)库

9.2 放置元器件

原理图有两个基本要素，即元器件符号和线路连接。绘制原理图的主要操作就是将元器件符号放置在原理图图纸上，然后用线将元器件符号中的引脚连接起来，建立正确的电气连接。在放置元器件符号前，需要知道元器件符号在哪一个元器件库中，并载入该元器件库。

9.2.1 查找元器件

加载元器件库的操作有一个前提，就是用户已经知道了需要的元器件符号在哪个元器件库中，而实际情况可能并非如此。此外，当用户面对的是一个庞大的元器件库时，逐个寻找列表中的所有元器件，直到找到自己想要的元器件为止，会是一件非常麻烦的事情，而且工作效率会很低。NI Multisim 14.0 提供了强大的元器件搜索能力，可以帮助用户轻松地在元器件库中定位元器件。

9.2.1.1 浏览元器件

在“元器件”工具栏上单击任何一类元器件按钮或按快捷键<Ctrl>+<W>，会弹出“选择一个元器件”对话框，该对话框中将显示不同数据库，供用户浏览其中的元器件，如图 9.2.1 所示。

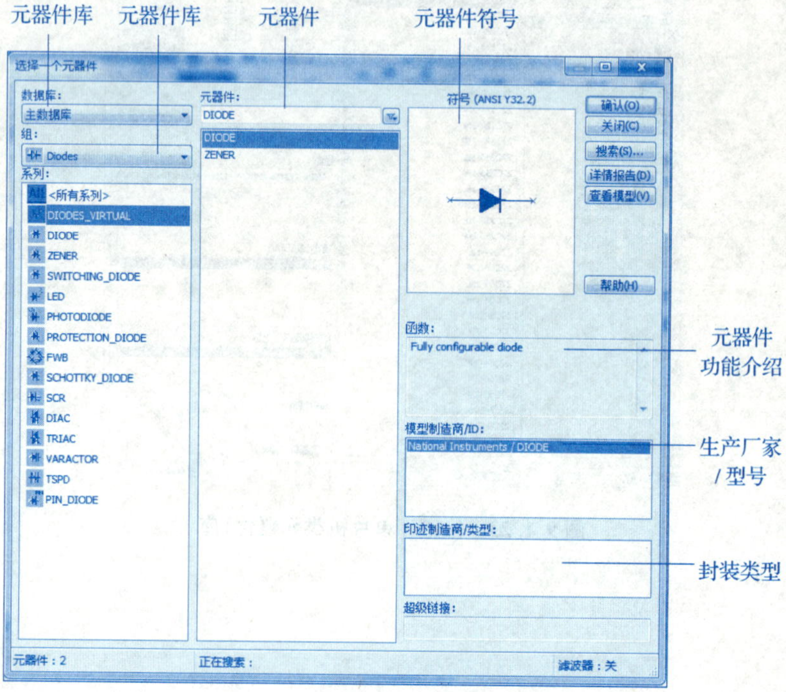

图 9.2.1 “选择一个元器件”对话框

在默认情况下，只有“主数据库”中包含元器件，因此“数据库”下拉列表中默认选择“主数据库”；在“组”下拉列表中选择元器件组；在“系列”下拉列表中选择相应的系列。这时，在元器件区弹出该系列所对应的元器件列表，选择一种元器件，在功能区将出现该元器件的信息。

9.2.1.2 搜索元器件

当对元器件的分类信息已经有了一定的了解时，NI Multisim 14.0 还提供了强大的搜索功能帮助用户快速找到所需要的元器件。

在“选择一个元器件”对话框中，单击“搜索”按钮，会弹出“元器件搜索”对话框，如图 9.2.2 所示。在该对话框中用户可以搜索需要的元器件。

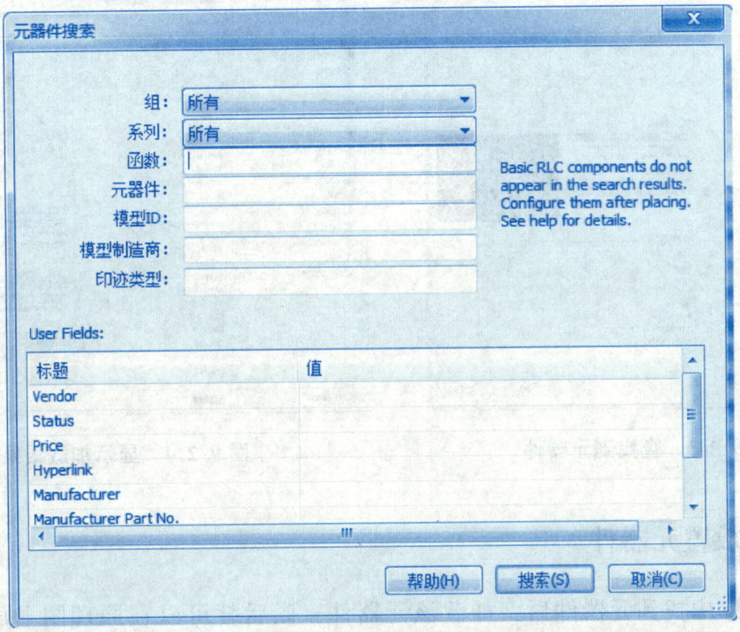

图 9.2.2 “搜索库”对话框

①“组”“系列”下拉列表框：用于选择查找元器件所在的组与系列，系统会在选择的元器件类别中查找。

②“函数”文本框：输入需要查找的函数关键词。

③“元器件”文本框：输入需要查找的元器件关键词。

④“模型 ID”文本框：输入需要查找的元器件对应的模型关键词。

⑤“模型制造商”文本框：输入需要查找的元器件对应的模型制造商关键词。

⑥“印迹类型”文本框：输入需要查找的元器件对应的印迹类型关键词。

设置的关键词越多，查找越精确。在该选项的文本框中，可以输入一些与查询内容有关的过滤语句表达式，有助于系统进行更快捷、更准确的查找。比如，在文本框中输入

"1N4148"，单击"搜索"按钮后，系统便开始搜索。

9.2.1.3 显示找到的元器件及其所属元器件库

执行上述操作，查找到元器件"1N4148"后的"搜索结果"对话框如图 9.2.3 所示。可以看到，符合搜索条件的元器件名、描述、所属库文件及封装形式在该面板上被一一列出，供用户浏览参考。

9.2.1.4 加载找到元器件的所属元器件库

单击"确认"按钮，则元器件所在的库文件被加载，如图 9.2.4 所示。

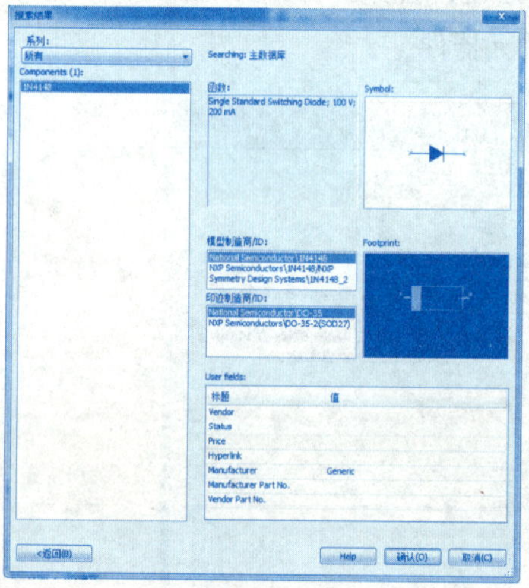

图 9.2.3 查找到元器件

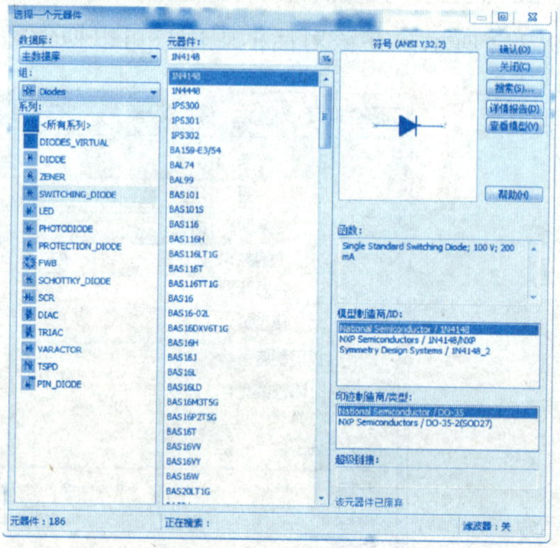

图 9.2.4 显示加载结果

9.2.2 放置元器件

在元器件库中找到元器件后，加载该元器件，以后就可以在原理图上放置该元器件了。在 NI Multisim 14.0 中，元器件放置是通过"选择一个元器件"对话框来完成的。下面以放置元器件"1N4148"为例，对元器件放置过程进行详细说明。

在放置元器件之前，应该先选择所需要的元器件，并且确认所需要的元器件所在的库文件已经被装载。若没有装载库文件，则请先按照前面介绍的方法进行装载，否则系统会提示所需要的元器件不存在。

①打开"选择一个元器件"对话框，选择所需要放置元器件所属的库文件。在这里，需要的元器件"1N4148"在"主数据库"→"Diodes"→"SWITCHING_DIODE" 系列下，打开这个元器件库，在元器件列表中输入"1N4148"，将会在列表栏中显示该元器件。

②在浏览器中选中所需要放置的元器件，该元器件将以高亮显示，此时可以放置该元器件的符号。由于元器件库中的元器件很多，因此为了快速定位元器件，可以在上面的文本框中输入所要放置元器件的名称或元器件名称的一部分，包含输入内容的元器件会以列表的形

式出现在浏览器中。这里所需要放置的元器件为 1N4148，因此输入“ * 4148 * ” 字样。

③选中元器件后，在对话框中将显示元器件符号和元器件模型的预览。确定该元器件是所需要放置的元器件后，单击“确认”按钮或双击该元器件，光标将变成十字形状并附带着元器件 1N4148 的符号出现在工作窗口中，如图 9. 2. 5 所示。

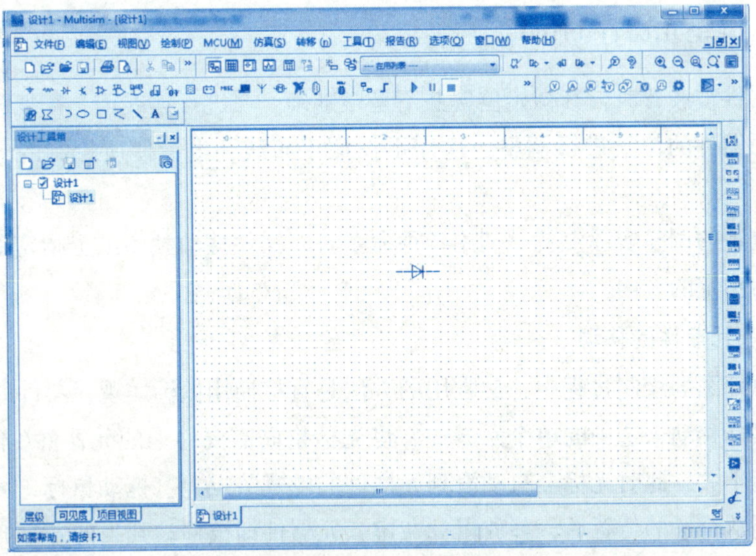

图 9. 2. 5 放置元器件

④移动光标到合适的位置后单击，元器件将被放置在光标停留的位置。此时，完成元器件放置。

若仍须放置同类元器件，则需要进行参数设置。选择菜单栏中的“选项”→“全局偏好”命令，弹出“全局偏好”对话框，打开“元器件”选项卡，在“元器件布局模式”选项组下勾选“持续布局”单选钮，如图 9. 2. 6 所示。即完成单个元器件放置后，系统仍处于放置元器件的状态，可以继续放置该元器件。在完成选中元器件的放置后，右击或者按<Esc>键退出元器件放置的状态，结束元器件的放置。

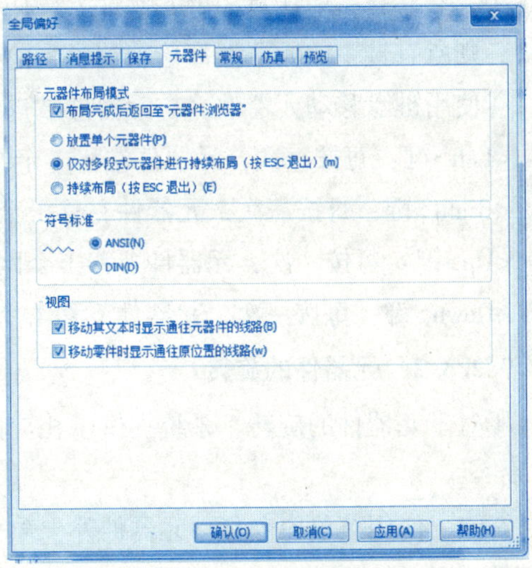

图 9. 2. 6 设置元器件放置

⑤完成多个元器件的放置后，可以对元器件的位置进行调整，设置这些元器件的属性。重复上述步骤，可以放置其他元器件。

删除多余的元器件有以下两种方法。

①选中元器件，按<Delete>键即可删除该元器件。

②选中元器件，选择菜单栏中的“编辑”→“删除”命令，或者按<E>+<D>键进入删除操作状态，将光标移至要删除元器件的中心，单击即可删除该元器件。

9.2.3 调整元器件的位置

每个元器件被放置时，其初始位置并不是很准确。在进行连线前，需要根据原理图的整体布局对元器件的位置进行调整。这样不仅便于布线，也会使所绘制的电路原理图清晰、美观。

元器件位置的调整实际上就是利用各种命令将元器件移动到图纸上指定的位置，并将元器件旋转为指定的方向。

9.2.3.1 元器件的移动

在实际原理图的绘制过程中，最常用的方法是直接使用鼠标实现元器件的移动。

①使用鼠标移动未选中的单个元器件。将光标指向需要移动的元器件(不需要选中)，按住鼠标左键不放，此时光标会自动滑到元器件的电气节点上。拖动鼠标，元器件会随之一起移动。到达合适的位置后，释放鼠标左键，元器件即被移动到当前光标的位置。

②使用鼠标移动已选中的单个元器件。若需要移动的元器件已经处于选中状态，则将光标指向该元器件，同时按住鼠标左键不放，拖动元器件到指定位置后释放鼠标左键，元器件即被移动到当前光标的位置。

③使用鼠标移动多个元器件。需要同时移动多个元器件时，应先将要移动的元器件全部选中，然后在其中任意一个元器件上按住鼠标左键并拖动，到达合适的位置后释放鼠标左键，则所有选中的元器件都移动到了当前光标所在的位置。

④使用键盘移动元器件。在元器件被选中的状态下，可以使用键盘来移动元器件。

<Left>键：每按一次，元器件左移 1 个网格单元。

<Right>键：每按一次，元器件右移 1 个网格单元。

<Up>键：每按一次，元器件上移 1 个网格单元。

<Down>键：每按一次，元器件下移 1 个网格单元。

9.2.3.2 元器件的旋转

①对于元器件的旋转，系统提供了相应的菜单命令。可选择菜单栏中的“编辑”→“方向”命令。

②除了使用菜单命令移动元器件外，单击右键弹出快捷菜单，同样包括水平翻转、垂直翻转、顺时针旋转 90°、逆时针旋转 90°。

③单击要旋转的元器件并按住鼠标左键不放，按下面的功能键，即可实现旋转。旋转至合适的位置后放开鼠标左键，即可完成元器件的旋转。

<Alt>+<X>键：被选中的元器件上下对调。

<Alt>+<Y>键：被选中的元器件左右对调。

<Ctrl>+<R>键：每按一次，被选中的元器件顺时针旋转 90°。

<Ctrl>+<Shift>+<R>键：每按一次，被选中的元器件逆时针旋转 90°。

在 NI Multisim 14. 0 中，还可以将多个元器件同时旋转，其方法是：先选定要旋转的元器件，然后单击其中任何一个元器件并按住鼠标左键不放，再按功能键，即可将选定的元器件旋转，放开鼠标左键完成操作。

9. 2. 3. 3　元器件的对齐

在布置元器件时，为使电路图美观以及连线方便，应将元器件摆放整齐、清晰，这就需要使用 NI Multisim 14. 0 中的对齐功能。

选择菜单栏中的“编辑”→“对齐”命令，其子菜单如图 9. 2. 7 所示。其中各命令的说明如下。

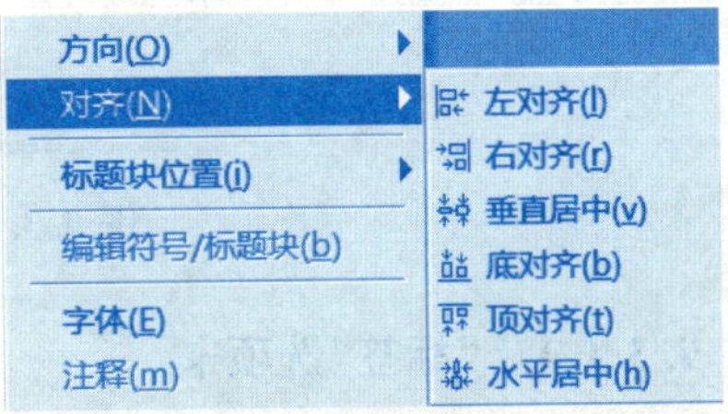

图 9. 2. 7　对齐设置

①“左对齐”命令：将选定的元器件向左边的元器件对齐。

②“右对齐”命令：将选定的元器件向右边的元器件对齐。

③“垂直居中”命令：将选定的元器件向最上面元器件和最下面元器件的中间位置对齐。

④“底对齐”命令：将选定的元器件向最下面的元器件对齐。

⑤“顶对齐”命令：将选定的元器件向最上面的元器件对齐。

⑥“水平居中”命令：将选定的元器件向最左边元器件和最右边元器件之间等间距对齐。

9.3　属 性 编 辑

在原理图上放置的所有元器件都具有自身的特定属性，在放置好每一个元器件后，应该对其属性进行正确的编辑和设置，以避免后面的网络表生成及 PCB 制作时产生错误。

通过对元器件的属性进行设置，一方面可以确定后面生成的网络表的部分内容，另一方面也可以设置元器件在图纸上的摆放效果。此外，在 NI Multisim 14. 0 中还可以设置元器件的所有引脚。

9. 3. 1　元器件属性设置

双击原理图中的元器件，或者选择菜单栏中的“编辑”→“属性”命令，或者按<Ctrl>+

<M>键，系统会弹出相应的属性设置对话框，如图 9. 3. 1 所示。

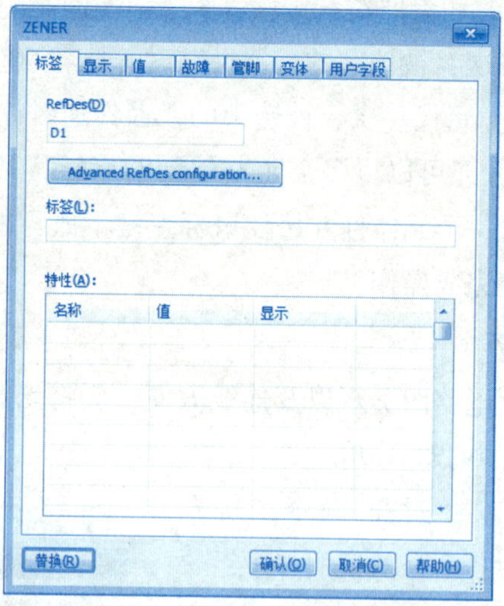

图 9. 3. 1　元器件属性设置对话框

9. 3. 1. 1　"标签"选项卡

该选项卡用于设置元器件的标志和编号。编号是由系统自动分配的，必要时可以修改，但必须保证编号的唯一性。

①单击按钮 Advanced RefDes configuration... ，弹出"重命名元器件位号"对话框，如图 9. 3. 2 所示，在该对话框中设置元器件的编号。

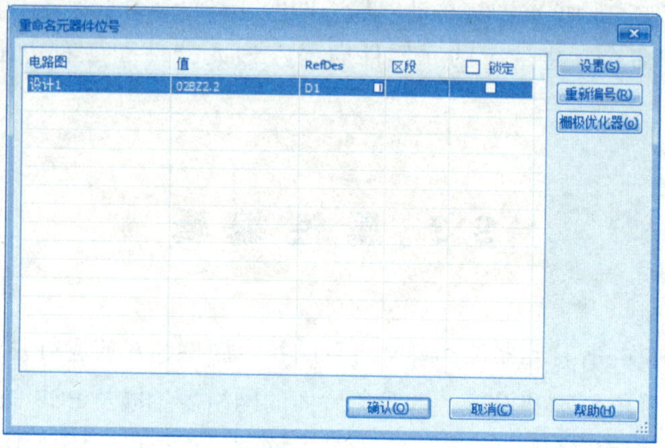

图 9. 3. 2　"重命名元器件位号" 对话框

②单击"替换"按钮，弹出"选择一个元器件"对话框，在该对话框中选择更换该元器件的对象。

9. 3. 1. 2　"显示"选项卡

该选项卡用于设置标识、编号的显示方式。它的设置与"电路图的属性"对话框的设置有关。

9.3.1.3　“值”选项卡

该选项卡显示该元器件的 Source location（库位置）、值（元器件名称）、印迹、制造商、函数、超级链接，如图 9.3.3 所示。

①单击“在数据库中编辑元器件”按钮，弹出如图 9.3.4 所示的“元器件属性”对话框，在“符号”选项卡中对元器件进行编辑。

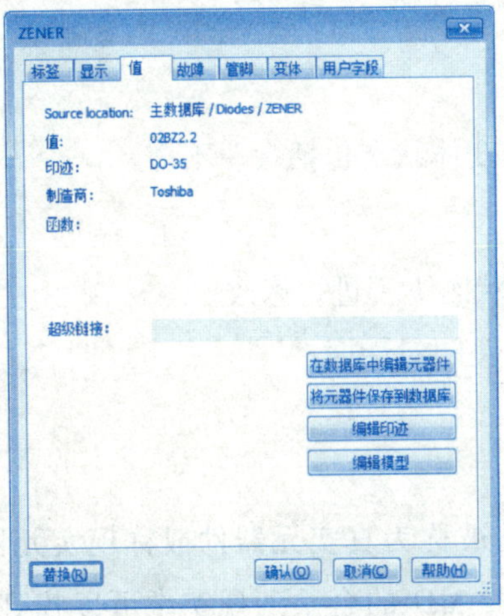

图 9.3.3　“值”选项卡

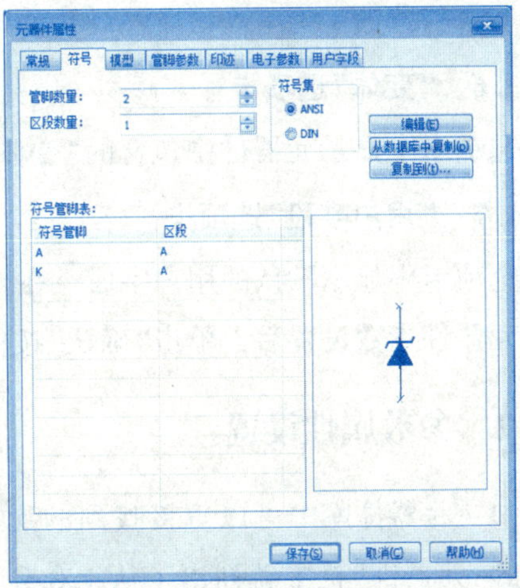

图 9.3.4　“元器件属性”对话框

②单击“编辑印迹”按钮，弹出“编辑印迹”对话框，对该元器件的印迹进行编辑，同时可以修改符号引脚与封装引脚，如图 9.3.5 所示。

③单击“编辑模型”按钮，弹出“编辑模型”对话框，在“模型”列表显示该元器件的模型参数，并可以进行修改，如图 9.3.6 所示。单击“重置为默认值(d)”按钮，重置修改结果。

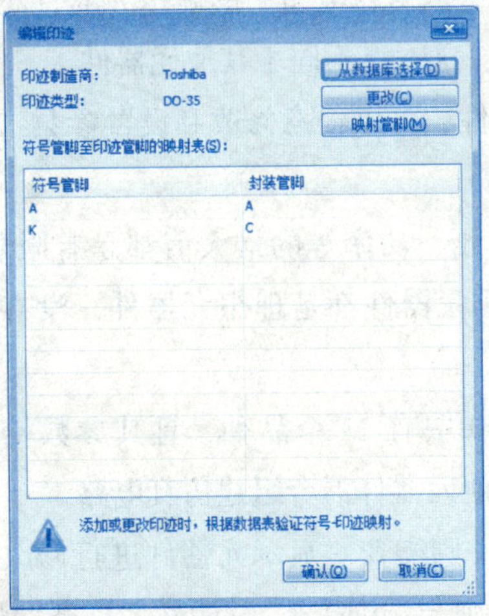

图 9.3.5　“编辑印迹”对话框

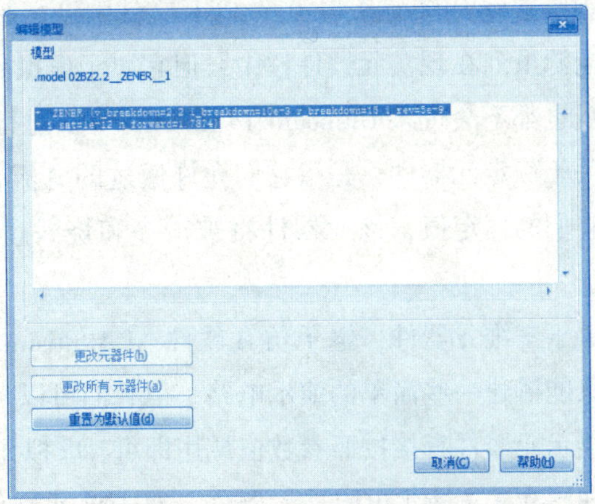

图 9.3.6　“编辑模型”对话框

9.3.1.4 “故障”选项卡

该选项卡可供人为设置元器件的隐含故障，经过该选项卡的设置，为电路的故障分析提供了方便。

故障的设置方法有4种：无、打开、短、泄漏。

9.3.1.5 “管脚”选项卡

该选项卡中显示元器件所有引脚的名称、类型、网络、ERC状态、NC，可根据需要对引脚参数进行修改。

9.3.1.6 “变体”选项卡

在该选项卡中显示元器件中包含的“变体”，变体状态包括含、不含。

9.3.1.7 “用户字段”选项卡

在该选项卡中显示默认的用户字段，在默认状态下不进行修改。

完成元器件参数设置后，单击“确认”按钮，关闭对话框。

9.3.2 参数属性设置

现实中在元器件库中可以直接找到的元器件被称为真实元器件或称现实元器件。例如，电阻的“元器件”栏中就列出了从1.0 Ω到22 MΩ的全系列现实中可以找到的电阻。现实电阻只能调用，不能修改它们的参数(极个别可以修改，如晶体管的β值)。凡仿真电路中的真实元器件，都可以自动链接到NI公司推出的配套PCB设计软件Ultiboard 14.0中进行制版。

相对应地，现实中不存在的元器件被称为虚拟元器件，也可以理解为它们是元器件参数可以任意修改和设置的元器件。例如，要一个1.01 Ω电阻、2.3 μF电容等不规范的特殊元器件，就可以选择虚拟元器件通过设置参数达到；但仿真电路中的虚拟元器件不能链接到制版软件Ultiboard 14.0的PCB文件中进行制版，这一点不同于其他元器件。

电源虽列在现实元器件栏中，但它属于虚拟元器件，可以任意修改和设置参数；电源和地线也都不会进入Ultiboard 14的PCB界面进行制版。

关于额定元器件，是指它们允许通过的电流、电压、功率等的最大值都是有限制的，超过它们的额定值，该元器件将被击穿和烧毁。其他元器件都是理想元器件，没有定额限制。

关于三维元器件，电子仿真软件NI Multisim 14.0中有23个品种，且其参数不能修改，只能搭建一些简单的演示电路，但它们可以与其他元器件混合组建仿真电路。

显示元器件直接按照参数值调用即可，虚拟元器件则需要对显示元器件进行修改，可选择如图9.3.7所示电阻器元器件，双击该元器件，弹出“电阻器”对话框，打开“值”选项卡，如图9.3.8所示。

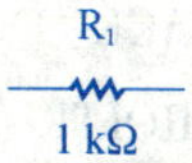

图 9.3.7　电阻器元器件

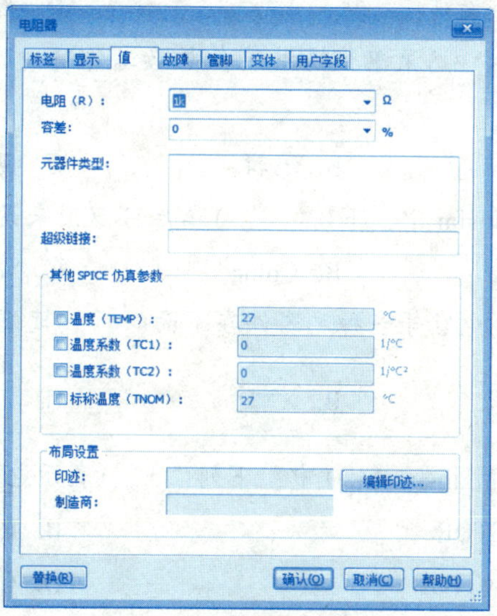

图 9.3.8　电阻器“值”选项卡

在该选项卡下显示的电阻、容差等参数值可进行修改。修改前，该元器件为现实元器件，修改后，该元器件变为虚拟元器件。其中，修改的结果不同于元器件库中可以查找到的参数值，否则，直接选取相应参数值的电阻器即可。

课后习题

一、选择题

1. Multisim 提供了(　　)类型的仿真功能。

A. 机械仿真　　B. 电路仿真

C. 化学反应仿真　　D. 生物模拟仿真

2. Multisim 可以导出设计的电路是(　　)。

A. 文本文件格式　　B. 图像文件格式

C. PDF 文件格式　　D. PCB 设计文件格式

3. Multisim 提供了(　　)辅助工具来帮助学习电子设计和电路仿真。

A. 音频编辑器　　B. 反应堆设计工具

C. 示波器　　D. 文字处理工具

4. 在 Multisim 中，下列(　　)组件代表电阻。

A. 电池　　B. 灯泡　　C. 电源　　D. 电容器

5. 在 Multisim 中，下列(　　)按钮可以创建一个新的电路图。

A. 文件→新建　　B. 编辑→新建

C. 视图→新建　　　　　　　　　D. 绘制→新建

6. 下列(　　)菜单栏提供了在电路工作窗口内放置元器件、连接器、总线和文字等命令。

A. 文件　　　　B. 编辑　　　　C. 视图　　　　D. 绘制

7. 在 Multisim 中，下列(　　)属性可以用来设置电路的背景颜色。

A. Grid　　　　B. Color　　　　C. Scale　　　　D. Voltage

8. 电阻、电容等多种元器件在下面(　　)元器件库。

A. 　　B. 　　C. 　　D. 

9. 在 NI Multisim 14.0 中，下列(　　)表示电容。

A. RESISTOR　　　　　　　　B. RESISTOR PACK

C. CAPACITOR　　　　　　　D. CAP_ELECTROLIT

10. 要改变某个元件的参数大小，双击该元件后，应该选择其属性对话框中的(　　)。

A. 标签　　　　B. 显示　　　　C. 值　　　　D. 管脚

二、简答题

1. NI Multisim 14.0 仿真软件在电路设计中的作用是什么？它有哪些特点？

2. NI Multisim 14.0 仿真软件能提供多少种仿真仪表？

3. 如何设置原理图的背景颜色、导线颜色、元件颜色及文本颜色？

4. 如何根据元件的细节报告选取适合的元件？

5. 对电路图进行放大有哪些方法？

三、操作题

1. 在 NI Multisim 14.0 中创建如图 9.1 所示的两个电路图，并加上电压表或电流表测量各支路电路中的电压或电流，以验证基尔霍夫定律。

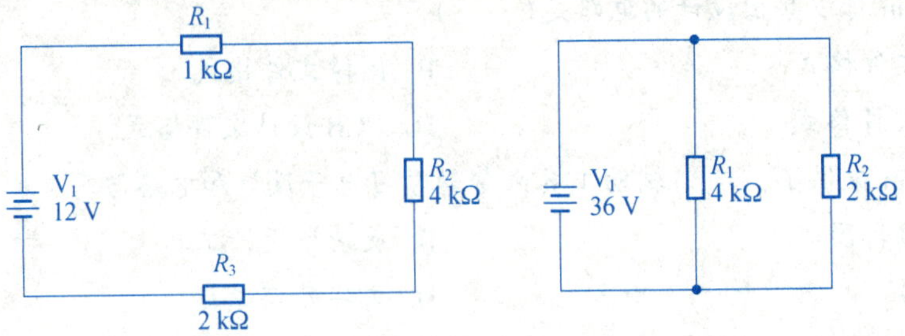

图 9.1　待验证的两个电路图

2. 试在 NI Multisim 14.0 中创建如图 9.2 所示的单管共射极放大电路，并对其进行动态和静态仿真。

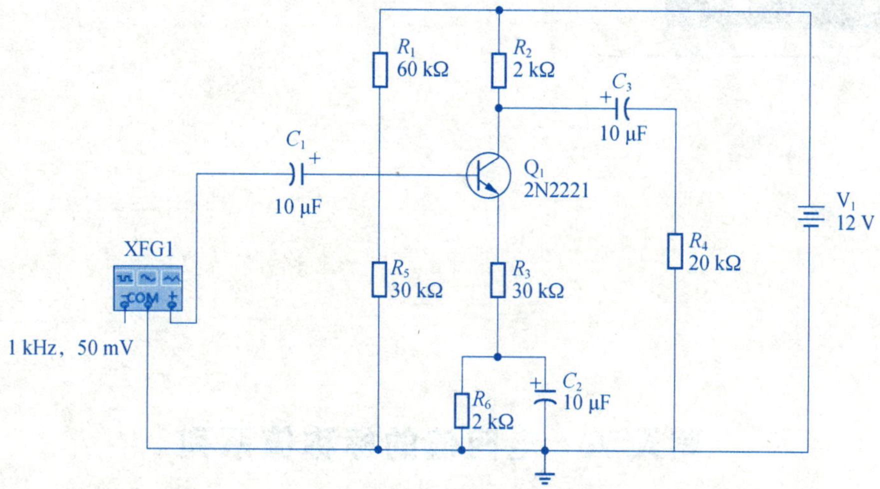

图 9.2　三极管共射极放大电路

3. 试在 NI Multisim 14.0 中创建如图 9.3 所示的三人表决电路，并验证其表决过程。

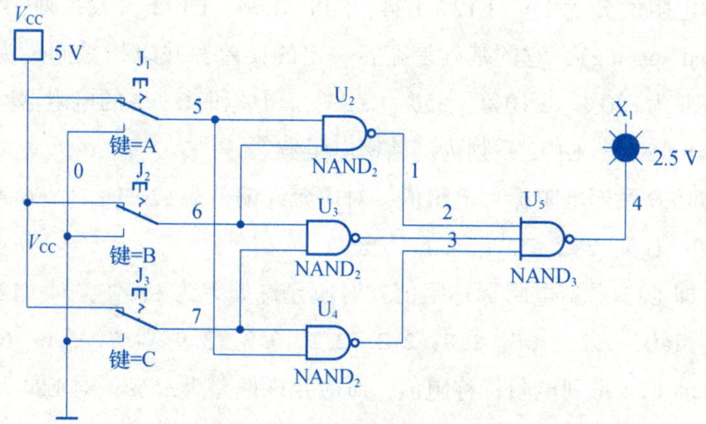

图 9.3　三人表决电路

附　录

附录A　电阻值的标称值系列

为了使工厂生产的电阻符合标准化的要求，同时也为了使电阻的规格不致太多，国家有关部门规定了一系列的阻值作为产品的标准，这一系列的阻值就叫作电阻的标称电阻值。电阻的标称电阻值分为E6、E12、E24、E48、E96、E192六大系列，“E”表示“指数间距”(exponential spacing)，它的基础是宽容一定的误差，并以指数间距为标准规格，分别适用于允许偏差为±20%、±10%、±5%、±2%、±1%和±0.5%的电阻器。其中E24系列为常用数系，E48、E96、E192系列为高精密电阻数系。

E6数系，即E6系列电阻标称电阻值，对应允许偏差为±20%，对E6系列的电阻规定6个基本数：1.0、1.5、2.2、3.3、4.7、6.8。

E12数系，即E12系列电阻标称阻值，对应允许偏差为±10%，对E12系列的电阻规定12个基本数：1.0、1.2、1.5、1.8、2.2、2.7、3.3、3.9、4.7、5.6、6.8、8.2。

E24数系，即E24系列电阻标称阻值，对应允许偏差为±5%，对E24系列的电阻规定24个基本数：1.0、1.1、1.2、1.3、1.5、1.6、1.8、2.0、2.2、2.4、2.7、3.0、3.3、3.6、3.9、4.3、4.7、5.1、5.6、6.2、6.8、7.5、8.2、9.1。

E48数系，即E48系列电阻标称阻值，对应允许偏差为±2%，对E48系列的电阻规定48个基本数：1.00、1.05、1.10、1.15、1.21、1.27、1.33、1.40、1.47、1.54、1.62、1.69、1.78、1.87、1.96、2.05、2.15、2.26、2.37、2.49、2.61、2.74、2.87、3.01、3.16、3.32、3.48、3.65、3.83、4.02、4.22、4.42、4.64、4.87、5.11、5.36、5.62、5.90、6.19、6.49、6.81、7.15、7.50、7.87、8.25、8.66、9.09、9.53。

E96数系，即E96系列电阻标称阻值，对应允许偏差为±1%，对E96系列的电阻规定96个基本数：1.00、1.02、1.05、1.07、1.10、1.13、1.15、1.18、1.21、1.24、1.27、

1.30、1.33、1.37、1.40、1.43、1.47、1.50、1.54、1.58、1.62、1.65、1.69、1.74、1.78、1.82、1.87、1.91、1.96、2.00、2.05、2.10、2.15、2.21、2.26、2.32、2.37、2.43、2.49、2.55、2.61、2.67、2.74、2.80、2.87、2.94、3.01、3.09、3.16、3.24、3.32、3.40、3.48、3.57、3.65、3.74、3.83、3.92、4.02、4.12、4.22、4.32、4.42、4.53、4.64、4.75、4.87、4.99、5.11、5.23、5.36、5.49、5.62、5.76、5.90、6.04、6.19、6.34、6.49、6.65、6.81、6.98、7.15、7.32、7.50、7.68、7.87、8.06、8.25、8.45、8.66、8.87、9.09、9.31、9.53、9.76。

E192 数系，即 E192 系列电阻标称阻值，对应允许偏差为±0.5%，对 E192 系列的电阻规定 192 个基本数：1.00、1.01、1.02、1.03、1.04、1.05、1.06、1.07、1.09、1.10、1.11、1.13、1.14、1.15、1.17、1.18、1.20、1.21、1.23、1.24、1.26、1.27、1.29、1.30、1.32、1.33、1.35、1.37、1.38、1.40、1.42、1.43、1.45、1.47、1.49、1.50、1.52、1.54、1.56、1.58、1.60、1.62、1.64、1.65、1.67、1.69、1.72、1.74、1.76、1.78、1.80、1.82、1.84、1.87、1.89、1.91、1.93、1.96、1.98、2.00、2.03、2.05、2.08、2.10、2.13、2.15、2.18、2.21、2.23、2.26、2.29、2.32、2.34、2.37、2.40、2.43、2.46、2.49、2.52、2.55、2.58、2.61、2.64、2.67、2.71、2.74、2.77、2.80、2.84、2.87、2.91、2.94、2.98、3.01、3.05、3.09、3.12、3.16、3.20、3.24、3.28、3.32、3.36、3.40、3.44、3.48、3.52、3.57、3.61、3.65、3.70、3.74、3.79、3.83、3.88、3.97、4.02、4.07、4.12、4.17、4.22、4.27、4.32、4.37、4.42、4.48、4.53、4.59、4.64、4.70、4.75、4.81、4.87、4.93、4.99、5.05、5.11、5.17、5.23、5.30、5.36、5.42、5.49、5.56、5.62、5.69、5.76、5.83、5.90、5.97、6.04、6.12、6.19、6.26、6.34、6.42、6.49、6.57、6.65、6.73、6.81、6.90、6.98、7.06、7.15、7.23、7.32、7.41、7.50、7.59、7.68、7.77、7.87、7.96、8.06、8.16、8.25、8.35、8.45、8.56、8.66、8.76、8.87、8.98、9.09、9.20、9.31、9.42、9.53、9.65、9.76、9.88。

附录 B　电容器的主要指标及标注

电容器(capacitor)在电路中用 *C* 表示，是一种储存电荷的容器，其最基本的作用就是充放电、储能。它在主板上非常常见，它的外形比较多样，形状有方的圆的、有高的有矮的，颜色也比较多。下面介绍一下电容器的主要指标和标注识别方法。

一、电容器的主要指标

(一)电容量

电容量是指电容器加上电压后存储电荷的能力。电容量的常用单位有法(F)、微法

(μF)和皮法(pF)。皮法也称微微法。三者的关系为 1 pF = 10^{-6} μF = 10^{-12} F。

(二)标称电容量

标称电容量是标示在电容器上的“名义”电容量。我国固定式电容器的标称电容量系列为 E6、E12、E24。

标称值系列上的 E 代表开根，其中 E6、E12、E24 分别代表的是对数字 10 开 6 次方根、12 次方根、24 次方根，得到的数值分别约等于 1.5、1.2、1.1。标称值在每个系列上的取值间隔，都要是前一基础乘上开次方根的数值得到的数值再四舍五入(加上误差的计算)，最终得到。比如 E6 基础值是 1.0，下一个标称值是 1.0×(10 的 6 次方根)= 1.5。

E24：1.0、1.1、1.2、1.3、1.5、1.6、1.8、2.0、2.2、2.4、2.7、3.0、3.3、3.6、3.9、4.3、4.7、5.1、5.6、6.2、6.8、7.5、8.2、9.1。

E12：1.0、1.2、1.5、1.8、2.2、2.7、3.3、3.9、4.7、5.6、6.8、8.2。

E6：1.0、1.5、2.2、3.3、4.7、6.8。

(三)允许误差

允许误差是指一个电容器的标称电容量并不能说明其实际的电容量，只有标称电容量结合误差值才能反映该电容的电容量情况。允许误差是指电容器的标称容量与实际容量之间的允许最大偏差范围。电容器的容量偏差与电容器的介质材料及容量大小有关。通常情况下，对用于滤波、旁路、耦合的电容器的容量精度的要求不高，而调谐、振荡电路的电容器则需要较高的精度。

固定式电容器的允许误差分 8 级，如附表 1 所示。

附表 1　允许误差等级

级别	允许误差	级别	允许误差	级别	允许误差	级别	允许误差
01	±1%	Ⅰ	±5%	Ⅲ	±20%	Ⅴ	+50%～-20%
02	±2%	Ⅱ	±10%	Ⅳ	+20%～-30%	Ⅵ	+100%～-10%

注：电容常用字母代表误差，B 为±0.1%，C 为±0.25%，D 为±0.5%，F 为±1%，G 为±2%，J 为±5%，K 为±10%，M 为±20%，N 为±30%，Z 为+80%～20%。

(四)额定工作电压

额定工作电压是电容器在规定的工作范围内长期、可靠地工作所能承受的最高电压。常用固定电容器的直流工作电压系列为 6.3 V、10 V、16 V、25 V、40 V、63 V、100 V、250 V、400 V、500 V、630 V、1 000 V。

(五)绝缘电阻

绝缘电阻是加在其上的直流电压与通过它的漏电量的比值。绝缘电阻一般应在 5 000 MΩ 以上，优质电容器可达 TΩ(1 012 Ω 称为太欧)级。

(六)介质损耗

理想的电容器应该没有能量损耗，但实际上电容器在电场的作用下，总有一部分电能转换成热能，所损耗的能量称为电容器损耗，它包括金属极板的损耗和介质损耗两部分。

所谓介质损耗，是指由介质缓慢极化和介质电导所引起的损耗。通常用损耗功率和电容器的无功功率之比，即损耗角的正切值来表示。在同容量、同工作条件下，损耗角越大，电容器的损耗越大。损耗角大的电容不适于高频情况下的工作。小功率电容器主要是介质损耗。

(七)频率特性(附表2)

附表2　常见电容器的特性列表

电容种类	容量范围	直流工作电压/V	运用频率/MHz	准确度	漏电电阻/MΩ
中小型纸介电容	470 pF~0.22 μF	63~630	8 以下	-Ⅲ	>5 000
金属壳密封纸介电容	0.01~10 μF	250~1 600	直流、脉动直流	Ⅰ>-Ⅲ	>1 000~5 000
中小型金属化纸介电容	0.01~0.22 μF	160、250、400	8 以下	Ⅰ>-Ⅲ	>2 000
金属壳密封金属化纸介电容	0.22~30 μF	160~1 600	直流、脉动电流	Ⅰ>-Ⅲ	>30~5000
薄膜电容	3 pF~0.1 μF	63~500	高频、低频	Ⅰ>-Ⅲ	>10 000
云母电容	10 pF~0.51 μF	100~7 000	75~250 以下	02-Ⅲ	>10 000
瓷介电容	1 pF~0.1 μF	63~630	低频、高频	02-Ⅲ	
铝电解电容	1~10 000 μF	4~500	直流、脉动直流	Ⅳ Ⅴ	
组、锯电解电容	0.47~1 000 μF	6.3~160	直流、脉动直流	ⅢⅣ	
瓷介微调电容	2/7~7/25 pF	250~500	高频		>1 000~10 000
可变电容	7~1 100 pF	100 以上	低频、高频		>500

电容器的电参数有随电场频率而变化的性质。在高频条件下工作的电容器，由于介电常数在高频时比低频时小，因此电容量也相应减小，损耗也随频率的升高而增加。另外，在高频工作时，电容器的分布参数，如极片电阻、引线和极片间的电阻、极片的自身电感、引线电感等，都会影响电容器的性能。所有这些，使得电容器的使用频率受到限制。

不同品种的电容器，最高使用频率不同：小型云母电容器在 250 MHz 以内，圆片型瓷介电容器为 300 MHz，圆管型瓷介电容器为 200 MHz，圆盘型瓷介电容器可达 3 000 MHz，小型纸介电容器为 80 MHz，中型纸介电容器只有 8 MHz。

二、电容器的标识

(一)命名方法

国产电容器的型号一般由 4 部分组成(不适用于压敏、可变、真空电容器)：

第一部分(主称)：一般用字母 C 表示电容；

第二部分(材料)：一般用字母表示材料(附表3)；

附表3　电容器型号命名第二部分字母代表材料列表

符号	意义	符号	意义
C	瓷介	S	聚碳酸酯
I	玻璃釉	Q	漆膜
O	玻璃膜	H	纸膜复合
Y	云母	D	铝电解
V	云母纸	A	胆电解
Z	纸介	G	金属电解
J	金属化纸	N	铌电解
B	聚苯乙烯	T	钛电解
F	聚四氟乙烯	M	压敏
L	涤纶	E	其他材料

第三部分(分类特征)：用数字或者字母表示特征，如T(铁电)、I(微调)、W(金属化)、X(小型)、S(独石)、D(低压)、M(密封)、Y(高压)、C(穿心式)；

第四部分(序号)：一般包括品种、尺寸代号、温度特性、直流工作电压、标称值、允许误差、标准代号。

(二)标注方法

1. 直标法

用字母和数字把型号、规格直接标在外壳上。

2. 文字符号法

用数字、文字符号有规律的组合来表示容量。

文字符号表示其电容量的单位：p、N、μ、m、F等，和电阻的表示方法相同。

标称允许偏差也和电阻的表示方法相同，小于10 pF的电容，其允许偏差用字母代替：

B：±0.1 pF，C：±0.2 pF，D：±0.5 pF，F：±1 pF。

3. 色标法

和电阻的表示方法相同，单位一般为pF。

小型电解电容器的耐压也有用色标法的，位置靠近正极引出线的根部，所表示的意义如下：

颜色及耐压：黑——4 V；棕——6.3 V；红——10 V；橙——16 V；黄——25 V；绿——32 V；蓝——40 V；紫——50 V；灰——63 V。

4. 进口电容器的标识方法

进口电容器的标识一般由6项组成。

第一项：用字母表示类别。

第二项：用两位数字表示其外形、结构、封装方式、引线开始及与轴的关系。

第三项：温度补偿型电容器的温度特性，有用字母的，也有用颜色的，温度系数的单位是 10^{-6}/℃；允许偏差的结果用%表示。

第四项：用数字和字母表示耐压，字母代表有效数值，数字代表被乘数的 10 的幂。

第五项：标称容量，用 3 位数字表示，前两位为有效数值，第三位是 10 的幂。当有小数时，用 R 或 P 表示。普通电容器的单位是 pF，电解电容器的单位是 μF。

第六项：允许偏差。用一个字母表示，意义和国产电容器的相同，也有用色标法的，意义和国产电容器的标识方法相同。

附录 C　常用集成芯片的外引线排列图

一、常用集成电路的引脚分布

(一)圆形金属封装的 IC 引脚分布(附图 1)

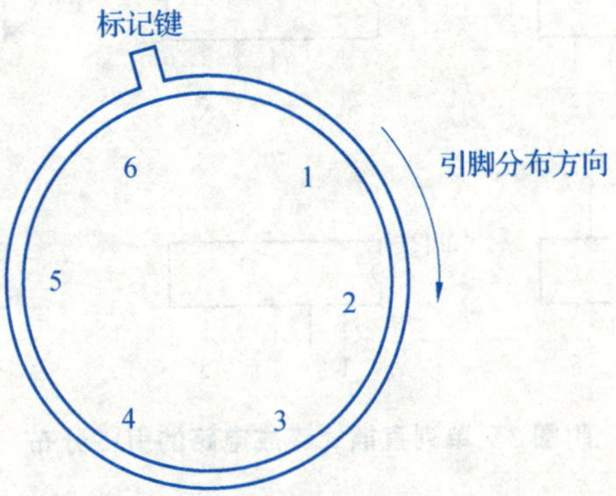

附图 1　圆形金属封装的 IC 引脚分布

(二)双列扁平或双列直插式的 IC 引脚分布(附图 2)

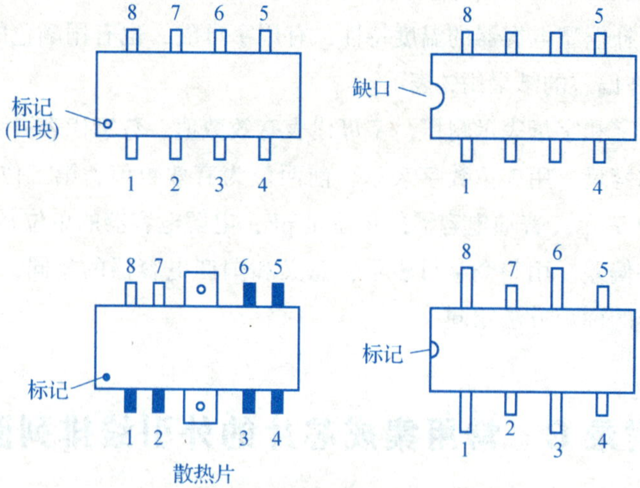

附图 2　双列扁平或双列直插式的 IC 引脚分布

(三)单列直插式集成电路的引脚分布(附图 3)

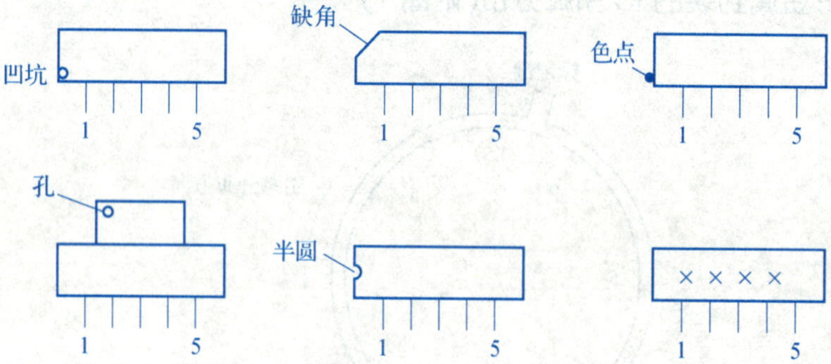

附图 3　单列直插式集成电路的引脚分布

(四)四边带引脚的集成电路引脚分布(附图 4)

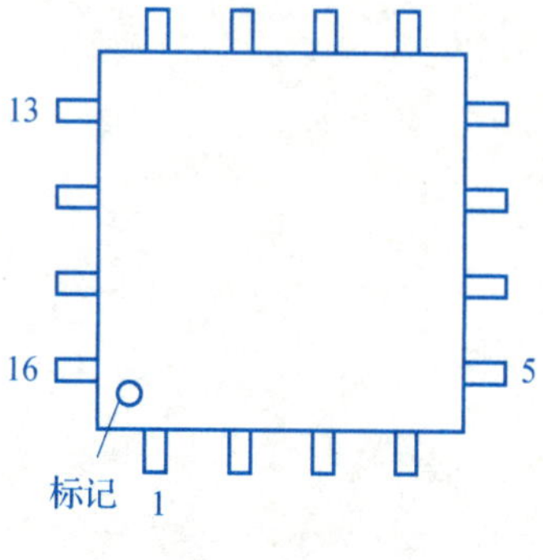

附图 4　四边带引脚的集成电路引脚分布

二、常用集成芯片的引脚图

(一)TTL 数字集成电路引脚图(附图 5)

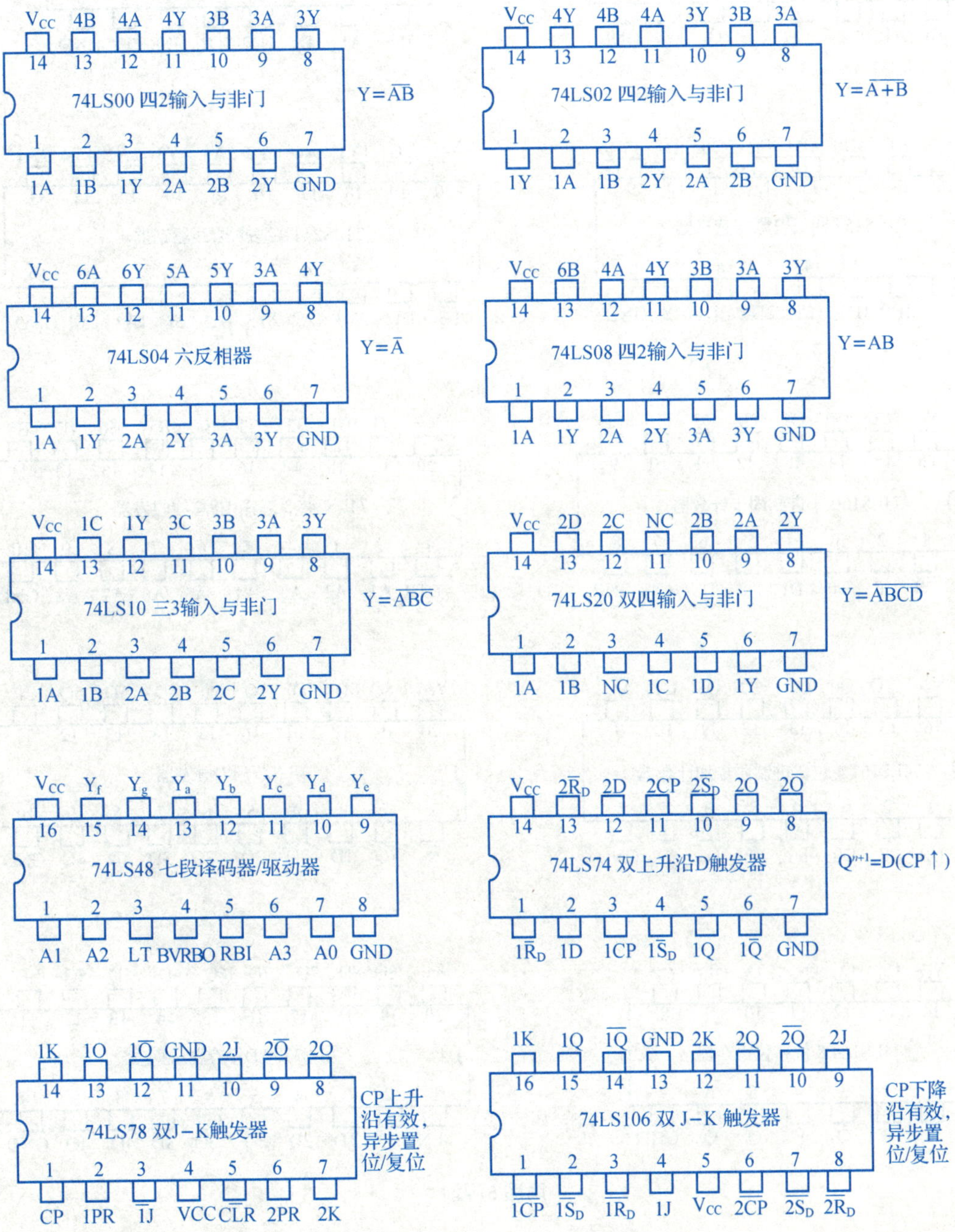

附图 5 TTL 数字集成电路引脚图

VCC Y0 Y1 Y2 Y3 Y4 Y5 Y6
16 15 14 13 12 11 10 9
74LS13 3-8 线译码器
1 2 3 4 5 6 7 8
A0 A1 A2 G2A G2B G1 Y7 GND
VCC 2ST A0 2DB 2D2 2D1 2D0 2Y
16 15 14 13 12 11 10 9
74LS153 双4选1数据选择器
1 2 3 4 5 6 7 8
1ST A1 1D3 1D2 1D1 1D0 1Y GND
VCC ST 4D0 AD1 4Y 3D0 3D1 3Y
16 15 14 13 12 11 10 9
74LS157 四2选1数据选择器
1 2 3 4 5 6 7 8
A 1D0 1D1 1Y 2D0 2D1 2Y GND
VCC 2G 1Y1 2A4 1Y2 2A3 1Y3 2A2 1Y4 2A1
20 19 18 17 16 15 14 13 12 11
74LS244 8 缓冲器/线驱动器
1 2 3 4 5 6 7 8 9 10
1G 1A1 2Y4 1A2 2Y3 1A3 2Y2 1A4 2Y1 GND
VCC CO Q0 Q1 Q2 Q3 CTT LD
16 15 14 13 12 11 10 9
74LS160 十进制同步计数器
1 2 3 4 5 6 7 8
CR CP D0 D1 D2 D3 CTP GND
VCC G B1 B2 B3 B4 B5 B6 B7 B8
20 19 18 17 16 15 14 13 12 11
74LS245 3 态输山8总线收发器
1 2 3 4 5 6 7 8 9 10
DTR A1 A2 A3 A4 A5 A6 A7 A8 GND
VCC CO Q0 Q1 Q2 Q3 CTT LD
16 15 14 13 12 11 10 9
74LS161 4 位二进制同步加计数器
1 2 3 4 5 6 7 8
CR CP D0 D1 D2 D3 CTP GND
VCC 8Q 8D 7D 7Q 6Q 6D 5D 5Q CP
20 19 18 17 16 15 14 13 12 11
74LS273 8D触发器
1 2 3 4 5 6 7 8 9 10
RD 1Q 1D 2D 2Q 3Q 3D 4D 4Q GND
VCC QH QG QF QF RD CP
14 13 12 11 10 9 8
74LS164 8 位移位寄存器
1 2 3 4 5 6 7
A B QA QB QC QD GND
VCC 8Q 8D 7D 7Q 6Q 6D 5D 5Q LE
20 19 18 17 16 15 14 13 12 11
74LS373 8D锁存器/触发器
1 2 3 4 5 6 7 8 9 10
EN 1Q 1D 2D 2Q 3Q 3D 4D 4Q GND

附图 5(续)

(二)CMOS 数字集成电路引脚图(附图 6)

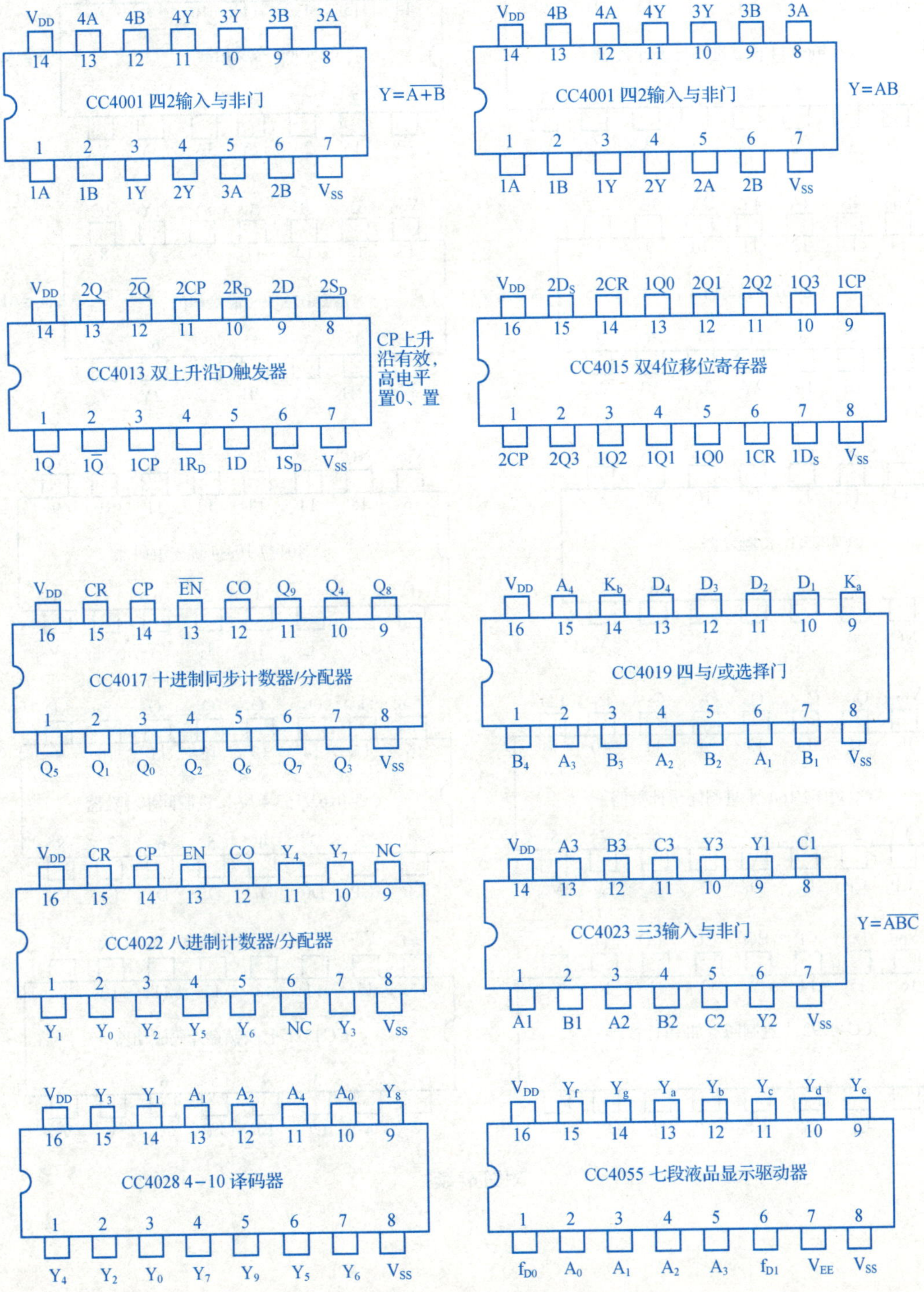

附图 6 CMOS 数字集成电路引脚图

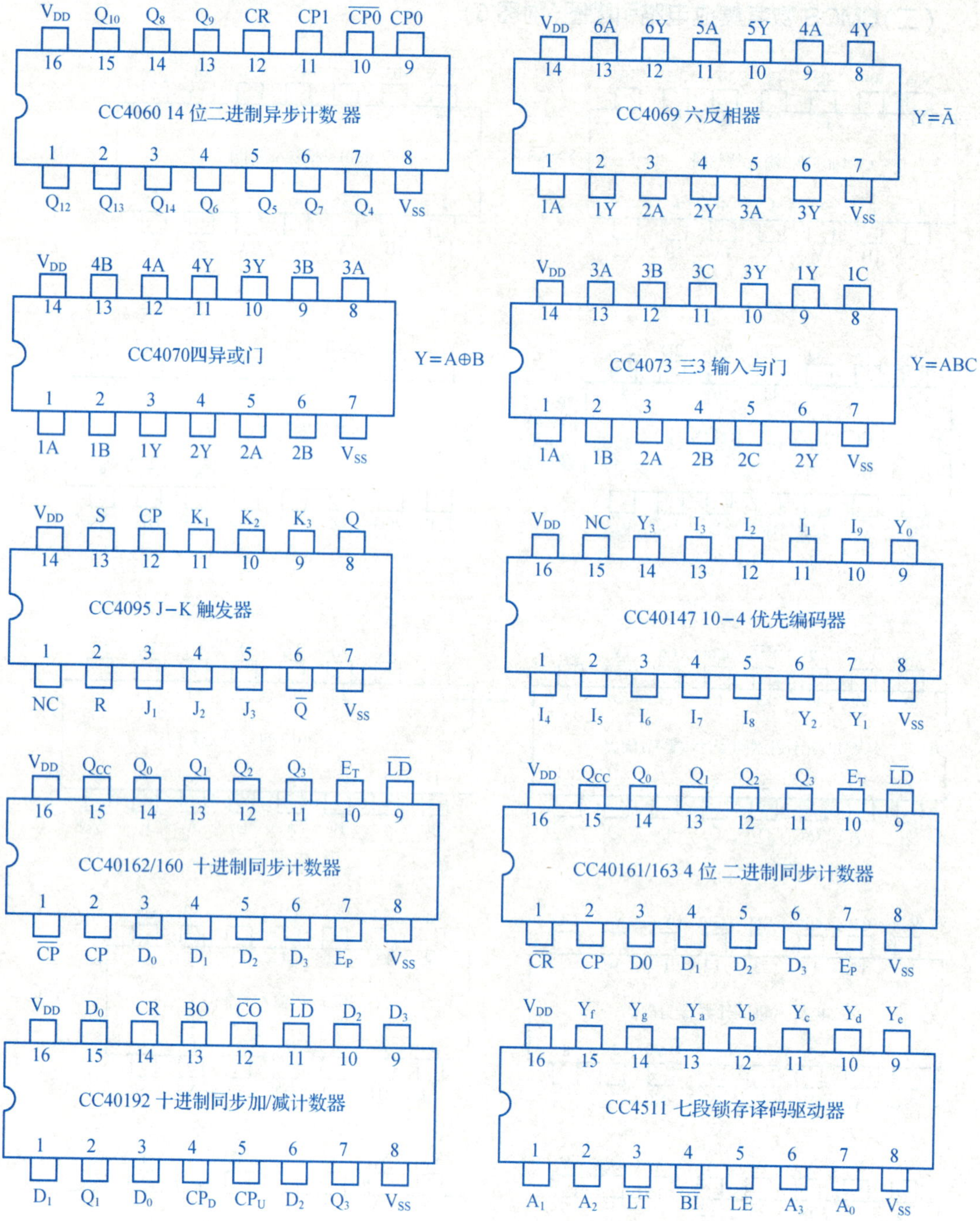
V_{DD} Q_{10} Q_8 Q_9 CR CP1 $\overline{CP0}$ CP0
16 15 14 13 12 11 10 9
CC4060 14 位二进制异步计数 器
1 2 3 4 5 6 7 8
Q_{12} Q_{13} Q_{14} Q_6 Q_5 Q_7 Q_4 V_{SS}
V_{DD} 6A 6Y 5A 5Y 4A 4Y
14 13 12 11 10 9 8
CC4069 六反相器
$Y=\bar{A}$
1 2 3 4 5 6 7
1A 1Y 2A 2Y 3A 3Y V_{SS}
V_{DD} 4B 4A 4Y 3Y 3B 3A
14 13 12 11 10 9 8
CC4070四异或门
$Y=A\oplus B$
1 2 3 4 5 6 7
1A 1B 1Y 2Y 2A 2B V_{SS}
V_{DD} 3A 3B 3C 3Y 1Y 1C
14 13 12 11 10 9 8
CC4073 三3 输入与门
$Y=ABC$
1 2 3 4 5 6 7
1A 1B 2A 2B 2C 2Y V_{SS}
V_{DD} S CP K_1 K_2 K_3 Q
14 13 12 11 10 9 8
CC4095 J-K 触发器
1 2 3 4 5 6 7
NC R J_1 J_2 J_3 $\bar{Q}$ V_{SS}
V_{DD} NC Y_3 I_3 I_2 I_1 I_9 Y_0
16 15 14 13 12 11 10 9
CC40147 10-4 优先编码器
1 2 3 4 5 6 7 8
I_4 I_5 I_6 I_7 I_8 Y_2 Y_1 V_{SS}
V_{DD} Q_{CC} Q_0 Q_1 Q_2 Q_3 E_T $\overline{LD}$
16 15 14 13 12 11 10 9
CC40162/160 十进制同步计数器
1 2 3 4 5 6 7 8
$\overline{CP}$ CP D_0 D_1 D_2 D_3 E_P V_{SS}
V_{DD} Q_{CC} Q_0 Q_1 Q_2 Q_3 E_T $\overline{LD}$
16 15 14 13 12 11 10 9
CC40161/163 4 位 二进制同步计数器
1 2 3 4 5 6 7 8
$\overline{CR}$ CP D0 D_1 D_2 D_3 E_P V_{SS}
V_{DD} D_0 CR BO $\overline{CO}$ $\overline{LD}$ D_2 D_3
16 15 14 13 12 11 10 9
CC40192 十进制同步加/减计数器
1 2 3 4 5 6 7 8
D_1 Q_1 D_0 CP_D CP_U D_2 Q_3 V_{SS}
V_{DD} Y_f Y_g Y_a Y_b Y_c Y_d Y_e
16 15 14 13 12 11 10 9
CC4511 七段锁存译码驱动器
1 2 3 4 5 6 7 8
A_1 A_2 $\overline{LT}$ $\overline{BI}$ LE A_3 A_0 V_{SS}

附图 6(续)

(三)常用集成运算放大器引脚图(附图7)

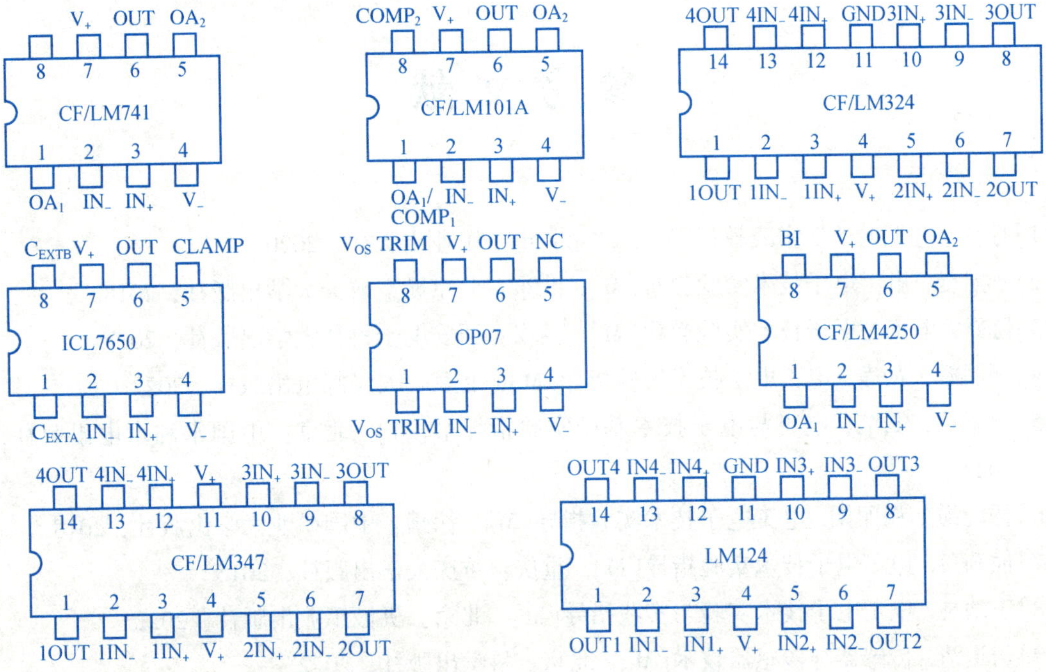

附图7 常用集成运算放大器引脚图

(四)常用A/D和D/A集成电路引脚图(附图8)

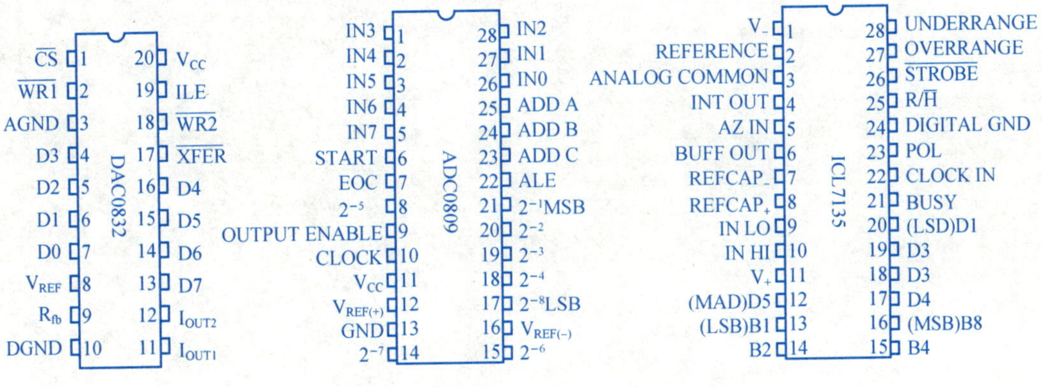

附图8 常用A/D和D/A集成电路引脚图

参考文献

[1]孙晖. 电工电子学实践教程[M]. 北京：电子工业出版社，2020.
[2]孙君曼. 电工电子技术实验教程[M]. 北京：北京航空航天大学出版社，2018.
[3]陈跃. 电工与电子技术实验教程[M]. 西安：西安电子科技大学出版社，2017.
[4]郑明辉，胡莹. 电工电子技术实验指导[M]. 北京：人民邮电出版社，2022.
[5]李翠英，石岩. 电工与电子技术基础实验指导书[M]. 北京：中国水利水电出版社，2022.
[6]任晓霞，穆丽娟. 电工电子技术实验指导[M]. 徐州：中国矿业大学出版社，2018.
[7]熊莉英. 电工电子技术实验指导[M]. 重庆：重庆大学出版社，2015.
[8]王幼林. 电工电子技术实验与实践指导[M]. 北京：机械工业出版社，2022.
[9]何道清. 传感器与传感器技术[M]. 北京：科学出版社，2022.